Make Elephants Fly

The Process Of Radical Innovation

讓大象飛

【矽谷創投教父打造激進式創新的關鍵洞察】

Steven S. Hoffman

史蒂文・霍夫曼 ——著

周海云、陳耿宣 ——

CONTENTS

推薦序

引爆矽谷產業的關鍵DNA　陶韻智……6

矽谷「基」進創新的堂奧　溫肇東……9

值得擁有且時常閱讀的創業指南　鄭緯筌……12

前言

創新是代價，不是選項……15

第一部　尋找方向：即使是寒冬，也有浪潮可以追尋

第一章　創新的動力：成為壓路機，還是路的一部分？……23

第二章　技術陷阱：別去解決不需要解決的問題……29

第三章　創新生態圈：桀驁不馴的矽谷，聚集了一群「瘋子」……41

第四章　洞見趨勢：在正確的時間做出正確的東西……48

第五章　真正創新之前，別說你不屑模仿……58

第二部 準備啟航：比吸引資金、拉攏團隊更重要的事

第六章 放開龐大的願景，先從小處著手……65
第七章 將新創團隊成員控制在八人以內……69
第八章 過多的資金有可能是毒藥……80
第九章 逼自己一把，你才知道你有多優秀……90
第十章 把核心產品做好，增添的功能才會錦上添花……102
第十一章 想融資，要成為會蛻變成蝴蝶的毛毛蟲……112

第三部 催生產品：愛它，但不要溺愛它

第十二章 挑戰你的商業信念……129
第十三章 脫掉包袱，讓自己沒有什麼好損失……139
第十四章 打到痛點：解決「真正」而非「想像」出來的問題……144
第十五章 可能的話，試著重寫遊戲規則……155
第十六章 當心產品帶來的「宜家效應」……165

CONTENTS

第十七章　讓原型成為你的市場試紙……169

第四部　霸占市場：擁抱激進式創新的六個關鍵

第十八章　固守核心優勢……177
第十九章　用對的問題問出靈感……189
第二十章　啟動偵探式的搜查……197
第二十一章　超越團隊的突破性合作……206
第二十二章　檢驗你的創意，強化你的直覺……216
第二十三章　只有價值可以超越價格……231

第五部　創新循環：獲利不求一陣子，只求一輩子

第二十四章　向恐懼宣戰……247
第二十五章　每個員工的開口，都是創新源泉……256

第二十六章　這個點子不可行，然後呢？……273
第二十七章　那些無法起飛的大象……285
第二十八章　排除反對的路障……300
第二十九章　照顧各方利益，讓支持有如排山倒海……318

第六部　飆速疾馳：永遠走在前方的六個心法

第三十章　點子剛想到就過時的時代，你該怎麼辦？……329
第三十一章　毫不猶豫地一次次歸零重來……344
第三十二章　隨時隨地手中都握著方向盤……353
第三十三章　創新需要多元化，別只看到明星員工……366
第三十四章　在自己身上實踐創新……375
第三十五章　成為贏家的七個法寶……385
後記　創新的類別與領域……394
注釋……407

推薦序

引爆矽谷產業的關鍵DNA

陶韻智
德豐管理顧問公司合夥人

筆者拿到推薦邀請後，本以為又是一本一般的創新書籍，但一打開本書的草稿，就無法停下來。

作者史蒂文・霍夫曼（Steven S. Hoffman）是矽谷成功的連續創業者，也是知名且活躍的演說家，對創新、新創團隊訓練、創投與資金、組織管理、行銷與成長駭客、設計思考……等主題的熟稔，寫來切中要領。加上Founders Space創辦人的背景，理論之外的舉例更是涵蓋了大中小公司，以及各種產業別，其中很多都是第一手的資訊，每個章節引用的名人名句也都值回票價。

本書在這麼熟練創新的老司機談來，內容豐富完整易讀，案例清晰，涵蓋關鍵創新決勝因素，是所有談創新書中完整度數一數二，此為推薦理由一。

再從台灣在世界市場上競合的角度看。過去三十年，台灣在經濟上因為充分掌握了摩爾定律及製造業優勢，造就了巨大的成功與世界上的地位。但往下再走二十年，我們大家都看到了可能的成長動能問題。

筆者分析其原因為，我們先前注重的「供應端生產效率與規模化」造就的成功，也讓我們沒能去培養對「需求端效率與規模化」的關鍵能力。而這正是過去二十年矽谷產業大紅特紅，引領世界風騷的關鍵DNA。

這DNA包括怎麼掌握風口時機，用最少的資源驗證並解決用戶的真正問題，乃至要挑戰現有產業疆界，改變並重寫商業規則，將用戶建議與用戶價值放在一切的源頭，以推進創新進展等，也就是從需求端（用戶端）思考如何有效率地「建立客戶」，「創造網路效應」（需求端規模化）。

這樣的想法所帶出的方法論，本書中歸納得非常完整，常見的精實創業或設計思考等只是書中的一部分，其論述清晰，適合不懂如何建立「需求端效率與規模化」創新流程的台灣企業家們來閱讀、理解與實作，對推進下一階段的價值創造絕對有重大幫助，為推薦理由二。

最後，回到讀者個人。我們也需要理解，在大數據與人工智慧時代，因應時代的巨變，個人學習效能與工作若走過去的習慣，必將隨著時代被淘汰。企業可能需要打造激進式的創新，個人更是需要學習如何在這樣的趨勢下，建立新的用戶洞察、專業視野與團隊管理技能等。

本書中也涵蓋了很多新創團隊應注意的事情，例如控制在五人以內或是兩片披薩可以餵飽的創新團隊大小，合作的對象如何跨出自己的團隊成員，如何利用每個員工獨特的想法，或是讓不同背景的人都參與的方法與原因，更重要的是從失敗中獲取新洞見的組織思維等。

數位經濟時代的專業經理人，需要有能力重啟自己，讓自己能持續創造出此時代的價值，筆者認為，這類矽谷的創新思維與做法，對於加值自己接下來五到十年的職涯非常重要，透過本書的洗禮，會有許多具體可執行的做法，此推薦理由三。

其實，本書也不止企業主與專業經理人該看，要擁抱接下來十年的數位經濟與數位轉型大多頭，政府與每位民眾的數位經濟ＩＱ應也可透過閱讀本書，了解到可能的未來變局，也將有利於政府數位經濟政策策略擬定與民眾公共政策討論。在看美國或中國的網路新創公司一些「看似奇怪」的成長與融資舉措，也就不至於霧裡看花，此推薦理由四。

林林總總歸納起來，這是一本非常適合新創企業家，以及需要數位轉型的「傳統」公司、各行各業菁英與台灣經濟重要決策者，來理解與學習矽谷最新創新流程與心法的書。推薦給各位讀者。

推薦序

矽谷「基」進創新的堂奧

溫肇東
東方廣告董事長／創河塾塾長／政治大學科技管理與智慧財產研究所兼任教授

過去半個多世紀，從半導體、網際網路、搜尋引擎、智慧手機、社群媒體，改變人類生活方式的重大創新都是來自矽谷。矽谷作為創業、創投的聖地已有很長的歷史，即使過去十年在新創圈比較火紅的「加速器」，也主要以灣區及矽谷為溫床，台灣人經常往來穿梭矽谷的也不少。相關的書籍也早已汗牛充棟，台灣還需要多一本《讓大象飛》這樣的書，對矽谷的實際運作做更詳實的報導嗎？

或許對沒去過矽谷但很想去試煉或鍍金的新創團隊，若能多一些事先的了解與準備，應該會有較務實的幫助。但是這樣的人可能早就直接在網路上，或從其人際社群熟悉一些矽谷基本的形貌與內部生態。但矽谷不僅是一個「地理名詞」，更是一種心境或行事風格，因此很難複製。同樣地，能形成「獨角獸」的脈絡及風土也不是容易模仿的，因此所謂「桃園矽谷」、「亞洲矽谷」或「獨角獸」的口號及投資，若沒掌握到其精神，並不易達成想像的目標。

這本書和過往有關矽谷的著作最大的不同，在於作者以非常在地的觀點深入探討「基」進（Radical Innovation）創新的「行道奧祕」。在此我將「Radical」翻譯成「基進」，因為作者史蒂文・霍夫曼（Steven S. Hoffman）所介紹的許多創新案例，都徹底改寫了我們熟知的營運模式或生活方式，能讓「大象」飛起來。霍夫曼是加州大學電腦工程學士、南加大電視／電影碩士，和許多財金背景或科技出身的創投不同，他有多年在好萊塢及媒體、娛樂界多元的經驗，有人介紹他的一生比「九命怪貓」還精彩。作為天使投資人、加速器創辦人、業師等多重角色，他也是「創業者空間」的船長（Captain of Founder Space），周旋在許多新創團隊之間，陪伴他們、指導他們，也揉合了在既有公司擔任顧問的經驗，又特別樂於分享。

我在學校教「創新」、「創業」也超過二十年了，曾和許多新創團隊互動，也在大小公司、研究機構、政府創新政策單位中，參與、推動過一些創新的計畫，所以必須對創新的理論及實務保持最即時的更新，因此也能深切了解不同組織創新的知易「行難」之處，這是一個有些壓力和令人焦慮的工作。但和作者不同之處在於，他似乎較有活力也相對樂觀，在他手中創新創業的成果也較為顯著，當然在矽谷的社群中有更多比他更成功的業師，人中有人，這也是矽谷和台北的差異。

除了矽谷經驗，他近幾年也常到中國大陸、韓國和台灣，對亞洲這邊的創新情況也不陌生。縱看他各篇章的提問、議題都很關鍵，也不一定有「顯而易見」的答案，但他都能融合其閱歷和經驗，給出具體的因應；有些章節還有一個小邊框「迷思」，特別對一些「創新的迷思」有畫龍點睛的功效。

最近米其林公布了台北餐飲的推薦名單，「外行看熱鬧，內行看門道」，比較可惜的是少有「門道」的解讀，以及「在地意義」的詮釋。同樣地，每天有數不完矽谷的訊息，但本書是在矽谷的巷弄內，「還原」給大家一些創新的現場及過程、新創團隊的疑惑及決策，希望能帶給讀者一些特別的真實感。

推薦序

值得擁有且時常閱讀的創業指南

鄭緯筌

「內容駭客」網站創辦人／台灣電子商務創業聯誼會共同創辦人

看到這本書，不禁讓我聯想起《讓子彈飛》這部曾於二〇一〇年上映的中國電影。這部由姜文所導演的電影，採用黑色幽默的方式詮釋了對岸的政治、社會與生活型態，在票房上大有斬獲。

而《讓大象飛》這本書，則是矽谷的創業教父史蒂文・霍夫曼（Steven S. Hoffman）為世上的創業者所撰寫的指南。畢業於美國南加州大學的霍夫曼，不但是矽谷的重量級創業教父、天使投資人和演講人，更是首屈一指的創業孵化器——Founders Space的創辦人。

不同於其他的創業書籍只講述創業理論，被喻為「霍夫曼船長」的本書作者，更側重於協助創業者得以理解創新的創業精神與方法，更難能可貴的是採用淺顯易懂的介紹方式，並結合他在Founders Space的實際營運經驗，來說明美國矽谷的獨特創業理念。

舉例來說，很多人可能以為先進的資訊技術是創業必備的元素，但作者駁斥了這種刻板印象。他認為絕大多數正在改變這個世界的新創企業，並不依賴於技術創新，反而更關注商業模式的創新和設計創新，以及如何把這些創新與現有技術相互結合。

「霍夫曼船長」舉iPhone為例，認為設計創新才是蘋果之所以能夠「重新發明」行動電話，乃至於在短短兩年內締造智慧型行動電話的銷售紀錄。因為設計創新代表的意義是為使用者解決真正的問題，想想iPhone的問世以及暢銷，便不難想通這一點。

此外，本書作者也不看好比特幣的發展，並非因為比特幣和區塊鏈的技術創新不夠好，而是目前還沒有人想用比特幣來取代信用卡。儘管比特幣的技術很新穎，但別以為技術萬能，可以帶來獨特的優勢，他提醒我們要能洞察消費者的真正需求。

在比特幣與區塊鏈正夯的二〇一八年讀到這段話，特別有感觸。新的技術問世，難免令人目眩神迷，但「科技萬能論」並不隨時存在，作者也提點我們要理解世界的真實運作。

不僅是對技術領域有深刻的認知，作者也提點諸多創業者要關注社會、經濟、政治等各方面的變化，畢竟創業團隊無法離群索居，而政經情勢和技術、資金可說是一樣重要，都是相當關鍵的因素之一。

而究竟什麼才是新創企業得以成功的最主要因素？「霍夫曼船長」的答案是時機，因為唯有在正確的時間做正確的事情，才是最重要的。他也語重心長地說：「浪潮或趨勢本身並不重要，如果你錯失了這一波浪潮，總會有另一波浪潮緊隨而來。關注下一波浪潮遠比追趕已經過去的浪潮來得好。」

諸如機器人、人工智慧、大數據、金融科技等嶄新科技與浪潮，會不斷地問世。但這些浪潮或趨勢雖然吸引人，卻未必都可以成功實現。這些新科技文明在衝擊、影響人們生活的同時，也別忘了我們存在的意義、價值與使命。

「霍夫曼船長」期勉創業者可以順應時勢和潮流，而不是辛苦地逆流而上。我也相信，這段話應該可以讓不少創業者反思，並獲得許多心靈的成長與啟發。

身為Founders Space的創辦人，本書作者霍夫曼不但致力於全球資源的連接與整合，也培訓、指導了來自世界各地無數的創業者。這本匯聚他多年來創業理念與經驗的《讓大象飛》，無疑就是一本最佳的創業指南。

時序進入二〇一八年，創業風潮依舊熾熱。讓我們帶著這本《讓大象飛》，一起踏上改變自己也改變世界的康莊大道吧！

前言

創新是代價，不是選項

◇◆◇

我撰寫本書的目標是，具體揭露隱藏在矽谷這個世界新創工廠背後的創新過程，解析矽谷重塑我們生活和命運的能力。過去十年，我在舊金山與數百位新創企業的創辦人一起工作，幫助他們理解創新的基本方法、模式及矽谷的理念，並且實際運用這些方法和理念來推出突破性產品與服務。我能告訴你的是，創新不是簡單而直截了當的，也不是一個線性的過程。創新是一個不可預知的、不合常理的，以及令人不可思議的艱難過程，這也正是為什麼會有那麼多的人和企業在創新上失敗。它的艱難程度就好比你想要讓一頭大象飛起來一樣。不過時至今日，創新同樣還是創造絕大多數財富的泉源，如果你不去創新，就會和這些財富失之交臂。

無論你是為自己還是為他人工作，在今天這個世界裡，你需要創新才能有競爭力。無論你是新創企業的創辦人、公司主管、小企業主、自由工作者或專業

人士，在世界上的某個地方一定存在著某種技術，而這種技術將會顛覆你所在的產業。如果你不能駕馭這項技術來為自己建立優勢，肯定會有其他人這麼做。創新已經不再是一個選項，而是你進入商業世界必須付出的代價。

今天幾乎每一家主要企業都會把創新當成首要的任務，但是只有不到四分之一的企業主管認為自己的公司能夠進行有效的創新。創新的壓力及因為創新失敗而付出的代價正在持續攀升，然而絕大多數的公司在創新上卻沒有任何建樹，依然使用數十年前就已經在推廣的陳舊技術，這就是為什麼世界上一些最大的企業，會把整個市場輸給那些從未聽過的新創企業。

Founders Space是世界領先的育成中心和加速器中的一員，身為Founders Space的船長，我一直站在創新的前線。在矽谷，所有人都稱我為霍夫曼船長，我與那些新創公司一起工作，親身幫助它們建構自己的商業模式，創造突破性產品，協助進行融資，並擴大公司的規模。在整個過程裡，新創公司會不斷進行各種嘗試，經歷失敗，並從錯誤中汲取教訓。身為他們的導師和顧問，我得以近距離觀察，那些成功的團隊是如何把粗糙的、尚未真正成型的想法，轉變為下一家轟動的企業，而我自己也在這個過程中獲得極有價值的洞見。

在本書中，我將向讀者展示成功的新創企業及大企業創造出新產品和服務的過程，並且解答每位創新者都需要知道的關鍵問題：

- 矽谷的創業者如何展開創新？
- 為什麼有些最精明的企業卻在創新的過程中失敗了？
- 什麼是建構創新團隊的最佳方法？
- 哪些人應該被引入創新團隊，以及他們應該具備什麼樣的技能？
- 在大企業中應該如何進行創新？
- 哪一種方法和過程可以帶來持續性的結果？
- 如何辨識下一個價值十億美元的機會？

要找出上述這些問題的答案，並不是一件簡單的事。創新是複雜的、無序的，而且往往令人難以捉摸；我會一步步地解釋這個過程，並且展現當你在企業內部複製這個過程時，需要為此付出什麼。我會清楚地說明怎麼樣才能把這些經驗帶給任何組織，無論它們是新創企業、家族企業還是跨國公司，並指出如何在這些組織中加以實際應用。

我相信自己是一個好老師，因為我曾經先後與人一起創立三家獲得創業投資的新創企業。我曾經在戰壕裡掙扎著，竭力為自己的公司找出一條正確的路，因此我知道過程會有多麼艱難。我目睹網路全盛時期的膨脹和崩潰，經歷二〇〇八年的金融危機，也趕上最大的幾波技術浪潮。但是，最後我沉澱了所有的經歷、成功與艱辛，並且藉此奠定展開創業教育的基礎。

我曾為一些大企業和上市公司提供服務，其中包括美國著名的搜尋引擎公司Infospace和日本的遊戲公司SEGA；我還培訓來自IBM、富士通及華為等跨國公司的經理；另外，我還幫助許多亞洲的家族企業。由於我具有多種不同的背景，因此既可以從白手起家的創業者視野，也可以從大公司管理者的角度來看待創新。在本書中，我會同時從這兩個觀點來談論創新。我會展現在新創企業及在一些世界上最大的綜合企業集團中，創新是如何進行的。

◆矽谷首屈一指的創業育成中心

Founders Space是什麼樣的一家公司呢？它是一家新創企業的育成中心暨加速器，許多人不太清楚育成中心和加速器實際上是如何運作的，故在此加以解釋。

育成中心（incubator），例如比爾．葛洛斯（Bill Gross）創辦的Idealab，通常是從原有的創業點子開始，集結團隊、資金、資源與各種所需的人脈，將虛擬的概念化為實質的成功企業。

加速器（accelerator）並不創立公司，而是邀集正處於初期發展階段的既有公司，提供所需的輔導、資源、人脈、訓練與資金，幫助其加速成長。

我又是如何創立Founders Space的呢？五年前，在我結束自己第三家獲得創業投資的新創公司後，決定休息一段時間。就在這段時間裡，我有很多朋友開始在矽谷建立自己的新創企業，他們找

上我尋求幫助。「史蒂文，你一定要幫幫我！」朋友這麼對我說道：「我要如何才能獲得融資？你是怎麼撰寫商業計畫書的？我應該讓哪些人加入顧問團隊？」

我很高興能回答他們，關於融資、產品開發、設計及市場開發策略等各方面的問題。這樣過了幾個月後，我意識到大多數的創業者都有相同的問題，因此開始在部落格上貼出針對那些問題的回答。其中一些貼文在網路上瘋狂流傳。很快就有一些我並不認識的新創公司的創辦人來尋求幫助。就在這個時候，Founders Space誕生了。

我和同事開始在舊金山與矽谷舉辦一系列的聚會。我們的活動和圓桌會議是如此受到歡迎，以致這種活動的形式蔓延到洛杉磯、紐約、德州，以及最遠到達新加坡。這樣過了幾年後，Founders Space從我作為兼職的業餘愛好與義務性的活動，逐漸變成全職投入的全球企業。現在Founders Space在全球多個國家裡有五十個以上的策略夥伴，總部位於舊金山，首要宗旨在於協助全球的新創事業運用矽谷的生態系統，這個使命隨著規模擴張，依然始終如一。我們相信創新者必須擁有全球性的思考，Founders Space也成為各地創業組織的教育性與知識性資源共享中心。

除了歐洲是我們關注的一個焦點，我們也正在亞洲快速擴張，在中國、台灣及韓國經營深度課程，在中國上海已經建立一家Founders Space Incubator，並且計畫在日本和德國建立同樣的機制。我們的使命是在全球繼續擴張，東南亞與拉丁美洲是下一個目標。在過去兩年內，數以千計的新創企業參加我們的研討會，還有超過四百位創業者接受我們的育成計畫。成功案例包括一家在有機食品快遞領域發展最快的新創企業、一家有著最好銷售量的虛擬實境遊戲開發商，以及一些運用人工智慧、大數據和物聯網等技術來重塑居家、工作場所與生活的新創企業。

我為什麼會覺得有必要撰寫本書呢？儘管市面上已經有很多關於創新的書籍，但是卻沒有一本描述在一家矽谷的育成中心內正在進行的創新過程，以及它們所使用的方法論，也沒有任何一本談到該如何將這些創新技巧應用於大到全球性的跨國公司、小到那些在車庫裡的新創企業。而這些再加上我的個人經驗，讓我對於創新在不同的組織、文化及商業環境下是如何發生的，有了一些深刻理解，我還將自己的經驗濃縮成每個人能夠立即應用的準則。我的目標是幫助你理解，當你把矽谷的創新想法、活力與獨創性導入公司時，這一切對你所代表的意涵，這樣一來，你就能在創新思維和企業經營裡超越競爭對手。等你消化本書的內容後，我真誠地希望你能帶著那些不可思議的宏大願景開始飛翔！

第一部

尋找方向：即使是寒冬，也有浪潮可以追尋

第一章
創新的動力：成為壓路機，還是路的一部分？

◇◆◇

當新技術向你碾壓而來時，如果你不能成為壓路機的一部分，就只能成為路的一部分。

——史都華．布蘭德（Stewart Brand），《全球目錄》（*The Whole Earth Catalog*）作者

創新並不是什麼新鮮事，從史前時代起，我們就一直在進行創新。當人類與火相遇，並且意識到應該如何利用火來取暖、烹煮食物、抵禦敵人和在黑暗中照明時，人類歷史上的第一項重大創新就出現了。從此以後，創新過程並沒有發生什麼本質上的改變，我們依然在重複著相同的過程，儘管我們擁有更為豐富的知識、更好的工具，以及更懂得如何相互合作。

人類史上最具爭議，也是最重要的創新是約翰尼斯．古騰堡（Johannes Gutenberg）的印刷機。以現代的眼光來看，這台印刷機實在是太簡單了：不過是採用活字印刷而已。然而，它對人類歷史的影響卻極

為巨大。光是這項創新，就讓知識的傳播和思想的交流得以在史無前例的規模上展開。資訊的自由流動促使社會發生重大變革，其中就包括歐洲的文藝復興、宗教改革及科學革命。這種前所未有的知識分享方式爆發，構成了現代社會的基礎。

在之前的數萬年時間裡，社會的發展是線性的，但是在全球規模上組織、分享和使用資訊的能力，把我們從歐洲的黑暗時代推進到啟蒙運動的時代，並且更進一步驅動著我們進入之後的一個又一個時代。如果你從歷史的角度來看待創新，活字印刷術的發明就是整個社會的發展呈現出指數成長的起點。這個成長的加速一直持續到工業革命時代和今天的資訊時代，與過去一千年相比，現在有更多的資訊和資源能嘉惠更廣泛的人群。今天，第二世界與第三世界國家能夠接觸到和第一世界國家完全相同的知識庫。一個肯亞奈洛比大學（University of Nairobi）的好學學子可以和那些在紐約、柏林及東京讀書的學生一樣，登入同一個線上論壇、討論群組，並且獲取完全相同的資訊。

現在我們又會向前跨出新的一大步。我們已經敲響認知時代的大門，在這個全新的時代裡，當機器開始處理極其大量的資料，做出複雜的決定，並且在前所未見的規模上進行資料交換時，人工智慧就有能力讓機器開始思考，同時做出自主的行動。當我們開始外包例行與複雜的決策時，決策過程也將從人類的大腦轉移到電腦。在接下來數十年內，我們將在身體的所有部位植入微處理器，藉此延長壽命、擴展認知能力，以及強化對這個世界的掌控能力。人類和電腦的共生關係將會很快提升到這樣的層次，我們決策過程的某些部分將不再依存於大腦，而是由雲端來支持。我們的大腦將全年無休、無時無刻地與網路直接相連。

這聽起來可能有點天馬行空，其實不然。實驗室科學家已經在猴腦裡置入無線晶片，讓牠們得以透過思想控制機器手臂，用以拿取食物。另外一個實驗中，則是讓獼猴坐在電動輪椅上，只要透過意念，就可以操控輪椅在房間內四處移動。如果連猴子都可以做到，人類自然不在話下。如果我的腦內也被置入無線晶片，就能夠透過思想開關電燈、接聽電話或駕駛交通工具。

還不只如此，近來科學家還訓練一隻老鼠獲取特殊食物。為了讓老鼠徹底學習覓食過程，這趟訓練耗費了不少心力。科學家將老鼠的大腦接上網路，並與另一隻老鼠大腦的不同部位直接連結。另一隻老鼠無須經由訓練，立即了解如何獲取這種食物；也就是說，科學家已經掌握將訊息直接透過大腦傳遞的祕訣。

這聽起來宛如科幻小說的情節，卻在當前確切發生；我們甚至可以想像未來人們將不再需要上學，可以把所有的知識下載到大腦裡，甚至下載他人的思想、記憶及情緒。這種科技甚至可能不再需要將晶片植入大腦，可以透過奠基於腦電圖的腦機介面或類似科技，以非侵入性的形式達成。正如現在許多人無法想像一天沒有智慧型手機，未來我們也將無法想像沒有腦聯網的世界。

倘若將這些科技進展與基因編輯、機器人學、奈米技術、大數據和人工智慧結合，未來二十年我們將置身一個截然不同的世界。這聽起來似乎有些駭人，但其實不然。如果將我們的史前祖先放到當前的時代，對我們來說理所當然的一切，也會讓他們難以置信。就在不久前，世界上有九〇%

的人還被束縛在農田裡辛苦勞動，並且只有動物的協助，但是工廠和服務工作可能很快就會被淘汰。技術的進步解放了人們，讓人們得以從事更具創造力的工作；技術的進步將使我們體驗並從事那些原本在想像中認為是不可能的事；技術的進步將幫助我們解決世界上一些最急迫的問題，如氣候變化、食品供應、生態環境的破壞，以及疾病的暴發；技術的進步還將開啟認識我們自身與這個宇宙的全新方式。技術創新不但是我們身為一個物種繼續進化的下一步，還是我們賴以生存的關鍵。沒有突破性創新，我們就無法維持現在的生活方式。

幸運的是，隨著向前跨出的每一大步，我們的創新能力將繼續倍增。摩爾定

創新曲線圖

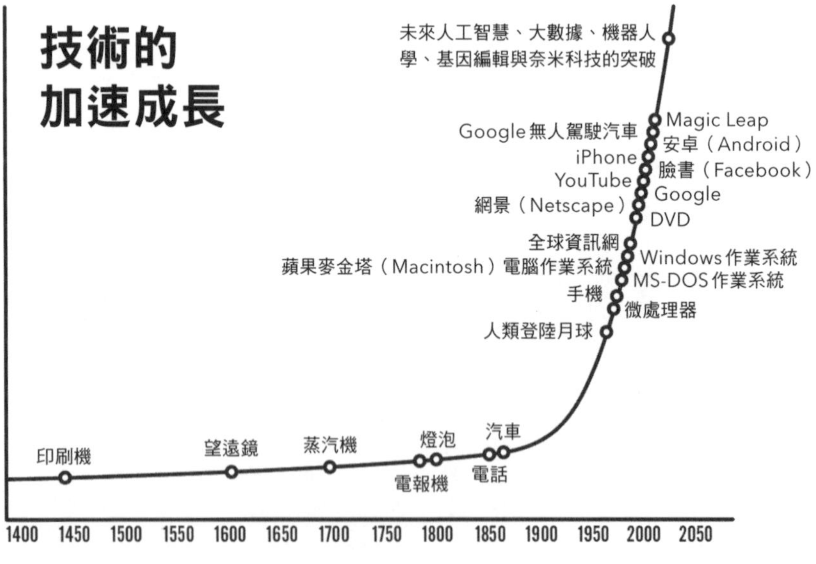

律（Moore's Law）認為，積體電路上可容納的電晶體每兩年就會增加一倍，也就是隨著時間，運算效能會隨著時間呈指數型成長。這個觀察是由英特爾的共同創辦人戈登・摩爾（Gordon Moore）所提出，而且已經過數十年的驗證。近來，摩爾定律的失敗是因為它的定義過於狹窄，這個定律只適用於物理限制的條件下，對微處理晶片性能的提升所進行的量化描述。我想，摩爾應該把他的定律擴展用於描述創新本身。要對創新的速率進行量化並不容易，但是如果你觀察過去兩千年來社會的進步，顯然我們所經歷的已經超越了線性的發展。

想像一下，在未來數十年裡，技術發展又會如何沿著創新曲線向上提升。無論你靠什麼謀生，都將是這個正在發生巨大變化的一部分，這個變化將改變你的工作、生活及自身的形象，這些變化將會既深刻又富有啟發性。今天被我們稱為的工作將不再屬於人類，而認為只應屬於自己個人的思想和體驗也將會與機器的思想和體驗相互纏繞，延伸並超越當下我們的大腦與身體的物理限制。這一切都會在我們子女的人生中發生，其中那些推動並拓展科學、技術及商業疆界的人將會獲得回報，並且有機會塑造未來。

迷思 創新會不斷穩健推進

當我過於簡化地描繪那條創新曲線，並且向你展示技術是如何從一開始平穩地發展，穩健向上，直到後期的指數成長時，甚至可以說是我也已經落入這個神話之中。事實的真相是，歷史是一段一段地、跳躍式向前發展，往往是向後退一步，再往前走兩步。政治動亂、戰爭、饑荒及自然災害都會對歷史的穩健發展造成衝擊。

如果我們回頭看一下，古希臘早就有了很多創新和相關理論，只不過這些創新與理論被淹沒在歷史之中，直到文藝復興時期才被人再次挖掘出來。以古希臘哲學家留基伯（Leucippus）和德謨克利特（Democritus）為例，他們在西元前五世紀就已經提出原子的概念。然而，因為他們的理論與亞里斯多德（Aristotelian）的理論及基督教的教義衝突，所以直到十六世紀和十七世紀之前都一直受到嚴厲的壓制。當希臘人在西元前六世紀提出大地是球形時，同樣的事情再次發生了。

即便出現這些重大的歷史倒退，但是從宏觀歷史的角度來看，這個世界卻依然在不斷地進步。前面所畫的那條線實際上更應該像是一條鋸齒狀，而不是一條平滑的曲線，但是整體方向依然是向上的，而且創新的速度還在不斷加快。

第二章

技術陷阱：別去解決不需要解決的問題

◇◆◇

任何新技術通常都會經歷一個二十五年的接受和採用週期。

——馬克・安德森（Marc Andreessen），安霍創投（Andreessen Horowitz）創業投資人

談到創新，最大的誤解之一就是，認為創新指的就是技術創新，然而實際上並非如此。在創新的過程裡，技術只是其中的一部分，而且對創業者來說，技術也不一定是創新過程裡最重要的部分。事實上，大多數的新發明在成為確實可行的商品前會被埋沒數十年。你可以在歷史中找到很多這樣的例子，從內燃機到燈泡，再到電腦，從最初的發明到產業的誕生，你可以觀察到在時間上顯著的延遲。

當我以Founders Space的名義在世界各地出差時，總是會遇到一些政府官員和產業界領袖，他們相信複製矽谷的方法就是發展或引進新的技術，因而常

常願意花費數十億美元來達成這個目的。這樣的想法是有問題的。技術確實很重要，但卻不是我們尋求的答案。如果分析那些最成功的新創企業，可以看到當它們起步時，絕大多數只有很少或甚至沒有任何技術專利，以下列出的這些獨角獸企業就是活生生的例子：

- Uber——車輛共乘
- Airbnb——居家共住
- WeWork——辦公空間共用
- Spotify——音樂
- Snapdeal——線上購物
- Zenefits——線上人力資源軟體
- SoFi——學生助學貸款
- Vice Media——媒體與新聞
- Credit Karma——免費的信用分數
- Delivery Hero——線上訂餐服務
- Wish——線上購物
- Houzz——居家設計

- Blue Apron——食材配送
- Dropbox——線上檔案分享
- Instacart——雜貨送貨到府
- SurveyMonkey——線上調查
- BuzzFeed——線上新聞
- Jet——線上購物
- Thumbtack——針對專案僱用專業人員
- Eventbrite——活動票務與搜尋
- Evernote——行動筆記
- Warby Parker——眼鏡的線上銷售
- Nextdoor——鄰里之間的社群網路
- Kabbage——小企業貸款
- Udacity——線上課程
- Box——針對商務應用的線上檔案分享

在展開業務時，絕大多數正在改變這個世界的新創企業並不依賴於技術創新，反而更關注商業模式的創新和設計創新，以及如何把這些創新與現有技術相互結合。它們使用的技術都是現成或是開放原始碼的，任何人在任何地方都可以很容易地獲取這些技術，這些技術並非矽谷獨有的。因此，當我聽到一些政府官員堅持說要發展自己的技術，或是從矽谷引進技術推動創新時，我不得不認為他們的焦點出現偏差。他們正在談論的是什麼樣的技術？實際上，他們所需要的技術根本無須引進，絕大多數的技術都是以開放原始碼的形式透過公開管道即可獲得，或者也可以很容易地向私人企業、大學及研究中心申請獲得技術授權許可。

讓我們來看一下iPhone。我們可能會把iPhone視為技術奇蹟，但是隱藏在蘋果（Apple）背後真正的精神是它的設計創新。史帝夫．賈伯斯（Steve Jobs）很清楚創造出一種獨特、令人讚嘆的使用者經驗能為蘋果帶來的力量。iPhone的技術並不是特有技術，其中大多數的零件甚至不是由蘋果自製。硬體和晶片常常來自第三方，包括蘋果的競爭對手，如三星（Samsung）。但是，蘋果真正提供的產品，卻代表蘋果對於顧客、顧客的需求，以及顧客需要從產品中獲取什麼的深入理解。蘋果的主要創新，體現在使用者經驗的設計和應用程式（App）生態系統的設計上。

賈伯斯與強尼．艾夫（Jony Ive）這兩個人的才華，正是在這個創新設計上才得以真正展現。使用者真的愛上這些產品，投入了時間和精力，並且愛不釋手。所以即使iPhone比安卓手機貴了二至三倍，大多數的iPhone的使用者都不會轉換。讓我們來看一下App Store，當蘋果正式推出時，它既是設計創新上的突破，也是商業模式創新上的突破。它讓使用者瀏覽、安裝、購買及管理軟體的過程變得簡單又充滿樂趣，還為蘋果提供源源不絕的收入來源，並且把使用者與蘋果更緊密地連結在一起。每當使用者安裝軟體時，就會在這個生態系統裡投入更多的時間，而且往往還會投入更多的金錢。如果他們離開了這個生態系統，就意味著他們將會放棄之前投入的一切，這才是蘋果的價值所在，所以蘋果的價值並不是建立在產品的硬體或技術基礎之上。

◆矽谷的創新，多半來自設計

與其他方式相比，在矽谷的設計創新能創造更多的價值。如果仔細觀察絕大多數利用手中的專利技術開始創業的公司，還有那些在一開始除了一個創意以外什麼也沒有的新創企業，兩者相比，如果前者無法清晰地理解顧客，可能會比後者會更加艱辛。你曾聽說某個解決方案正在搜尋與之配適問題的這種荒唐說法嗎？一家企業一旦擁有自己的專利技術，這項技術就有可能在無形中限制企業探索市場的能力。企業的日常經營就會緊緊圍繞著這項技術，如果當下的市場機會還不是那麼顯而易見，這家企業很有可能就會主動搜尋適合這項技術的市場機會。我把這種情況稱為「技術陷阱」。

我在Founders Space經常能看到新創企業落入這個陷阱。最近有一家歐洲新創企業的創辦人來到我們這裡，他們剛剛花費幾年的時間和數百萬美元開發出不需要配戴3D眼鏡的3D顯示新技術。

他們面臨的問題是手上的錢已經花得差不多了，但是依然還沒有將該項技術產品化，更不用說構思商業模式了。我們努力幫助他們尋找能夠被矽谷的投資人認可，並且能與市場配合的產品。我可以告訴你的是，如果他們能在花費數百萬美元進行研發前就對市場進行相關研究，事情會容易許多。

你很容易相信自己的技術會帶來獨特的優勢，而事實上你手中的技術卻是在阻礙你的發展，並且限制你的機會。背負著專利技術，卻沒有明顯商業機會的企業，往往會推出適用於手中技術的解決方案。然而問題是，這些解決方案，往往只是替顧客解決根本不存在的問題。

讓我們面對現實吧！要確認顧客的真實需求很難，但是要找到能讓你為此建立一家企業來滿足的顧客需求更難，更不用說要找到能滿足特定技術要求與限制的顧客需求了。比特幣（Bitcoin）就是一個很好的例子，作為一種虛擬貨幣，有人認為比特幣最終可能會取代現金和信用卡。他們的理由是，比特幣是建立在區塊鏈（blockchain）這個技術奇蹟上的產品。但是，實際上幾乎沒有人想用比特幣來取代信用卡。對消費者而言，比特幣只是一個根本不存在問題的優秀解決方案。我還記得有很多新創企業從矽谷一些頂尖的創業投資人那裡取得巨額資金，包括安霍創投在內，只是為了設法找到一個問題來解決。但問題是，根本不存在任何問題需要解決，人們對現狀已經非常滿足了。

儘管有很多人說得天花亂墜，但是我並沒有投資任何一家比特幣公司。這裡的分析很簡單：使用信用卡對我來說很舒適、方便、值得信賴，而且我每次使用信用卡消費都能取得二%的現金回饋，而使用比特幣則讓我感到很困難、不方便，幣值波動很大，還沒有現金回饋。唯一還有些價值的就是區塊鏈技術，但身為消費者的我對此並不是很在乎。我必須承認，身為技術極客（geek）的我對比特幣非常感興趣，但內心身為消費者的另一面卻在最後勝出了。有時候矽谷會喝下自己的迷魂湯，這通常是在一種新技術出現時，這種技術是如此誘人，以至所有人都會喜歡上它，但最終卻發現任何迷戀都是短暫的。

◆九〇%的App，只是在解決並不存在的問題

Google對於發展新技術可以說是不遺餘力，不過有很多人都知道，被Google否決的專案數量幾乎比其他公司都來得多。Google有很多的專案，包括Google眼鏡（Google Glass）、Google Wave、Google Buzz及Google+等，都是從解決方案出發，反向搜尋所需解決問題的典型案例。所以，Google的射月計畫在二〇一六年第二季損失八億五千九百萬美元就是一件很自然的事了。我們將會在下一波的虛擬實境（Virtual Reality, VR）和擴增實境（Augmented Reality, AR）應用程式中看到同樣的事情重複發生，其中有九〇%以上的應用程式將會是針對那些根本就不存在問題的解決方案。但是，這些技術同樣如此誘人，所有投資人都蜂擁而上，此時根本就不會有人辨別什麼才是賺錢的業務，什麼只不過是在PowerPoint中才顯得好看。虛擬實境和擴增實境就是技術與業務被本末倒置的典型例子。採用新技術的動力應該來自於商業上的需求，而不是相反。

我非常喜歡閱讀歷史，特別是那些著名發明家的傳記，而歷史告訴我們，大多數發明家終其一生都沒有賺大錢，或是創立新行業。讓我們來看一下尼古拉．特斯拉（Nikola Tesla）令人驚嘆的一生，他發明了日光燈、收音機、遙控裝置、電動馬達、雷射及無線通訊，但是臨終卻身無分文，還被人遺忘。對於一個發明這麼多驚天動地技術的人，怎麼可能死後名下卻一無所有呢？不幸的是，特斯拉絕非一個孤獨的案例。以下這些發明家同樣在貧困中離世，但是他們生前卻在技術上做出驚人的突破：

- 古騰堡——活字印刷機
- 愛德溫．阿姆斯壯（Edwin H. Armstrong）——調頻收音機
- 安東尼奧．穆奇（Antonio Meucci）——電話
- 魯道夫．狄塞爾（Rudolf Diesel）——柴油引擎
- 傑佛瑞．杜默（Geoffrey Dummer）——積體電路
- 查爾斯．固特異（Charles Goodyear）——橡膠的硫化

這份名單還可以繼續羅列。

我並不是要對那些想要成為發明家的人潑冷水，發明家在我們的社會中扮演極為重要的角色。

我只是想要清楚地表明，把一項新的發明轉化成為一項可實行的業務或生意並不是一件容易的事，其難度是無法想像的。重大的突破往往來自於下一代的創業者，他們只關注市場上出現的機會，而不會被任何特定的技術所約束，除非該項技術剛好能適用於他們的目標。

身為一個天使投資人，我一直在和一些非常早期、擁有某種專利技術的新創企業進行接觸。這些公司的團隊總是覺得必須使用這些技術，通常他們的理由是因為在開發這些技術的過程中已經投入大量的金錢和時間，不過他們最終卻發現，要為他們創造的東西找到一個配適的市場，遠比之前已經完成的研發更為困難，也更耗費金錢。每當一家新創企業帶著一項新的技術找上我，卻無法向我證明顧客需要這種技術時，我就會打退堂鼓。因為他們帶來的實際上是一份死刑判決書。這就好比有人給了你一把鑰匙，可以打開某個藏寶箱，但是卻沒有告訴你藏寶箱被埋藏在什麼地方。我認為最好還是先拿到藏寶箱，然後你可以再想辦法撬開那把鎖。聰明的創業者就是這麼做的。

把技術轉換成金錢這件事，大公司並不會比其他人做得更好，特別是當涉及的技術和核心業務沒有什麼太大的關係時更是如此。以貝爾實驗室（Bell Labs）為例，它擁有一系列舉世無雙又震撼全球的發明，包括第一個電晶體、太陽能電池及高畫質電視，但貝爾實驗室並不是從這些技術突破中獲得最大利潤的公司。真正獲取大部分利潤的是，那些從貝爾實驗室獲得技術使用授權，並且圍繞著這些新技術建立新產業的創業者。

全錄於一九七〇年成立的帕羅奧多研究中心（PARC），是一個更能說明問題的例子。這個研究中心發明了乙太網路（Ethernet）、圖形使用者介面、點陣式顯示、桌面圖示、彈出式功能表、重疊視窗、滑鼠，以及物件導向程式設計。在這些技術裡，並沒有任何一項在過去為全錄增加多少利潤，或是遏止這家企業的衰退。事實上，通常來說，推出新技術的企業或個人並不能從該項技術中獲益；真正獲益的是那些看到新技術的市場機會，並且撲向新技術的創新人士。以賈伯斯為例，他拿走了全錄最珍貴的發明，然後以這些發明為基礎創造了麥金塔電腦。

湯瑪士・愛迪生（Thomas Edison）是另一個很好的例子，他並不是第一個發明燈泡、攝影機、發電機、蓄電池及電報的人，但是他卻看到其中的商機，並且創造性地走出自己的成功之路。愛迪生在辨識商業機會上是一個天才，而他的天才還在於能夠在竊取發明者所有聲譽的同時，把各種要素聚集在一起，構思出應該如何把產品推向市場的策略，這就是真正的創新者要做的事。

愛迪生的形象是發明者和創新者之間差異的縮影。發明者把新的科學與技術帶入這個世界，而創新者則是利用這些新技術開啟全新的商業機會。如果你正在閱讀本書，應該並不是想讓自己閉鎖在研究實驗室內，而是可能更想要利用外界已經存在的技術來轉變所在的產業。讓我們來做一個約定吧！不要去走那條在研發上耗費鉅資，卻不知道最終結果會如何的道路，你反而應該觀察這個世界，找出存在的問題，然後針對現有技術做出調整，以適應自己的目標，最後透過測試市場來發現是否存在相應的需求，並且探索可能的市場機會。

迷思 孤獨的發明家

人們喜歡浪漫化孤獨的天才：一個孤獨的英雄單槍匹馬，克服重重困難，改變了這個世界。事實的真相是，偉大的創新並不是在真空中孕育而出，而是前人所有工作累積的結果。艾薩克．牛頓（Isaac Newton）爵士對此非常有力地總結道：「如果說我能看得更遠，只是因為我站在巨人的肩膀上。」

如果你仔細研究一下任何一個偉大創新者的生平，就會發現他們都和他人有著很深入的合作與思想上的交流。儘管在歷史上是愛迪生取得那一長串新發明的榮譽，但是實際上這些新發明都源自於他和其他人的密切合作。雖然他毫不掩飾對聲名的貪婪，不過他的很多專利上卻依然有著合作者的名字，這就意味著正是他的合作者完成絕大部分的工作。

亞伯特．愛因斯坦（Albert Einstein）、沃夫岡．莫札特（Wolfgang Mozart）及西格蒙德．佛洛伊德（Sigmund Freud）同樣會和其他人密切合作。儘管他們通常會獲得所有的榮耀，但他們的思想只是合作過程的一部分，在這個過程中，他們會與合作者交換想法、借鑑、修改，並在現有的思想與科學研究成果的基礎上，建構出自己的理論。愛因斯坦在很大程度上依賴於同行的實驗研究；莫札特的父親自己就是作曲家和樂隊指揮，他也是兒子的老師與合作者；而佛洛伊德則建立自己的討論群組，他的很多偉大思想就源自於這個討論群組。

英國著名詩人湯瑪斯・斯特恩斯・艾略特（Thomas Stearns Eliot）有一句名言：「不成熟的詩人模仿，成熟的詩人竊意，差的詩人會汙損他們所竊取的東西，而好的詩人則會把他們竊取的東西變得更好，或是至少變成某種不同的東西。」無論是採用共同研究、合作或竊取等不同的方式，大多數的天才並不是獨自一人想出他們的最佳創意。

第三章

創新生態圈：桀驁不馴的矽谷，聚集了一群「瘋子」

◇◆◇

我是一個矽谷人。我只是覺得矽谷人能做成任何事情。

——伊隆・馬斯克（Elon Musk），特斯拉公司（Tesla）執行長暨SpaceX創辦人

如果技術並不是矽谷成功的關鍵，什麼才是呢？當然絕不是我們的智力。我們的大腦並沒有帶來特別的優勢，但是我們有更強而有力的東西：衝勁和多樣性。矽谷最開始匯聚一大群來自各地與周圍格格不入的人——駭客、嬉皮士、藝術家和技術專家。這些人之中包括成立《全球目錄》的布蘭德；賈伯斯這個經常不洗澡，而且只吃水果的怪胎；主演「展示之母」這場好戲的道格拉斯・恩格巴特（Douglas Engelbart）；讓「地球太空船」（Spaceship Earth）這個說法廣為人知的巴克敏斯特・富勒（Buckminster Fuller）；肯・克西（Ken Kesey）和他的歡樂搞怪族（Merry Pranksters）；家釀電腦俱樂部（Homebrew Computer

Club）的共同創辦人戈登・弗倫奇（Gordon French），上述只是隨意舉出的一些例子。

創造力之所以能在矽谷被引爆，關鍵在於它能夠讓一個企業管理碩士、一個藝術家、一個書呆子氣十足的科學家，以及一個吸食半人工迷幻藥（Lysergic acid diethylamide, LSD）的嬉皮士，在同一個房間內互相碰撞各種奇思妙想。正是這種碰撞，催生出不只一家能夠改變這個世界的企業。在無秩序且崇尚自由的一九六〇年代和一九七〇年代，有很多人都認為光是這些充滿創意的頭腦聚集在一起，就能引發一場革命。在那個時候，改變世界並不只是一個抽象的概念，而是瀰漫在每個人呼吸空氣中的使命與現實。承擔風險、大膽嘗試、精神覺醒及新技術，這些混合在一起構成能讓思想不斷擴展的佳釀，推動並改變了矽谷創業者與發明家的面貌。無論是前華爾街那些穿西裝、打領帶的金融從業人員、專家學者、研究人員，還是行銷人員、設計師或是駭客，所有人都已經轉而膜拜矽谷的信念，也就是任何人都能讓不可能的事成為現實。

這些植基於我們的多樣性、思想的自由，以及非理性樂觀主義的事物，在今天依然推動著矽谷絕大多數的創新。在此引述賈伯斯的一句名言，就是在矽谷，人們「不同凡想！」（think different!）我們以反叛者而自傲，我們開拓、質疑現狀、走在一條人跡罕至的路途上。藝術和科學之間的界線持續不斷地被模糊化，所有走在矽谷創新尖端的那些人都傳承了歷史上那些創新先驅的精神，這些先驅之中就包括愛達・勒芙蕾絲（Ada Lovelace），她在一八四二年就將藝術和數學交織在一起，率先提出通用電腦的基本概念，而在當時還沒有任何人聽過半導體，更不用說作業系統或程式語言了。

李奧納多・達文西（Leonardo da Vinci）是另外一個創新精神的典範。在這個世界上，除了他以外，還有誰能夠理直氣壯地聲稱自己是發明家、畫家、雕塑家、建築師、科學家、音樂家、數學家、工程師、解剖學家、地質學家、天文學家、植物學家、作家、歷史學者、詩人及繪圖師？一九六〇年代在矽谷開始的技術復興風潮，到現在依然極為強勁。LinkedIn的共同創辦人里德・霍夫曼（Reid Hoffman）對此做了很好的總結，他說：「矽谷是一種心態和理念，而不是一個地理名詞。」

這就是我早在灣區（Bay Area）成為世界創新中心之前就回到這裡的原因。我現在依然還能記起在一九九〇年代中期，漫步在舊金山的街頭，可以看到相互之間僅隔數英里的區域內有多個次文化正在蓬勃興起。在海特—艾許伯里區（Haight-Ashbury）聚集著叛逆的年輕人、雷鬼樂手、各種怪胎及逃避現實的人；在卡斯楚區（Castro）則有很多熱愛自由、自信又愛誇耀的同性戀者，以及永不停息的派對；而隨著藝術家、極客和雅痞的湧入，市場南區（South of Market）正在發生轉變。在熙熙攘攘的金融區到處是投資銀行家、證券交易員、機構投資人，他們穿著各式各樣的西服，打著各式各樣的領帶；教會區（Mission）則到處充滿拉丁文化。唐人街依然還是一九七〇年代以來久經風霜的老樣子，但是新一代精通商業的中國人卻蜂擁進入列治文區（Richmond District），協助重塑整個城市。矽谷正是坐落在這樣一座城市的南方，在那裡匯集著大量的技術巨人與創投資金。我知道這個地方已經準備好了，即將爆發出前所未有的創造力，而我必須成為其中一部分！

◆文化、觀點與洞察的聚寶盆

現在矽谷已經獲得某種近乎神話般的地位，創投資金鋪滿矽谷的大街，獨角獸們在市郊的草坪上翩翩起舞，而這種強勁的態勢還在繼續，來自全球各地數以千計的最聰明頭腦湧向加州，以獲取名聲和財富。當代的這一波淘金浪潮帶來思想上更廣泛的多樣性，全世界最出色的頭腦在這個很小的地域內匯聚交融。當我在矽谷參加一些活動時，常常是房間裡唯一的加州當地人。在一個簡單的聚會中，我可能會和這樣一群人互相交流看法，他們是來自印度的投資銀行家、韓國的神經系統科學家、愛沙尼亞的設計師、智利的植物學家、中國的創業投資人、埃及的數學家，以及泰國的創業者。這些冒險家中的每個人，都帶來自己獨特的文化視野、觀點、經驗及解決問題的方式。

想一想這對新創企業來說意味著什麼？當你在矽谷開始創業時，可以從一大群來自世界各地的天才裡選取需要的人才。如果你的選擇正確，公司將能在新的思想與新的商業手法熔爐中獲取盛宴。這種多樣性正是讓矽谷具有如此活力的核心原因。根據人才創新中心（Center for Talent Innovation）的一項研究指出，個人的多樣性可以分為先天的多樣性和後天獲得的多樣性。先天的多樣性主要基於性別、種族及性傾向，而後天獲得的多樣性則是基於學習和教育。僱用同時具有先天與後天多樣性員工的企業，遠比沒有這麼做的企業，有超出四五％的可能性會比前一年獲得更高的市場占有率，有超過七〇％的可能性贏得一個新市場。

矽谷還有另一個文化優勢。有別於大多數國家的是，在矽谷具有權威的人並不能自動獲得尊重，而是必須自己贏得。加州的傳統是，每個人都能貢獻自己獨特的東西、每個人都有自己扮演的角色，以及每個人的觀點都應該被聆聽。老闆並不一定是正確的。事實上，如果老闆不能接受新的想法，那些最好的人才就會跳槽，轉而加入另一家新創企業，這是一種平等的精英領導制度。你認識誰或你過去是做什麼的並不重要，你在做什麼才是關鍵。TechCrunch的創辦人邁克爾．阿靈頓（Michael Arrington）是這麼評論矽谷的：「大多數的人都會同意這樣的說法，和世界上幾乎任何地方相比，在矽谷要成功更多的是要靠自己，靠的是你個人的能力和表現。」他更進一步地評價道：「無論你現在的年紀多大、無論你是男是女，也無論你支持哪一個政黨或是你的膚色，只要你的創意受到歡迎，而且能夠實現這個創意，你就能改變這個世界，並且／或者變得真的令人非常討厭的富有！」

正是這種桀驁不馴和特立獨行成為矽谷力量的泉源，而這一點也是大多數國家最難以複製的。我經常去亞洲，我能告訴你的是，中國人、韓國人和日本人與在加州的任何人都同樣聰明。這些國家擁有不可思議的技術人才，以及我所遇過一些最具有企業家素質的商業人士，但他們缺乏的正是矽谷願意挑戰現狀、文化多樣性及不因循守舊的開放想法與觀點。原因在於，大多數的亞洲父母鼓勵子女就讀工科或商科，而不是其他的學科。結果造成大多數在高科技企業就業的人都擁有工程或企管碩士學位，有些人則是同時取得這兩種學位。在這些學生就業後，所有人都擁有大致相同的想法與個人經歷，而光是這一點，當他們被要求做出「不同凡想」的另類思考時，就會處在極為不利的地位。

創新是創造某種全新的東西，某種從未在這個世界上出現的東西、某些從未被嘗試的東西。假如有一個團隊，成員的思維方式都很相似，並且這個團隊的所有成員都還曾在相同僵化死板的教育體系中接受教育，那麼要和這樣一個團隊進行合作、展開創新就有些太過強人所難了。在快速讓自己擁有一定的競爭力，並且確保在經濟上獲得成功的過程中，有很多國家已經錯失一次巨大的機遇，它們限制自己建立多樣化創新生態系統的能力。教育體系與父母應該鼓勵孩子追尋自己內心的衝動，而不是墨守成規。如果一個學生對音樂、雕塑、人種學、創意寫作、宗教或哲學感興趣，就應該為他踏上一條獨特的人生之路而受到鼓勵。

我並不是說像中國、印度、日本、韓國這些具有更傳統價值觀與傳統教育體系的國家無法展開創新，它們現在都已經走在創新之路上，並且將會以越來越快的步伐，繼續不斷地創新。它們都是全球的要角，擁有眾多的人才、多樣的文化、悠久的歷史及豐富的創意。其實眼前就有一個很好的機會，能夠加速它們的社會發展，進而點燃創造力、發明及復興的火炬。具有廣泛的背景和知識是建立真正創新生態系統的重要基礎，絕大多數在科學與技術領域中的大步向前躍進，都是源自於不同學科之間的合作，像是在人類學、語言學及電腦科學之間的跨界就能產生令人震驚的東西。當一個音樂家遇到一個電腦駭客，而且兩人開始談論各種可能性時，一些新的想法就會由此而生。這就是矽谷的祕密武器，正是這一點賦予我們不公平的優勢。

去年當我在北京時，有一位母親給我看了她的兒子在小學畫的繪畫，我震驚不已。這些畫令人難以置信，我告訴對方，她的兒子應該成為藝術家，然而這句話卻馬上引起她的負面反應。儘管她很欣賞自己兒子的畫作，但是卻不想讓兒子從事如此膚淺的職業。他要怎麼賺錢呢？那會是什麼樣的職業生涯？他會過著什麼樣的生活？她的夢想是兒子應該成為投資銀行家。

這並不是亞洲國家獨有的問題，全世界很多國家都有這種狀況，而這一點正是造成這些國家的長期競爭力與進展重大損害的因素之一。在美國，聯邦政府、州政府與地方政府對藝術的投資在過去二十年間，減少了一五％（經通膨調整），而且持續惡化，在我執筆撰寫本書的同時，美國國家藝術基金會（National Endowment for the Arts, NEA）正經歷危急存亡之秋。如果一個國家想要建立真正的創新生態系統，就必須具備所有的基本元素：創造力、思考的多樣性與文化，而教育將是至關重要的催化劑。

第四章

洞見趨勢：在正確的時間做出正確的東西

◇◆◇

很多最好的技術型創業公司，它們的創意其實存在很多年，只不過現在時機終於到了。

——克里斯．狄克生（Chris Dixon），安霍創投創業投資人

什麼是新創企業得以成功的最主要因素？令人驚訝的是，這個最主要的因素並不是我們先前談論的任何東西。它並不是創造力、團隊、顧客、產品或技術，而是時機。在正確的時間，擁有正確的事物才是最重要的。你可以詢問任何一位好萊塢的製片人，他們能把所有事情都做得很完美：演員群星閃爍，還有很好的品牌和天才的導演，但是電影最終卻失敗了。或是他們只不過馬馬虎虎地拍攝一部電影，但是如果這部電影能引起大眾的共鳴，就是一部成功的影片。《大國民》（*Citizen Kane*）和《飛機上有蛇》（*Snakes on a Plane*）這兩部電影就是典型的例子。幾乎在所有

的商業經營中也同樣如此，你只要詢問任何餐廳的老闆、股票經紀人、電子製造商、銀行家或不動產開發商，就會明白如果時機不對，你根本沒有成功的可能性。

你又要如何為一件成功產品確定恰當的時機呢？你需要觀察浪潮。在我們的社會裡，任何事情的發生都是一波浪潮接著一波浪潮而來。無論是豆豆娃（Beanie Babies）玩具熱潮、房產泡沫化、美國告示牌（Billboard）音樂排行榜前四十名、一項新技術的採用，還是我們身上穿著的流行服飾，都是如此。甚至在古板守舊的企業和銀行圈裡，浪潮或趨勢也決定人們如何思考、行動及做生意。當下在我們面前有一波宏大的創新浪潮，而這也正是我撰寫本書的原因。從奇異（General Electric, GE）的執行長到一家位於杭州由家族經營的紡織廠老闆，每個人都在思考著要如何重塑並現代化自己的企業，唯有如此，才不會對一些新創企業感到望塵莫及。

我告訴來到Founders Space的每個人，如果你打算創業，就需要觀察所有的浪潮與趨勢。在當今的社會裡，存在著許多截然不同的浪潮與趨勢。一個最新的浪潮是健身。這一波浪潮讓很多新創企業獲益不菲。Crossfit是一家連鎖健身房公司，這家公司順著這一波浪潮推出強化健身方案；Fitbit的產品是一種可穿戴設備，能夠記錄所有的健身資料，該公司在這個趨勢與浪潮的推動下已經首度公開發行（initial public offering, IPO）了；泥漿煉獄（Tough Mudder）則介入鐵血健身狂潮，在這個挑戰賽中，無論男女都可以參與瘋狂競爭；而Lululemon則順著瑜伽流行的浪潮，推出世界知名的服飾品牌。

能否抓住一波浪潮，關鍵在於速度。你需要在恰當的時間跟上浪潮的速度，否則就會失去這一波浪潮所帶來的機會。你可以向任何玩衝浪板的人學習。這也正是大多數成功的新創企業創辦人不願意開發自己技術的原因。能開發出專利技術當然是好事，但是這樣做實在太花時間了。在這段時間裡，新創企業很有可能會失去迎面而來的浪潮帶來的機遇。這就是為什麼大多數聰明的創業者，如果能讓他們做出選擇的話，就會更願意使用現成的、能購買到的技術，以及使用開放原始碼。這樣就能讓他們以更快的速度前進，並且在正確的時間抓住一波浪潮帶來的機遇。

你絕對不能低估浪潮帶來的能量，浪潮或趨勢可以把一家弱小的新創企業轉變為能夠改變世界的大企業。一家新創企業可能會有很棒的創意，但是無論這個創意多麼富有潛力，時間過早或太晚都意味著最終的失敗。就算這家新創企業有著最佳的管理團隊，得到一大堆創投資金，並且在各個層面都擁有良好的關係，但是如果這個世界對該公司提供的產品還沒有做好準備，這家公司絕對無法走得長遠。讓我們來看一下Webvan，這是一家在網路泡沫時期建立的線上雜貨商。它從一些著名的投資公司那裡取得近八億美元的投資，包括Benchmark Capital、紅杉資本（Sequoia Capital）、軟體銀行（Softbank）、高盛（Goldman Sachs）及雅虎（Yahoo）。該公司在首度公開發行股票時又取得三億七千五百萬美元。它的創意是非常有前途的，只是時間上卻太早了。在一九九九年，還沒有人準備好要在網路上購買日常生活用品。這一波浪潮遠遠沒有到來，也因此該公司宛如大象般的想法注定無法離地起飛。

當矽谷的創業投資人堅持要看到新創企業的使用者數成長和營業收入成長時，實際上是在說他們希望看到浪潮或趨勢存在的證據。這些證據可以是銷售量、使用者觸及率、媒體報導、社會資本的介入，或者最好是上述這些都包含在內。關於浪潮或趨勢的證據越多，創業投資人就會越興奮，因為經驗告訴他們，如果能抓住一波浪潮，你的公司就能一路向前走向首度公開發行或是被收購，就算你擁有的東西並不是那麼令人驚豔亦然。

看一看Zynga這家遊戲發行商，它就抓住社群遊戲的浪潮。這波浪潮推動著它完成公司首度公開發行，但是在上市首日，股價就發生崩盤。這對於所有緊隨在後的遊戲公司來說實在是太糟糕了，但是對於那些早就出售手上的股份，並且獲得豐厚報酬的創業投資公司而言卻不是一件壞事。Nest則是另外一個例子，它從一開始就抓住物聯網這一波浪潮，因此公司的名字被視為家用智慧設備的未來。這一波浪潮是如此宏大，以至於Google用三十二億美元收購。在被收購後，Nest的銷售成績並不盡如人意，但是這對創業投資公司而言已經無所謂了。作為一個創業投資專案，Nest就是一次全壘打，而這在很大的程度上要歸功於對時機的完美掌控。

這也就是你會看到，大多數位於加州門洛公園（Menlo Park）沙丘路（Sand Hill Road）上的創業投資人在同一時間於相同專案上進行投資的原因。這種現象的出現並不意味著那些投資人沒有自己的想法，好像只是在盲目地追隨著浪潮。事實上，他們看到了那些趨勢和浪潮，都希望能在正確的時間點趕上那些浪潮。在一波對企業軟體進行投資的浪潮後方，緊接而來的是一波對社群網路的投資，然後又是一波對遊戲的投資，就這樣一波接著一波。有些浪潮崩潰得太早，以至投資人也被淹沒在水底。只要看一看比特幣和潔淨能源技術的現狀就會明白這一切，比特幣是沒有人想要使用的虛擬貨幣，而潔淨能源技術卻因為石油價格下跌而遭到淘汰。其他的浪潮則帶著它們的新創企業一路走向應許之地，其中就包括那些社群網路，風行一時的臉書、推特（Twitter）、LinkedIn和Snapchat。

◆追尋浪潮，足以讓所有大象離地起飛

讓我們來看一下在過去數十年內橫掃整個矽谷的最大浪潮之一，就是由蘋果引領的行動浪潮。iPhone的推出可以說是恰逢其時，當時iPhone幾乎是立刻就激發全球的想像力，同時也成為上萬家新創企業的創業平台。從祖父母到他們的孫兒輩，每個人都迫切地想要購買智慧型手機。他們就是想要一支這樣的手機，即使並不知道智慧型手機會帶給他們什麼。媒體把智慧型手機當作流行時尚，這又進一步地推動對智慧型手機的需求。到處都流傳著這樣的故事：有人做了一個傻傻的模擬打火機的應用程式，結果賺到了一百萬美元。《憤怒鳥》（*Angry Birds*）只不過是一款相當迷人的行動遊戲，但是卻擄獲所有人的心，還成為那些獨立開發商眼中的典範。有無數的新創企業透過行動應用程式在一開始賺到數百萬美元，接著又賺到數十億美元。這確實是一波宏大的浪潮！

這一波浪潮也已經到達頂峰了，現在你想要只推出一款應用程式，並且讓整個世界為之讚嘆幾乎是不可能的。大眾和媒體已經聽過太多類似的故事，應用程式太多，競爭也太過激烈了。你必須具有某種真正特別的東西，才能吸引人們的關注。我很遺憾，但是果樹下方的果子都已經被人摘光了。只要隨便詢問一個現在的應用程式開發者，他們很清楚現在要開發出一個能引起關注的應用程式和前幾年相比會有多麼困難。因此，我針對所有創業者的建議是什麼呢？當然是尋找下一波的浪潮！

投資人更關注的是那些能打破現有市場格局，並且創造出新市場前景的技術。正洶湧而來的宏大技術浪潮是機器人、人工智慧、大數據、金融科技，這裡只列出其中的一部分，目前矽谷的資金正在湧向這些領域。但是，這些浪潮或趨勢都能成功實現嗎？時間將會告訴我們一切。然而，如果你能順應潮流，而不是逆流而上，成功的機率就會高出很多。

這就是擁有一個多樣化團隊如此重要的原因之一，因為在浪潮或趨勢真正成長之前，你很難觀察到這樣的浪潮或趨勢。它們往往不過是在遠方的波紋或一朵小小的浪花。除非你知道自己正在尋找什麼，否則根本就不會注意到這些細小的浪花。在早期分辨出潛在趨勢或浪花的一個方法是，在你的團隊中必須有人天生具有強烈的好奇心，並且對於工作以外的事物有著強烈的興趣。

Oculus的創辦人帕默·拉吉（Palmer Luckey）注意到虛擬實境的浪潮，身為極客的他曾對虛擬實境實現的可能性極為著迷，這正是他的愛好和嗜好。我可以向你保證，如果拉吉當時沒想到要推出第一個虛擬實境頭戴設備Oculus Rift的話，其他人也會這麼做。時機已經到來，技術也已經到位，這種新奇的、完全沉浸在虛擬世界裡的體驗在這麼多的人之中引起共鳴，這表明虛擬實境這一波浪潮的到來已經是命中注定的。實際上，虛擬實境這項技術並不是由拉吉發明的，所有的技術都來自南加州大學（University of Southern California, USC）開發的開放原始碼，他只不過是在正確的時間，製作一支引人注目的影片，並且將影片發布在Kickstarter網站上。拉吉真的非常幸運。但是，假如你的團隊裡沒有這種人，你也不可能獲得這種幸運。

◆判斷「接下來會發生什麼」的能力

不過，能夠抓住浪潮的又會是怎樣一批人呢？他們往往會在工作之餘，將大量的時間和精力投入在自己的愛好與興趣，他們也正是利用這樣的方式發現即將重塑社會的重大趨勢。有時候我和一個創業團隊進行交流，不免會為他們感到憂心，因為他們除了工作以外，還是工作。這實在值得警覺。這個問題在亞洲特別嚴重。我在那裡遇到的新創企業創辦人都是徹徹底底的工作狂，他們相信如果自己比任何人都更努力工作，就會獲得成功。在某種程度上確實如此，但是如果太極端的話，反而會損害他們獲取成功的機會，因為這會造成他們欠缺將各種零碎的資訊加以組合，並且判斷出接下來會發生什麼的能力。

我遇過一個真實的例子。當時是晚上九點，我在北京和一位新創企業的創辦人在居住的旅館裡喝著飲料閒聊，在結束時，我隨口問她：「你是不是現在要回家？」她驚訝地抬頭看著我，回應道：「不，我還要回辦公室，所有的夥伴都還在等我，我們會一直工作到凌晨兩點。」更糟糕的是，大多數雄心勃勃的創業者根本沒有時間經營自己的愛好。我曾經詢問另一個極具野心的年輕女性，她是否有時間參觀博物館。「博物館？沒時間，我在週末還要工作。」對我而言，這種只關注工作的生活態度是嚴重的身心障礙，有很多創辦人甚至都沒有意識到自己有這樣的問題。對於像我這樣一個喜歡娛樂的加州人來說，這實在是太瘋狂了，但有很多的創業者是如此專注工作，以致他們根本就不讀小說，也不去電影院，週末更不會放鬆一下，親近大自然，甚至除了同事以外，就不再有任何社交往來。

我已經不只一次聽到新創企業的創辦人告訴我，他們根本沒有時間去找男女朋友。這種生活很不健康，而且這對企業來說也沒有什麼好處。只有打開你的心胸，才能體驗生活，並且真正看清在這個世界和社會裡實際上正在發生什麼。如果把所有事物都排除在外，你不但會錯過正要到來的浪潮，還會錯失生活本身。我希望每位新創企業的創辦人和創業者，每週至少能花一天的時間去做一些完全無目的之事，一些和你的業務完全無關的事情。關注那些能讓你產生強烈興趣，但是除了獲得自身的體驗以外，你在當下無法立刻獲取利益的事。去嘗試一下滑翔翼、學習一點海洋學，或是加入一個即興表演團體，這就是你發現浪潮或趨勢的方式。

迷思

頂尖的創新者會顛覆現有市場

這一點並不一定正確。用新的創新來顛覆一個大市場確實能帶來報酬，但很多創新者實際上是創造出一個前所未有的全新市場。例如，Nest的智慧家居、Dropbox的雲端儲存，以及Snapchat的閱後即焚訊息等。創新並不總是與如何顛覆現有市場有關，因為創新者可以創造出全新的市場。

◆等待下一波浪潮，而非追逐已逝的浪潮

浪潮或趨勢的美妙之處，在於它們能徹底重塑商業的競爭形態。每當一波新的浪潮滾動而來時，在它前進道路上的所有陳規都將不復存在，而陳規的消失必定會帶來全新的機會。讓我們以技術浪潮為例，當行動浪潮來臨時，它改寫了這顆星球上幾乎每個產業的規則。我們現在依然能看到這波浪潮的後續影響，企業正一個接著一個地轉往行動平台，而落後並沒有這麼做的企業正在走向衰亡。大數據正在做同樣的事，人工智慧也是如此。隨著每一波這樣浪潮的到來，成千上萬家大企

業將會遭到淘汰，而其中大多數公司卻沒有意識到這一點，直到一切都為時已晚。它們認為並沒有發生變化，而且繼續從事原來的業務。但是，實際上只要有一家新創企業能想到該如何利用這些新技術，使得整個競爭場域的規則向它們傾斜，現有的這些企業就會完全失去競爭力。

我對每個創業者的忠告，都是請他們關注這些浪潮，而無論它們是技術浪潮、社會浪潮、政治浪潮，或是經濟浪潮，這些都是決定性因素。但是，也不要太過關注某一波特定的浪潮或趨勢，因為浪潮或趨勢本身並不重要，如果你錯失了這一波浪潮，總會有另一波浪潮緊隨而來，關注下一波浪潮遠比追趕已經過去的浪潮來得好。

我在很多努力奮鬥的新創企業裡，多次看到這個現象。很多新創企業只是有點晚了，但是無論它們再怎麼努力嘗試，都無法再追上前面的浪潮，就只能在這樣的嘗試裡把自己弄得精疲力竭。這和你在專案中投入多少金錢和時間並沒有關係。如果你走在錯誤的方向上，就算投入再多的時間和金錢也無法拯救你。相反地，你應該轉身看向遠方的地平線，關注那些正迎面而來的浪潮。機會就在那裡，那些機會能讓你的企業更上一層樓。回頭看向岸邊那些已經過去的浪潮是沒有任何意義的，無論那波浪潮在過去有多大，都已經過去了，創新始終屬於未來。

第五章

真正創新之前，別說你不屑模仿

◇◆◇

獨創性只不過是明智的模仿。

——伏爾泰（Voltaire），哲學家和作家

矽谷人很不願意承認這一點，不過模仿或複製確實是一種絕妙的商業策略。放眼諸多成功的新創企業，都可以看到模仿前人並加以創新的影子。臉書模仿了Friendster和MySpace兩家社交網路先驅，並在使用者經驗上加以創新；LinkedIn模仿了臉書，但聚焦於商業用戶；Uber模仿了Lyft，以非職業駕駛為經營核心，強調更快速且更智慧的乘車體驗；賈伯斯參全錄訪帕羅奧多研究中心後創造了麥金塔電腦，比爾．蓋茲（Bill Gates）又參照了賈伯斯的經驗來發展微軟Windows系統，接著靠企業用戶穩固微軟的高階市場。

當你有能力模仿某件東西，而且你知道這樣做肯定可行時，為什麼還要發明某種新的東西，並且承擔

風險呢？發明和創新是極為困難的事，而且很可能會失敗。在矽谷，人們創新的唯一理由是，他們知道光是模仿或抄襲並不夠。在矽谷，如果每個人都能簡單地從某個地方抄襲到最佳的創意，並且賺到大錢，他們肯定也會這樣做，不這麼做才真的是瘋了。

中國之所以能利用模仿矽谷這種方式，是因為市場封閉，以及矽谷創新和中國對創意的消化吸收之間存在著時間落差，這兩個因素混合在一起。時間上的落差為創業者提供一個機會，巨大的價值就在這樣的機會中被創造出來。讓我們來看一下中國的巨頭：百度、阿里巴巴和騰訊。這三家公司最初的商業模式都來自於模仿其他的產品，但是現在已經超越了。百度是一家搜尋引擎公司，最初是模仿Google；阿里巴巴是一個電商平台，混合來自亞馬遜（Amazon）、eBay與PayPal的一些基本要素；而騰訊推出QQ和微信（WeChat），這兩款軟體是目前在中國市場上占據主導地位的即時通訊應用程式，它們最初是從ICQ與Kakao Talk中獲得的靈感。諷刺的是，現在這三家企業在產品上的所有創新已經超越人們的預期，它們的產品正在拓展全新的市場，而且正在被其他企業模仿，臉書如今就是例行性地模仿微信。所以關鍵是：能模仿就模仿，無法模仿就創新。

不幸的是，當你像矽谷那樣已經在引領全世界時，就沒有人可以讓你模仿，你只能創新。在矽谷，一項「我也一樣」的產品不會走得很長遠，那是醫學上所說的到院前死亡（dead on arrival, DOA）。競爭是如此激烈，市場變化又是如此之快，以至你幾乎不可能靠著模仿來追趕競爭對手，除非你能提供某種具有獨特價值的事物。這也就是在矽谷的創業者會拚命創新的原因，這並不是說他們喜歡創新，創新很困難、代價高昂、極為殘酷又令人痛苦。但是在矽谷，除此之外別無成功之路，不創新，就只能繼續當小人物。

在矽谷，同樣也有成千上萬的模仿者，但是他們之中幾乎沒有人最終能獲得什麼成就。只是在一項產品上添加一些額外的特色或功能，並不能稱為創新。真正的創新者需要辨識顧客的需求，而且能以任何競爭對手都無法做到的方式來滿足這個需求。只有透過辨識出新的機會，並且理解潛在的價值定位，你才能在高度競爭的環境中成為領導人物。

現在中國人也體驗到了這一點。幾年前還是模仿的黃金時代，但就算是在中國這麼封閉的市場裡，想要透過模仿來獲取成功也越來越困難了。這裡的問題是，現在有眾多的中國新創企業正在尋找源於矽谷的最新創意，就算你模仿的速度非常快，最終也會和數十家的中國模仿者進行競爭。現在已經與過去完全不同了，以前馬雲和馬化騰還可以從國外取得創意，然後快速地展開行動，在國內幾乎沒有什麼激烈競爭的情況下，就能主導整個市場，今天要靠這種策略來獲取成功的可能性已經日漸降低。

這對中國來說是一個好消息。我總是聽到一些政府官員和商業人士嘆息中國的新創企業創新力道不足。一些群體正試圖想出複雜的解決方案，來幫助創業者構思出更加別出心裁，或完全是出於原創的創意。實際上，大多數這樣的投入是完全沒有必要的，因為這個問題靠著自身就能解決。中國人將會開始自己的原創之路，因為他們不得不這麼做。正如同古老諺語所說的：需要是發明之母。只要模仿的做法不再有效，中國人就會停止模仿。在矽谷，我們就是這麼過來的；日本人及韓國人亦然。隨著經濟步向成熟，企業開始向價值鏈上游移動，就不得不藉由創新來展開競爭。

迷思

酒香不怕巷子深

做出一項傑出的產品並不意味著顧客會蜂擁而至。產品本身只是一個複雜的方程式的一部分，這個方程式還包括行銷、時機、大眾認知的程度、競爭、配銷，以及其他因素。如果其他部分不能到位，你的創新往往不會被世人所認可。你只要想到在App Store裡還有成千上萬乏人問津的應用程式，就會明白這一點了，我相信它們之中有些可能是真正的美酒。

讓我說得更直白一些。所有的創新都是從模仿之前的某樣東西開始的，這就是我們學習的方式。差別在於，偉大的創業者不只是模仿，還會把模仿的東西轉換成自己的東西。就像巴伯羅・畢卡索（Pablo Picasso）曾說過的：「巧匠摹形，大師竊意。」（Good artists copy, great artists steal.）

每個在矽谷的天才，從威廉・肖克利（William Shockley）到馬克・祖克柏（Mark Zuckerberg），再到馬斯克，都是從竊意開始的。肖克利曾試圖讓貝爾實驗室將電晶體的專利完全歸於他的名下，全然不顧同事約翰・巴丁（John Bardeen）以及華特・布拉頓（Walter Brattain）在電晶體發明上的貢獻，但是卻失敗了。祖克柏從Friendster、MySpace、HarvardConnection.com、Hot or Not，以及哈佛的線上學生名冊這些社群平台中竊取原始的創意，但是將這個創意轉化為自己的東西。人們常常把特斯拉公司的建立歸功於馬斯克，但實際上特斯拉公司是由馬丁・艾伯哈德（Martin Eberhard）和馬克・塔彭寧（Marc Tarpenning）共同創辦的，艾伯哈德擔任執行長，馬斯克之後才加入董事會。我在這裡並不想要貶低肖克利對電晶體的貢獻，或是看輕祖克柏對社群網路發展的促進，也不是無視馬斯克讓特斯拉公司轉型的功勞；我只是想要更清楚地表明，傑出的頭腦首先做的就是模仿，接著他們會在模仿的基礎上進行創新，但是往往所做出的貢獻會讓他們獲得絕大部分的榮耀。因此，模仿吧！然後讓它變成你自己的東西！

第二部

準備啟航：比吸引資金、拉攏團隊更重要的事

第六章

放開龐大的願景，先從小處著手

◇◆◇

偉大的作品是由一系列的細節匯聚而成的。

——文森．梵谷（Vincent Van Gogh），畫家

很多人相信，如果要創新就必須從大處著眼。如果你是一家大公司的老闆，肯定會為此實施一項重大的創新計畫，該計畫將涉及公司內的所有部門，每個人都必須參與。錢應該完全不在話下，因為這關係到公司的未來，而且下一個十億美元的營業收入來源就靠著這一次的創新了。

然而，事情完全不像上面所說的那麼簡單。在真實的創新過程中，你不能從大處著眼，而是必須「從小處著手」。大多數宏大的創新專案都失敗了，失敗的原因正好是大專案需要有大預算、大團隊及大成果。在實際的創新過程裡，一些細微的創意常常具有改變整個產業的力量。讓我們來看一看便利貼、魔鬼沾（Velcro），或拋棄式刮鬍刀。這些都是很簡單的

創意，卻為它們的產業帶來革命。

用今天的眼光來看，便利貼只是非常簡單的東西，任何人都可以想到，但是當時卻沒有人注意到。實際上，整件事的發生最初只是因為一個錯誤。3M實驗室裡的一個科學家，史賓塞・席爾佛（Spencer Silver）博士當時正在開發一種超強黏合劑，但卻意外獲得一種「低黏性」、可重複使用、對壓力敏感的黏合劑。在之後整整五年內，席爾佛博士想讓3M利用他的發明來生產一種產品，但是沒有人理會他的想法，直到他的同事想到一個主意。那個同事曾參加他的一個研討會，他表示可以用這種新的黏合劑在讚美詩集裡固定書籤。這一系列細小的洞察和想法，導致便利貼產品的推出。

如果你觀察一下大多數偉大創新所經歷的過程，就會發現它們走的路基本上很雷同。偉大的創意通常並不是來自於大願景，而是源於一些小實驗或者偶然的發現。在發現這些創意故事在大眾的腦海及在媒體上被重新構想出來時，這些大願景也就隨之產生了。

這同樣適用於技術型創業的企業。讓我們來看一個大家都熟悉的例子。YouTube在一開始並沒有設定要成為新的全球影片播放網站這個宏大的願景，也從未想過在網站上會有數百萬支影片、數百萬名的創作者與觀看者。YouTube一開始是一家完全不同的企業，最初只是一個影片約會的網站，稱為Tune In Hook Up，它模仿了Hot or Not，當使用影片的做法並沒有為他們帶來使用者人數與營業收入成長時，創辦人就開始到處搜尋其他的創意。

真正帶來創意火花的，並不是一個改變世界的願景，而是來自生活中的兩次小小挫敗。第一次是公司的共同創辦人賈德・卡林姆（Jawed Karim）因為無法找到珍妮・傑克森（Janet Jackson）意外走光的影片而心生不悅；第二次則是公司的另外兩位共同創辦人查德・赫利（Chad Hurley）和陳士駿由於電子郵件附件大小受限，而無法與朋友分享晚餐派對的影片，讓兩人大為惱火。

這兩次小小的挫敗疊加在一起，造就今日所熟知的YouTube。這兩件事為他們帶來的關鍵啟發是，人們需要一個簡單的方法來分享線上影片。在建立一個簡單的影片分享機制後，所有事情也都接踵而來了。在很短的時間內，有幾支影片在網路上爆紅，而YouTube的流量也因此開始急速增加，並且讓YouTube成為影片內容的匯聚地。

YouTube成為世界首屈一指的線上影片播放網站，並不是一個宏大願景或計畫所帶來的結果，只是一個小小創新產生的巨大影響。我甚至想要更進一步地提出這樣的看法，如果那些創辦人在一開始就想要建立一個影片播放網站，他們將永遠無法成功建立YouTube。讓我們來看一下新創企業的歷史。數位娛樂網路（Digital Entertainment Network）在網路興盛時期就想把電視風格的節目搬到網路上，它們嘗試一個很大的願景，但最後還是失敗了。因為製作內容的成本實在太過高昂，而當時線上廣告的模式尚未建立。

這是很多新創企業通常都會犯下的錯誤。例如，我曾和一家來自台灣的新創企業一起工作，該公司想做一個通用的應用程式，可以用來打開任何智慧設備的鎖，包括智慧自行車、汽車、門及文件櫃。他們知道無法透過這個應用程式來向使用者收費，因此考慮向使用者免費贈送應用程式，同時在應用程式上建立社群網路。他們想和所有人合作，從汽車生產商，一直到物聯網設備製造商。讓事情更複雜的是，他們的設備需要特殊硬體才能運作，這就要求所有人都必須採用他們的硬體。根據這樣的方式，我看不到他們有任何希望能讓如此龐大和複雜的願景，最終離開地面試飛。

我很坦率地對他們說：「你們必須從小處著手。挑選一個對你們的解決方案極度認同的顧客，然後專注於滿足這個顧客的需求。」我建議他們瞄準那些重視安全問題的企業，並且向對方推銷安全問題的解決方案，在這個方案中，他們可以讓顧客在一支智慧型手機的應用程式上控制整家公司的所有無線網路基地台，包括所有的門、辦公桌、文件櫃及儲藏室。他們可以依照部署智慧鎖的數量進行收費，並且同時提供加值服務。這會遠比原來的計畫簡單許多，只有一種顧客類型，還有非常清晰的收入模式。現在要判斷他們這一次方向的調整是否會成功還言之過早，但是我祝他們好運。

無論你是一家只有三個人的新創企業，還是一家有著三十萬員工的跨國公司，創新的過程都非常相似。你需要創立一種氛圍與相應的組織架構，讓團隊成員可以從小處著手。

第七章

將新創團隊成員控制在八人以內

◇◆◇

無論什麼時候，一個優秀、快速、精幹的團隊都能擊敗一個龐大、緩慢的團隊。

——保羅．布萊恩特（Paul Bryant），美國足球教練

正如在前面提及的，本書的讀者可以是新創企業的創辦人，也可以是大企業的經理，只要你想要創新，本書就是為你而寫的。考慮到這一點，很有必要在這裡談論一下團隊的規模。大多數新創企業的團隊都很小，因為他們負擔不起更大的團隊。通常只有創辦人和幾個兼職人員；而另一方面，大企業從一開始就有能力建立很大的創新團隊。但這是一個重大的錯誤，我會在後面會解釋原因。

根據經營Founders Space，以及為跨國企業進行諮詢所獲得的經驗，我發現理想的團隊通常是由二至八人所組成。這是因為團隊越小，團隊成員之間的合作、溝通及協調也會越好，人與人之間的關係也會更

親密。團隊成員能夠以大群體不可能做到的方式團結在一起。在小團隊裡，彼此都非常熟悉、知曉他人的優勢和劣勢，並且能建立更深層的關係。這些都有助於形成更好的團隊合作，以及更緊密的溝通。

相反地，群體越大，人們越小心謹慎。在一個很大的群體前，我甚至會發現自己在斟酌措辭。我不想要犯錯，並在大眾面前顯得愚笨。我們都曾經置身這些場景裡，人與人之間的溝通會變得更正式，有事先安排好的日程、結構化的會議、複雜的人際關係網路，還有預先分配好每個成員要扮演的特定角色。也正是在這樣的場景中，人們的行為方式會從個體行為模式轉向群體動力學行為模式。

我們融入社會群體的欲望是根深柢固的，因為我們想要知道自己是誰，以及應該如何行動。對大多數人來說，他們在一個群體中的行為舉止與在一個小團隊裡的行為方式是不可能完全一致的。隨著群體規模發生變化，成員的心態就會依據新的群體結構做出相對應的調整。大的群體常常會建立分層的管理架構，這種架構在人數較多時，對組織和管理來說是較為理想的，但是對於釋放創造力及鼓勵自由思考而言卻不是最好的，因為釋放創造力和鼓勵自由思考都有可能會打破事物的原有秩序。

群體越小，群體的架構也就越有利於成員之間的相互平等。在彼此都很親密的團隊裡，人們就會很自然地傾向於成為夥伴，而不是形成領導者與追隨者。對創新來說，這種形式的互動非常重要。要進行創新的話，團隊成員之間就需要深入合作，並能完全開放地分享各種創意。對所有人來說，在小團隊中要做到這一點會更容易，對那些容易害羞、個性內向或小心謹慎的人更是如此。

小團隊可以做得更好的另一個理由是，當團隊的人數超過十個人時，工作的節奏就會變慢，更大的團體已經無法做出快速回應，特別是針對一些新的創意進行測試時更是如此。創新需要快速的重複，這就要求團隊要能很快做出決定，而不應該出現將整個團隊裡的部分成員一再疏遠或排除在外，只是為了做出決策。按照我的經驗，建立成功團隊的重點是，團隊的管理架構應該允許團隊的所有成員都能對創新過程做出充分的貢獻。但是，團隊越大，要讓每個人都有機會發聲也就越困難。你可以試著讓一個房間內的十幾個人就任何事情達成一致意見，這將會是一件很痛苦的事。

對最佳創意進行投票是給予所有人說話機會的一種方式，但是投票並不一定會認同或鼓勵其他人為創新做出全心全意的貢獻。投票常常會導致在團隊中出現分裂，一些派系的意見有可能始終都被否決，結果就是出現派系鬥爭。而你最不想看到的就是創新團隊分裂為不同的派系，派系政治取代創新過程。投票的另一個潛在問題則是，有些團隊成員就算自己並不同意這樣的決定，也可能會追隨多數人的決定，原因很簡單，他們只是不想和其他人對立。

對一個大型團隊來說，另一個選擇是在層級分明的管理架構中由領導者來選擇最佳想法。但是除非團隊的領導者善於讓所有人都能說出自己的想法，否則這種方式依然無法促成真正的合作，不能讓團隊中的所有人覺得他們可以和其他團隊成員一樣貢獻自己的創意，並且分享整個決策過程，結果通常是少數人在前面積極地創新，而團隊中的其他人則是跟隨其後。團隊越大，參與創新過程的團隊成員比例也就越低，這就造成建立大型創新團隊的做法毫無意義。

不管是什麼樣的團隊結構，理想的創新團隊應該是彼此非常親密的團隊，團隊中的每個人都能在創新過程裡有積極的貢獻，並且實際參與決策過程。亞馬遜的創辦人傑夫・貝佐斯（Jeff Bezos）是我的偶像之一，他用兩個披薩原則對此總結道：如果一個團隊無法用兩個披薩填飽肚子，這個團隊就太大了。我是一個很能吃的人，一個人就能吃完半個披薩，所以一個團隊裡像我這樣的人有四個就夠了！

◆組成團隊的四種關鍵人才

什麼是建立完美創新團隊的基本訣竅呢？在Founders Space，我們有一個很簡單的方程式：

- **皮條客（Hustler）**——在團隊中至少要有一個人能夠全面徹底地理解業務、顧客及市場。在大多數的新創企業裡，這個人被稱為執行長，這個人通常也應該是能將願景和產品推銷給全世界的人。所以，這個人必須是出色的團隊領導者，以及與外界的溝通者。
- **駭客（Hacker）**——這個人應該是對最新技術從裡到外都非常精通的人，是能運用這些新技術來轉變現有商業模式的人。團隊從一開始就有一個對技術痴迷的人是很重要的。創新常常就是抓住一波新技術的浪潮，而這波浪潮將會打破商業和社會的原有形態。創新團隊裡需要有人能理解如何利用這些新技術來重塑與顛覆這個世界。這個技術高手還要願意捲起袖子做一些枯燥乏味的工作，像是寫程式和做測試。在一個小團隊裡，什麼事情都需要自己去做，團隊需要有人願意做一些實際的工作。在一家典型的新創企業裡，這個人將會是主要開發人員和科技長。

- **文青（Hipster）**——我們期望在團隊中看到的第三個人最好是創意設計負責人。在一家成功的新創企業中，設計思維的重要性絕對不能被低估。設計往往是創新的核心，在設計上的細微改變能夠產生巨大影響。任何好的創新團隊在剛開始時都會需要設計者。YouTube、Slideshare、Etsy、Flickr、Gowalla、Pinterest、Jawbone、Airbnb、Flipboard、安卓及Square，都有設計者作為共同創辦人。育成中心500 Startups的共同創辦人戴夫・麥克盧爾（Dave McClure），最喜歡說的一句話就是：每個團隊都需要有一個駭客、一個皮條客和一個文青。我想要加上第四個人。

- **能人（Hotshot）**——在團隊中有一個特定領域的專家是很有幫助的，特別是在試圖解決某些高度技術時。對於團隊正在嘗試解決的特定問題，這個人應該具備最深層的理解。這樣一個人通常應該是具有博士學位的研究人員，或是在該領域裡具有多年實務經驗的人。當你需要實現關鍵技術領域突破時，在團隊裡擁有一個知識深度遠遠超越其他管理者的專家將會讓最終的結果截然不同。

我們發現，擁有以上四個技能組合的新創企業會有更高的成功機率。這並不是說每個創新團隊都必須有四個人，有些最好的新創企業只有兩個創辦人，但是通常每個創辦人都會扮演不只一種角色。如同祖克柏，他是很厲害的程式設計師，對於公司業務有全面的理解，還是相關領域的專家，而且知道要如何設計產品。但是，祖克柏並沒有單槍匹馬地做所有的事，而是建立團隊，正是這個團隊讓臉書獲得卓越的成功。

當新創企業來到Founders Space時，如果他們的團隊裡缺少上述的某種關鍵成員，我對他們說的第一句話就是：「你們現在最重要的工作是找到人來填補這個位置。你們公司想要獲得成功，沒有什麼會比從一開始就讓合適的人加入團隊更重要的！」然後我會和他們繼續分享為自己的新創公司RocketOn進行融資的故事。

RocketOn是遍布在整個網路的虛擬世界，你可以在其中建立化身，這個化身可以在任何網頁上行走，包括Google、亞馬遜、CNN、Adult Swim等你能說出名字的網站。你可以在這個世界上的任何網頁與朋友聊天、玩遊戲、聽音樂，以及談論各種新聞。在進行融資簡報提案的三個月後，我的運氣居然糟到沒有任何投資公司願意融資。我無法理解為什麼手上有這麼酷的創意，卻無法取得任何資金。而後我突然意識到，在團隊中欠缺一種關鍵成員：產品主管。這就是所有的創業投資人都沒有興趣的原因。他們看到這個缺口，卻沒有人告訴我。

於是，我就把找人填補這個位置視為首要任務。幸運的是，我有個朋友剛剛離職，而且他非常適合這個職位。在他就職之後，我們一起進行融資簡報提案。所有簡報的內容和之前並沒有任何不同，唯一的區別只是我有了新的共同創辦人坐在身邊。在聽完我的簡報提案後，第一家創業投資公司表示希望我們能參加它的合夥人會議，這是一個好兆頭。那天我們進行投資簡報提案的第二家公司，當場就同意我們的資金需求。這就是完整且合適的團隊能夠帶來的好處。

◆大企業內的創新團隊

如果你身處大型企業，除了皮條客、駭客、文青與能人之外，還需要其他的人才：

- **政治家（Politician）**——這是最主要的人才，一個能夠在大型企業中支持該專案、爭取資源、在各部門間居中協調的角色。沒有政治家，大多數的專案將不見天日。
- **組織者（Organizer）**——除了召喚與維持他人對創新提案的支持以外，你還需要一個人才負責管理專案，以及任何大型組織對員工的日常管理費用。

至於團隊內的其他角色，招募時不要以位階、職銜或年資來考量，而要考量其專業、動力和好奇心。你需要求知若渴、野心勃勃、心胸開闊的團隊成員，願意挑戰企業內的舊傳統，而且無懼於突破界限和接受挫敗。

◆為什麼需要一個團隊，而不能單打獨鬥？

我們已經發現，只有一個創辦人的新創企業，業績會比由團隊建立的新創企業差上很多。這是為什麼呢？原因有很多。首先，你不可能獨自一人建立一家大型企業。你看過價值十億美元的企業卻只有一個員工嗎？任何偉大事業成功的關鍵，就是把達成目標需要的人才帶入團隊。大多數成功的執行長特別擅長辨識並吸引人才。

其次，當人們彼此之間能夠平等地碰撞出各種想法，並且相互質疑對方的設想時，創造力就會自然而然地湧現。蘇格拉底（Socrates）就是一個極佳的例子，他讓周圍的雅典人對於他們曾做過的事提出質疑，而且提問可以百無禁忌。正如我自己體會到的那樣，蘇格拉底的詰問法正是創新過程中不可或缺的一部分，比如你可以對眼前任何事物提出質疑：為什麼那樣東西會是現在這樣？在Founders Space，我發現自己常常和那些新創企業玩蘇格拉底的詰問法遊戲，透過向他們不斷地提出各種問題，引導他們得出相應的結論。透過建立由不同類型的成員所組成的團隊，允許團隊成員之間針對不同的觀點彼此自由挑戰，並且就現狀提出質疑，新創企業即可營造出更有利於創新的團隊氛圍。但是，如果只有一個創辦人，上述這些都只是空談。

這是不是意味著，只有一個成員的創新團隊將會毫無作為呢？當然不是。只要創業者本身沒有問題，獨自一人的創新團隊最終也可能產生了不起的結果。但是，絕大多數的時候，有著良好架構的團隊會比單一個人做得更好。正如任何化學家所知道的那樣，物質不同的混合方式將會產生截然不同的結果。建立多元化的團隊可以為團隊成員之間發生獨特的化學反應創造條件。你想看到的是每個團隊成員的創意、背景及知識加以融合，從而激發出創造力的火花，這樣的火花單憑團隊裡獨自一個成員是無法激發的。

多人團隊的另一個好處是，這樣的團隊可以完成更多的事。構想出新的創意只是第一步，真正困難的是要如何證明這個創意確實能達成預計的結果，而團隊成員可以一起工作，以加快測試和驗證的過程。

此外，團隊還具有一些社交方面的屬性。一個孤獨的創業者很容易在某個點上卡住，他會變得氣餒，並且在遭遇第一個沉重的障礙時輕易放棄，而有著多個創辦人的新創企業就會覺得他們有義務繼續堅持。我在Founders Space裡，就常常看見這樣的事例。即使看似已經無法跨越眼前的障礙，但整個團隊還是會繼續奮戰，因為沒有人想要讓同伴失望。

Hashplay是一家在Founders Space育成的新創企業，該公司的團隊就是上述提到堅持奮鬥的現成案例。Hashplay堅定不移地想要建立類似Twitch的虛擬實境遊戲平台。Twitch是讓玩家得以容易分享線上遊戲影片的網站，亞馬遜已經用九億七千萬美元的價格收購這家公司。為什麼不能對虛擬實境影片做同樣的事呢？我不得不承認，自己並不看好此事，因為做虛擬實境版本的Twitch是一件非常困難的事，這並不是簡簡單單地錄製一段影片，然後放到網路就能分享的。虛擬實境是一種沉浸式體驗，要面對多種技術挑戰與對硬體的要求。但是，我看到一個異常強大的團隊，所以選擇下注這個團隊，而不是他們的產品。

任何的單一創業者或較弱的團隊，在遇到面臨的障礙時可能已經徹底崩潰了，但是這些傢伙卻讓人驚訝地還在繼續努力。他們不斷調整方向，並且進行測試，直到發現適用的商業模式為止。儘管遇到那麼多的困難，但卻始終沒有放棄，整個團隊一直一起奮戰。這就是團隊的力量。

一般來說，團隊肯定會比個人單打獨鬥具有更高的生產力，原因很簡單，因為如果有一個團隊成員非常努力地工作，其他成員就會覺得自己不能鬆懈。如果創新團隊只有一個人，就不會感受到來自同伴的壓力，人們往往需要這種壓力來激勵自己，好竭盡全力。

從一開始就能有一個團隊到位，並且為後續工作設定正確的基調，能夠迫使每個人都認識到這是團隊的通力合作，而不是個人專案。這一點是很重要的，因為創業團隊與這個團隊的文化常常會構成新企業的核心，而這個文化需要具有包容心和合作精神。

另外，對一個孤獨的創業者來說，重新融入一家大企業遠比融入一個運作良好的團隊困難許多。例如，一個提出某種突破性創意的人也許會這麼想：「這是我一個人獲得的成果，為什麼我要和企業分享呢？他們什麼也沒做！」

如果你檢視矽谷的歷史，正是小團隊引領我們當下正在經歷的技術革命，這個技術革命就是從這些公司開始的：英特爾（Intel）、惠普（Hewlett Packard）、蘋果、Google、亞馬遜、Stripe、Zenefits、Airbnb等，這個清單還可以繼續羅列。

更大的知名企業也從在組織內部建立的創新小團隊裡獲益匪淺。透過在組織內部授權一個小團隊而開發的AS/400商用伺服器，IBM得以徹底改頭換面。洛克希德馬丁（Lockheed Martin）著名的臭鼬工廠（Skunk Works）透過授權小型、具有完全自主性的團隊，開發出歷史上一些最具創意的飛機，其中包括SR71偵察機。賈伯斯曾有一句名言：「現在大家都知道麥金塔團隊是在進行內部創業……儘管這個小團隊依然在一家大企業內工作，但是他們本質上已經回到車庫重新創業了。」

正是上述羅列的那些理由，讓我更喜歡二至八人組成的團隊。我發現這是一個理想團隊的規模。當然，你還是可以嘗試一下單槍匹馬創業，或者建立十個人以上的創業團隊，來看看會發生什麼事。任何事情總有例外，這在很大的程度上要視你所在的產業、專案的大小、技術的複雜性，以及團隊中相關人員的個性而定。重點是要具有彈性。如果有人堅持單打獨鬥，就讓他嘗試一下；如果另一個團隊說需要十幾個人，也可以讓他們試一試，但是要仔細評估結果。如果團隊是富有成效的，就讓他們繼續。如果不行就解散團隊，從頭開始。

第八章

過多的資金有可能是毒藥

◇◆◇

我們接受小額預算，我們喜歡這種受到約束的感覺，這樣能夠激發創造力。

——查理斯．林肯．尼爾三世（Charles Lincoln Neal III），網路節目《早安！神話！》（*Good Mythical Morning*）主持人

為什麼在小額預算上進行創新會更容易呢？你可能會認為，大預算往往意味著更多的資源、更多的人手、更快的進展及更好的結果，但這不一定是正確的。事實上，情況很有可能會是這樣，如果一個創新團隊要求很大的預算，他們也許需要提交一份提案來說明支出。如果公司批准這個提案，這個創新團隊就會覺得有責任來具體執行這個計畫，並且提交成果，這樣一來，他們其實放棄了自由選擇一條在創新過程裡可能會出現的全新道路。

過早地縮小關注的範圍將會是有害的。創新實際

上是在探索，但是一旦你提交一份詳細的提案，就要對這個計畫做出承諾，而在現實中，你所了解的東西還不足以制訂一項正確的計畫，更不用說還要堅定地加以執行了。這樣一來，與其說是你開啟了新的可能性，還不如說是你最終關上了創新的大門。

另一個負面因素則是，大預算往往意味著有更大的團隊。團隊領導者從一開始就需要設定目標、制訂時程、分配任務，並且追蹤進度。這迫使團隊當下就必須做出抉擇，而不是開放所有的選項。這和一個創新團隊在早期應該做的事情恰好相反，創新團隊在早期應該把關注的焦點放在發現與實驗上。

鎖定某些創意，並藉此制訂計畫來落實專案，恰好是創新過程的對立面。創新過程就是保持開放的心胸、嘗試新的可能性、找出死胡同、從錯誤中學習，並且在未知的森林中漫步，期待能夠有所發現。一旦你的創新團隊被那些需要方向指引和團隊支援的員工拖累，團隊領導者就會變成管理者。你最不想看到的應該就是核心創新人員變成專案經理，這是兩種截然不同的角色。

團隊變得越大，那些管理者和員工也就越不願意調整方向，即使資料顯示他們正走在一條錯誤的道路上。快速地調整路線方向是創新的核心，這正是你如何才能在學習中完成艱難突破的方式。預算越大，承諾就會越重，路線的調整也會變得越困難。

◆資金會掩蓋商業模式的缺陷

只要看一下那些典型的新創企業，絕大多數最重要的創新都是在公司根本沒有任何資金時做出來的。一旦資金開始湧入這些新創企業，它們通常會停止創新，並且開始關注如何擴大企業規模。如果這些新創企業已經找到可行的商業模式，這樣做還不會有什麼問題。但是，如果商業模式尚未定型，這種做法就會阻礙商業模式走向成熟。

讓我們檢視一些例子。Color是一家新創企業，為了一個新的照片分享應用程式融資四千一百萬美元，這個照片分享應用程式是圍繞著各種活動或會議而設計的。問題是Color在當時其實並沒有一項可行的創新方案，就只有一個宏大的願景，所以太早融資了。大多數的新創團隊會很興奮，因為銀行帳戶上有了四千一百萬美元，不過實際上這筆錢卻害了Color。他們已經無法自由地進行各種嘗試。在取得四千一百萬美元的現金後，創投資金期待著Color能具體實現願景，而不是坐擁這些錢。這就是最終結局的開始，在一連串的方向調整失敗後，Color最後將公司資產以低價賣給蘋果。

我們已經不只一次看見這樣的狀況。新創企業太早取得過多的資金，隨後又在眾目睽睽下失敗了。Fab是另一個例子，這家從事線上零售的新創企業在燒了兩億美元後，依然未能找到可持續的商業模式。我認為如果他們的手上沒有那麼多錢，他們可能已經找到可行的商業模式了，但是手上的錢卻掩蓋他們正在走下坡的事實。正是因為他們支付得起在獲取顧客過程中所需的龐大費用，所以無須面對沒有留住顧客的現實。

「在過去兩年內，我們花了兩億美元，是兩億美元！」Fab的執行長傑森・戈德伯格（Jason Goldberg）在一封現在非常知名的信中這麼寫道：「而我們卻依然未能證明自己明確地知道顧客想要買什麼。」

戈德伯格並不是唯一的案例。新創企業藉由花錢來掩蓋公司面對的嚴峻現實，從而愚弄自己和投資人，這種現象並不罕見。他們認為是在為自己爭取時間，從而讓問題獲得解決，但實際上他們是在否認現實。金錢只是讓他們回避出現的問題。見鬼的是，如果你在找到真正符合市場需求的產品前就已經取得資金，就會很容易陷入這種模式。

有一家正在和我合作的新創企業，從投資人那裡取得數百萬美元的資金，用以製造下一代的物聯網裝置，該裝置能夠測算人的腦波與注意力的集中程度。由於他們的手上擁有足夠的錢，因此僱用大型團隊，而且對於誰是他們的顧客，以及顧客會有什麼具體需求等這些基本的問題顯得毫不在乎。我當面向他們表示，他們應該停止研發，並且開始與潛在顧客進行溝通。不過，他們取得越多的資金，就越容易忽視真正的問題。他們認為到手的投資款項在在證明，真正重要的是他們擁有最好的技術。

迷思 大型的發表會有很大的幫助

我們都還記得Google+、Google眼鏡及Google Wave等產品極其高調的發表會。即使背後有著Google強大實力的支撐，但這些產品還是失敗了。這些產品無疑都是創新產品，但是有時候低調一點，並且把注意力放在顧客的身上可能會更好。當涉及創新產品時，宏大的發表會只會讓顧客產生更大的期望，但是期望越大，失望也就越大。

我能告訴你的是，如果新創企業的創辦人剛剛完成金額相當大的融資，而你卻在這時候告訴他，他們的創意可能根本就行不通，這個創辦人基本上聽不進你說的任何話。通常創業者都會很樂觀，在拿到資金的興奮中根本不想聽你說他們走錯路了。他們是以目前所做的計畫為基礎取得的資金，而且他們也沒有看到需要改變目前計畫的理由，更何況錢正在銀行裡等著他們。

這並不完全是創業者的錯，有一部分的原因要歸咎於那些投資人。很多投資人根本沒有要求創業者針對基本的商業概念進行驗證，就把錢丟給新創企業，他們做事更依賴直覺，而不是事實。這種懶惰的投資方式不但傷害了創業者，也同樣傷害了投資人。可悲的是，透過陳述公司願景的融資簡報提案，往往會比藉由經過驗證的商業模式為基礎的融資來得容易許多，這是因為大多數的商業模式並不像還只是創意時表現得那麼有前途。

Webvan就是這種現象的縮影。創辦人的願景是創造出世界上第一家把生鮮產品與日常生活用品直送到府的線上超市。當時還處於網路興盛時期（即一九九五年至二〇〇一年），他們的想法相當不錯，但出問題的往往是細節。在燒完手上的現金後，他們不得不放棄夢想。諷刺的是，在經過十多年後，擁有同樣夢想的企業在一大批新創企業中存活，包括一些極為知名的企業，如亞馬遜。

其他一些著名的失敗案例，包括38 Studios這家現在已經不存在的電玩遊戲公司虧損了納稅人七千五百萬美元的錢；Boo.com這家線上零售商當時曾獲得一億三千五百萬美元的融資，但是在公司破產時，只賣出三十七萬兩千五百美元；以及Quirky這個服務發明者的平台，當時獲得一億八千萬美元的融資，但悲劇的是該公司的商業模式有著明顯的缺陷。這樣的例子還有很多。

新創企業Pano Logic的創辦人尼爾斯・邦傑（Nils Bunger）對此做出很好的結論：「過多的資金是一劑毒藥。在一家公司創立初期，資金太多的話，就會讓公司跛腳，並且造成公司缺乏選擇的餘地。當你提出想要取得很多融資時，實際上就是在說你已經找到商業模式，現在是擴大公司規模的時候了。如果你在真正找到可行的商業模式前就已經這麼做，肯定會遇到很多麻煩，因為董事會在期待你能擴大業務的規模，而你卻還在思考什麼才是公司真正的業務。」

Pano Logic研發出虛擬桌面基礎架構，但最後還是破產了。「當你有太多錢時，就會面臨使用這些錢的龐大壓力。」邦傑更詳細地解釋道：「在這種壓力下，你會在事情尚未成熟時就開始花錢，或是在外界過度的影響下而不得不花錢。」

相反地，有限的預算可以真正鼓勵創新思維。資金受限與缺乏相關的資源，將促使創業者，特別是那些雄心勃勃的創業者，以全新甚至是有些激進的方式來思考問題。他們往往動作更快，而且會嘗試那些被其他人忽略或是認為根本不可能的方式。他們絕對不會按照常規來思考，因為並沒有時間或資源來執行例行計畫。

當你想要快速地在家裡修理東西，但是手邊卻沒有合適的零件，而且情況也不允許你花時間到五金行購買時，你的感覺就會和前面提到的創業者面臨沒有預算與資源時的感覺十分類似。但是經過仔細思考，你通常都能想到以全新的方式來修理。你受到的限制，實際上正在迫使你進行創新。

新創企業同樣如此。因為沒有錢，常常無力發明新的技術，因此會更傾向於採用全新的方法來使用現有的技術和工具，創新就源於這樣的過程。那些新創企業最終會把現有的技術與傳統服務相互結合，創造出全新的產品，這些新產品和它們有能力獨立開發的任何事物相比，能夠以更快的速度與更便宜的價格推向市場。

採用現成的技術，你所獲得的優勢多不勝數：

- 你無須再花費時間進行研發。
- 大多數的小毛病已經被找出來了。

- 你不用擔心製造的問題。
- 它們會比自行開發的相同產品便宜許多。
- 它們通常有豐富的在線和離線文件。
- 如果你被卡住了，可以找其他人幫忙解決問題。
- 只要你願意花錢，就能獲得專業人士支持。
- 你能避免浪費寶貴的時間來重新發明早就存在的技術。

另一個關鍵的優勢是，與新技術相比，現有技術可以傳播得更快和更遠。這是因為現有技術已經經過充分測試，使用者熟悉現有技術，也更容易接受現有技術。想像一下，如果Uber發明自己的叫車裝置，而不是使用智慧型手機，就永遠不會像今天這麼成功。使用已經被驗證且進入市場的技術，會具有巨大的優勢。

◆有限的零件，才能用創新的方式組裝

這裡有一個例子可以說明資源受到限制會如何激發創新。在墨西哥，公共健康照護服務供應商非常缺乏，而且人們也很難獲得相關的服務，因此大多數的墨西哥人會自費支付私人的健康照護服

務。然而，問題是私人的健康照護服務非常昂貴。佩德羅．伊里戈延（Pedro Yrigoyen）當時就在墨西哥城經營客服中心，正是當地健康照護服務的現況，激發他思考著要如何降低相關成本。

伊里戈延的概念是，在現有的一個客服中心裡安排經過醫療訓練的人員，這些人員可以獲得世界上許多最好的醫院也在使用的診斷電腦系統協助。他並沒有發明任何東西，而是將現有的服務以全新方式加以組合。

伊里戈延決定，任何人在任何時候如果想要獲得醫療客服中心的服務，只要需要每個月支付五美元的費用。這個小小的創新引發墨西哥的醫療照護服務革命，今天墨西哥有六二％的醫療問題是透過電話解決的。如果病情較為嚴重，客服中心的團隊就會讓醫學專家和病患加以連結。這麼一來，不但幫助病患，還會獲得一筆仲介費，而這筆仲介費會有一部分以折扣的形式退還給病患。這對病患和伊里戈延的公司來說是雙贏的，這家公司就是Medicall Home。

醫療照護產業在很久以前就有能力這麼做，但是一個不在這個產業裡的人，卻憑藉著特殊的產業背景和有限的資源，提出這麼一個解決方案。這個例子象徵地說明，為什麼有限的預算往往能產生更好的結果。伊里戈延的手上並沒有研發預算，或是任何在醫療照護業務方面的實際經驗，這迫使他進行創造性思考，並且以一種全新方式為醫療照護顧客提供價值。

對一些世界上最大的公司而言，在研發上投入更多的錢並不一定能轉化為創新。「創新和你在研發上投入多少金錢並沒有任何關係。」賈伯斯這麼說道：「當蘋果推出麥金塔電腦時，ＩＢＭ

在研發上花費的金錢至少是我們的一百倍。這和你投入多少金錢並沒有關係，關鍵在於你有什麼團隊、你有什麼領導能力，以及你在這個過程中又能學習到什麼。」這個看法也獲得博斯公司（Booz & Company）的資料支持。博斯公司找出全球擁有最大研發預算的前一千家企業，並從這些企業內邀集六百名主管，要求他們評選出最具創造力的企業。結果，蘋果拔得頭籌，但是該公司的研發預算只排在第七十名；Google則名列第二，但是該公司的研發預算甚至沒有排進前二十名。

回到二〇〇四年和二〇〇七年，諾基亞（Nokia）總研發預算是兩百億美元，而蘋果的研發預算則是二十五億美元。就在同一時期，蘋果開發完成並推出iPhone，而諾基亞則表現出業績急劇下滑的預兆。這裡的教訓是，和競爭對手相比，擁有更龐大的預算並不一定有助於創新，在某些情況下反而可能會造成阻礙。因此，無論你是在一家跨國公司工作，還是服務於一家小型的新創企業，請記住這一點：有限的預算能治療「非內部發明」（not invented here）症候群，能激勵你的團隊以更快的速度將產品推向市場、探索新的創意，並且進行更有創造力的思考。

第九章

逼自己一把，你才知道自己有多優秀

◇◆◇

如果你花太多的時間思考一件事，就永遠也無法做成這件事。

——李小龍，武術家和演員

帕金森定律（Parkinson's law）指出：「為了填滿完成工作所預先分配的時間，人們會人為地擴大自己的工作量。」如果你給某人六個月的時間制訂一份商業計畫書，他們就會用六個月的時間來做這件事；如果你給他們六天的時間，他們就會找到辦法在六天內完成。

韓國人對於帕金森定律實在是太熟悉了，要求員工持續不斷地加班來展現對公司的忠誠與奉獻。韓國人總是喜歡這麼說，他們比亞洲其他國家的人都更努力地工作，工時也更長。然而，為什麼韓國的生產力在經濟合作發展組織（OECD）的國家中並不是最頂尖的呢？答案非常簡單，因為做同樣的工作，韓國人花費更長的時間。如果他們必須待在辦公室直到晚上十點，為什麼要在下午五點前就完成所有的工作呢？

同樣地，如果你的新創團隊知道有三個月可以建立原型，為什麼要在三週內就完成呢？如果你想要一個創新團隊，就要營造某種緊迫的氛圍。幾乎可以這麼說，在這個時間點、在這個世界上的某個地方，你的競爭對手也正在進行和你完全類似的專案。在今日的世界，如果你的團隊慢了一步，就會失去整個市場。

這也是在Founders Space裡更傾向展開短期、密集育成課程的部分原因之一。我們有很多競爭對手的育成計畫會持續六個月或更長的時間，我對此感到有些遺憾，因為對方的時間確實太漫長了，把整個過程拖延這麼長的時間並沒有任何意義。我們的做法正好相反，常常會把育成課程壓縮到一個月或更短的時間，在這樣的育成過程裡，創業者會置身在創意、課程、輔導及各種不同機會之中。Founders Space是一個「加速」的加速器，每天從早到晚，創業者在一些重要的課題上會被安排參加速成班或親身指導的研討會，還能獲得對他們業務的充分回饋。

藉由限定育成的時間，我們可以提升育成的強度，並為創業者提供更近似被拉長的駭客馬拉松（hack-a-thons）體驗，而不是傳統的三至四個月的育成培訓。目前，我們的兩週課程在矽谷的海外新創企業中是最受歡迎的，因為創業者想要馬上就能啟動，並且立刻開始創業長跑。他們之中的大多數人都不想再要等幾個月的時間，到展示日（Demo Day）的那一天才對投資人進行簡報提案，他們待在矽谷的時間是有限的，所以需要儘快獲得成果。

◆創造急迫感，用短期爆發蓄積長期能量

賈伯斯非常善於營造緊迫的氛圍。在他營造的「現實扭曲力場」裡，會交給團隊一個看似無法完成的任務和一個荒謬的截止期限，然後會說服他們這是可以做到的，而且必須完成。出人意料的是，團隊會找到一種方法來滿足這種過分的要求。

大多數成功的新創企業都會實行某種形式的現實扭曲。當你只有一個小小的團隊，幾乎沒有任何預算，還要在充滿競爭對手的世界裡進行抗爭，而你的競爭對手可能包括像Google、臉書及亞馬遜這樣擁有大量可任意支配資源的巨頭時，現實扭曲就成為你唯一能參與競爭的方式。因此，永遠不要低估截止期限的價值。

對此的一個完美例子就是駭客馬拉松。在這個活動中，由創業者、程式設計師及設計師組成的小組，被要求在二十四至四十八個小時必須提交一項新產品或新服務。每個團隊都會連續熬夜一至兩個晚上，團隊成員進行集體討論，接著開始設計，然後就會針對所選定的專案編寫程式碼，並且不斷重寫。通常在結束時，所有團隊遞交的結果都會讓人產生非常深刻的印象。例如，Carousell和EasyTaxi就是很多成功故事裡的兩個例子。在駭客馬拉松中的贏家還包括：

- **GroupMe**——被Skype以八千萬美元收購

- Airpost.io——被 Box 收購
- Appetas——被 Google 收購
- SlickLogin——被 Google 收購

◆創新衝刺計畫

類似於駭客馬拉松那種短時間、密集的衝刺能帶來一連串的好處：

- 營造一種緊迫的氛圍
- 賦予團隊一個使命，並且找到在壓力下團結在一起的方式
- 工作變得更有意義和更重要
- 能排除其他干擾，專注於一項活動
- 增強團隊成員之間的溝通和合作
- 激發團隊成員竭盡全力投入
- 在達成目標時獲得成就感

Shutterstock是一家新創企業，目前已是在紐約證券交易所（New York Stock Exchange）正式掛牌交易的公司，該公司每年都會舉辦二十四小時的駭客馬拉松，以激發新創意，並促進員工之間的合作。Shutterstock現在擁有超過五千萬份無須支付版稅的照片、向量圖、插圖，以及影片和音樂，已經成為素材庫的巨頭。從該公司舉辦的駭客馬拉松裡脫穎而出的最佳創意之一是Spectrum，這是一種能讓使用者按照顏色來搜尋所有照片的工具。

臉書也舉辦駭客馬拉松，在那些依賴於咖啡因驅動的一連串活動裡，其中就有一場駭客馬拉松裡出現極佳（Awesome）的按鈕，我們現在將其稱為「按讚」（Like）按鈕。這裡的關鍵是，當團隊在經過壓縮的時間內，被迫進入極度興奮、具有高度創造力的狀態時，神經元就會開始受到激發，這時候能想出來的創意與創新可能是在其他狀態下永遠也無法想到的，而且身為團隊成員的他們，還能以在辦公室環境通常無法做到的方式一起工作。

很自然地，這樣的狀態並無法持續，但是如果能夠有效利用，這些短暫的創新爆發結合嚴格的截止期限就能產生極佳效果。關鍵是如何結構化設置各種截止期限，這樣一來，團隊就能進行衝刺、創造，然後再恢復常態。

我把這種狀態稱為「創新衝刺」，以下是我針對如何進行創新衝刺提出的方案。首先，將整個過程分成定義明確的幾個不同衝刺階段，每一次衝刺都應該聚焦於一個特定目標。例如，你可以這樣設定確定顧客需求、驗證商業模式，或是推出原型的衝刺目標。在創業過程裡的任何一步都能轉化成為一次衝刺，這裡是一些衝刺的具體實例：

- 在可能的創新領域進行腦力激盪
- 推出新的產品創意
- 開發可行的商業模式
- 驗證並估算市場的大小
- 建立能實際運作的原型
- 獲取顧客的回饋
- 驗證產品和市場的配適程度
- 設計市場推廣活動
- 整理業務需求資料
- 設計銷售簡報提案

一旦你對自己的創新衝刺設定主題，就可以開始召集創新團隊，確定嚴格的截止期限，然後放手讓團隊去執行。對於最後需要交付的成果應該明確說明，這樣一來，每個人都能清楚地知道他們該做什麼。

如果你想要激發團隊的求勝心，可以把創新衝刺轉變為比賽，大多數的駭客馬拉松活動就是這麼做的。這種活動在本質上就是一場比賽，參與的團隊會爭奪獎品與榮譽。你也可以在公司內部這麼做，還可以用這樣的方式來激勵並鼓舞整家公司。評審可以來自公司內部的其他部門，而且他們還可以在創新團隊的成果上扮演提供回饋和意見的角色。

最重要的是，應該讓整個過程變得更富有趣味！衝刺的過程應該是積極的挑戰，而不是讓團隊成員不得不忍受、令人極度疲憊的操練。在駭客馬拉松活動中，籌備方會提供食物、飲料、音樂及足夠的獎品。這種快樂的氣氛不但能激勵參與者，同時也為他們帶來報酬。

◆截止期限的力量

所有的學生都知道，隨著考試的接近，壓力就會越來越重，因為知道不能再拖延，應該學習一些什麼了。即將到來的考試所產生的心理緊繃，足以刺激那些平時不願讀書的學生真正拿起書本。典型的例子就是，有些學生會熬夜彌補數週或數個月的偷懶。

關於截止期限的一個更極端的例子是，阿波羅十三號登陸月球的任務。在這一次的任務中，太空船內發生的爆炸損壞空氣過濾系統。如果美國太空總署（ＮＡＳＡ）的地面團隊不能在幾個小時內找到解決方案，那些太空人就會死亡。面臨如此急迫的截止期限，工程師和科學家瘋狂嘗試任何能夠想出來的方法來修復過濾系統。直到最後一刻，他們才想到一個粗暴的解決方案，這個方案也是那個眼部受傷的太空人能夠執行的方案。最後他們成功了，拯救了整個機組人員的生命。這只不過是其中一個例子，在眾多這樣的例子裡，即便在看似不可能的情形下，整個團隊在必要時還是拿出極具創意的解決方案。

在一個企業的環境裡，截止期限又是如何發揮作用的呢？一個更常見的例子是IDEO。IDEO是一家因為創新設計而聞名的設計公司，其設計包括蘋果的第一個滑鼠。IDEO透過在機器人、醫療設備、消費性電子產品、汽車、玩具及更多領域中持續不斷的獲獎設計，而贏得聲譽。該公司的每項設計都是在三個月或不到三個月內完成的，它聲稱時間上的壓力在驅動創造力上扮演非常重要的角色。

需要明白的一件事是，如果你想讓截止期限發揮作用，它就必須是具有意義的。換句話說，時間上的壓力應該是為了一個正當理由而設置的積極挑戰。重要的是，團隊裡的每個人都能明白，為什麼在較短時間內完成，對這個專案的成功來說是至關重要的。如果他們覺得這只不過是毫無理由而強加的事物，截止期限的設定就會適得其反，成為毫無意義的負擔，而不再是創造力的催化劑。

在IDEO，截止期限是為了客戶需求而設定的，客戶通常都不願意等候一年才看到結果，甚至連半年都等不了，迫切地想要產品上市，期待IDEO能夠很快就交付作品。這種積極、有實際需求的挑戰，用一個清晰的目標激勵了IDEO的團隊，讓他們能集中注意力和提升生產力。

◆善用時限心理學

與保證截止期限相比，還有一種建議截止期限。不幸的是，建議截止期限的效果並不是很好。如果你說一項任務需要在接下來三個月內完成，大多數的人都會忽視這個截止期限。保證截止期限有一個明確的日期，一旦錯過這個時間就會產生實際影響，與之不同的是，建議截止期限通常不會產生什麼後果，而且和任何特定時間表沒有關聯，因此建議截止期限缺乏那種激勵的力量。

更令人驚訝的是，截止期限是如何在人類的大腦中被加以分類。多倫多大學（University of Toronto）羅特曼管理學院的塗豔萍和迪利普・索曼（Dilip Soman）完成一項關於「時間的分類及其對任務推出影響」(The Categorization of Time and Its Impact on Task Initiation）的研究。他們發現，如果你把截止期限設定為下週二，很多人在下週一前根本就不會在乎。

然而，如果你對時程表的呈現方式加以調整，把週末與工作日的顏色設置成相同的顏色，這樣一來，截止期限看起來就和其他日期處於同一個連續時段內。在這樣的情況下，員工就更有可能會在上一週為截止期限的到來做好準備。人類的大腦是按照時段來安排優先順序，而不是依照實際的天數。因此，把截止期限分組到單獨時段內就能激發人們立刻採取行動。

「人們並不把未來的時段視為時間流逝的持續延伸。」索曼表示：「在做決定或完成一項任務時，並不會具體考慮距離最後的時間還剩下多少天，他們會更傾向對於將要發生的事件按照未來的時期進行分類，也就是他們考慮的是，這個截止期限會出現在下週／下個月／明年的哪一個時段，而非確定截止期限是在哪一個特定的日期。」換句話說，在包含截止期限的時段到來前，這個截止期限只是建議截止期限，不過之後就是保證截止期限了。

所以，如果你希望團隊能在幾週或幾個月前，就為最後的截止期限做好準備，不是把截止期限拆成多個按週設定的更小截止期限，就是要把整個時期劃分為單獨的連續時間區塊，同時利用這兩種方式即可獲得最佳結果。

◆制定創新喘息期

確實，截止期限是強而有力的工具，但也是一把雙刃劍，有時也會造成負面的效果。並不是所有類型的創新在極端壓力下都能活躍，也不是所有人在不斷逼近的截止期限下都會有出色的表現。你需要將創新衝刺和停工喘息混雜在一起，這樣一來，團隊才能仔細審視眼前的問題，並且進行更深入的思考。快速與緩慢的思考結合在一起，通常會帶來最好的結果。

耶魯管理學院（Yale School Management）的珍妮佛．穆勒（Jennifer Mueller）、哈佛商學院（Harvard Business School）的威廉．辛普森（William Simpson）和李．弗萊明（Lee Fleming）完成針對來自七家公司的二十二個專案團隊所進行的一項研究，他們發現在極端的時間壓力下，要進行創造性思考往往是很困難的，特別當這種壓力已經維持很長一段時間時更是如此。

結果可能會出現：

- 感覺心煩意亂，而且無法集中注意力
- 整天在忙東忙西，卻沒有時間集中精力做一件事
- 工作缺乏意義
- 感覺自己好像站在永不停止的跑步機上
- 計畫和時間安排上有太多最後一刻的改變

我對此的解決方案是設立創新喘息期，在這個時段，管理者不會再施加任何時間壓力，允許團隊得以聚焦在自己認為最重要的事物上，然後對該事物進行探索，並且為了下一次突破，把拼圖的碎片聚集在一起。

我建議將創新過程劃分成一些獨立的單元，各單元之間用關鍵的決策過程加以連接。針對創新衝刺過程，你應該設立保證截止期限和衝刺的目標，像是測試業務構想、建立原型及開發商業模式。在每一次衝刺結束後，你可以宣布進入喘息期，讓團隊的節奏變慢，仔細分析之前做過的所有事情，並且給予團隊足夠的時間來探索各種可能。接著，就可以做出一些關鍵性的決策。

◆做出最後決策

無論什麼時候，當你蒐集到新的資料時，都應該向後退一步，然後再做出決定。你的決定通常只會有兩個選項：不是沿著目前的方向繼續向前，就是承認此路不通，然後重新回到辦公室的白板前。這個決定要達成的目標是，讓整個創新過程以儘快的步伐向前推進。創新衝刺的時間可以短到只有一天，而喘息期也不需要延續很長的時間。這裡並不存在固定的規則或預先設定的時段，你的衝刺與喘息在時間的長度上可以進行相應的調整。關鍵在於，你正嘗試解決的是什麼問題、團隊的能力、能夠取得的資源，以及團隊成員的個性。

無論你想做什麼，限定時間範圍、設定截止期限，以及確立明確目標，肯定會為你帶來報酬。在需要做出決策時，請確保你所做的任何決定都已經獲得有效資料的支持，而不應該有任何個人觀點或設想。無視那些不好的資料，並且不以為意地繼續向前，只會掩蓋事情的真相，而且這種做法還會增加在今後道路上發生更大問題的機率。如果你能正確管理整個創新的過程，創新衝刺和喘息兩者之間就能夠達到平衡，並且創造出動態的工作環境，在這種環境下，你的團隊不但可以快速地向前推動創新，而且長期來說還能保證生產力，不會在壓力下精疲力竭。

第十章

把核心產品做好，增添的功能才會錦上添花

◇◆◇

我不喜歡空想，那和我無關。

——羅伯特・梅特卡夫（Robert Metcalfe），乙太網路共同發明人

許多新創企業的創辦人都有著宏大的願景，而伴隨著這麼一個宏大的願景，通常都會有著很大的專案。擁有宏大的視野和野心是很容易的，而且這在PowerPoint中看起來也會相當不錯，但是實際上因為想做的太多而失敗的新創企業數量，遠比做的太少而失敗的案例多出許多。許多創業者會緊緊抓住宏大的願景不放，但是卻從來都沒有弄清楚如何才能實際推出顧客需要的產品。可悲的是，很多投資人同樣未能理解這一點，認為願景越大就越好，狂熱地相信偉大的新創企業必須在第一天就能改變世界。

儘管許多成功的新創企業在最後確實改變了世界，但是在成立的初期，情況往往並非如此。通常那

成功的新創企業先處理的都是一些較小的問題，只是到了後期，事情才變得明朗化，發現那個最初的想法也可以變得很大。

讓我們來看一下推特。它在一開始並不是具有宏大願景的龐大專案。事實恰好相反，它只是歐迪歐（Odeo）的一個次要專案。歐迪歐是一家提供播客服務的公司，當時已經在走下坡了。推特原本的創意只是作為最簡單的微網誌工具。一個優秀的工程師可以在一週左右就編寫出推特的原始碼，而推特當時也正是這麼開始的。它的目標非常明確而有限，並且它的功能設置也只是最基本的。當推特上線時，沒有人確切知道後來會發生什麼事。

但是你看看，使用者非常喜歡他們看到的產品，而且當推特在SXSW爆紅時，全世界都聽到它發出的聲音，並且開始追逐它所代表的流行時尚。我想說的是，推特成功的主因是它的產品是這麼的簡單，同時有所局限。透過縮小產品的應用範圍，它創造一種任何人都能在幾分鐘內掌握與使用的東西。這個特性和它的獨特功能相互結合，讓推特得以掌握大眾的想像力。

大多數偉大的新創企業都是這麼開始的。我們再看一下Dropbox，它並不是第一家提供雲端儲存的新創企業，但是由於把雲端儲存變得如此簡單和容易使用，讓它馬上轟動一時。Google也同樣如此，當Google上線時，頁面上只有一個簡單的搜尋框。那時候還沒有關鍵字廣告（AdWords）、Gmail、Google分析（Google Analytics）、Google文件（Google Docs）和Google地圖（Google Maps）等產品，Google只是想做一個最好的搜尋引擎。當時雅虎遙遙領先，但是它的使用者介面雜亂，頁面上還放上完整的搜尋目錄功能，直到最後也不得不完全廢棄這些東西。而Google則透過保持頁面簡潔，在最後擊敗所有的競爭對手。

公司從小處開始做起的最知名例子是亞馬遜。亞馬遜並沒有在一開始就宣稱打算銷售在這顆星球上的所有東西，反而是選擇一個類別，並且專注在這個類別上的銷售。那個類別就是書籍，因為貝佐斯認為書籍是最容易在網路上銷售的東西。世界上有數百萬種不同的圖書，任何實體書店都不可能容納這麼多的書籍。書籍不是易於腐壞的東西，還容易運輸，而且人們喜歡買書。這是一個很聰明的選擇，正是書籍讓亞馬遜走上今天的路。

成功的新創企業在早期時，通常會專注於把某件事做得盡善盡美。在產品上增添無數的功能對此並不會有所幫助，事實上這種做法往往是自尋死路。試想一下當你外出用餐時，通常會這麼說：「我想要吃什麼？披薩？好吧！我知道的最好披薩店是哪一家呢？」一家餐廳如果想要透過銷售披薩、壽司及中國菜來取悅所有人的話，立刻就會讓人產生疑慮。大多數的人在選擇產品時，和他們選擇餐廳時是完全一樣的，他們確實有這個需求，但是會去最好的那家店。

◆如果最重要的只有一個，那會是什麼？

當一家新創企業來到Founders Space時，我會詢問對方這麼一個問題：「你們的產品為顧客帶來的最重要東西是什麼？」團隊應該將九九％的時間和精力投入在這項最重要的東西上，其他的功能都可以之後再考慮。如果這個核心無法運作，其他東西也同樣不行。這和你在上面增加多少新功能毫無關係，因為它們並不會改變你的產品或服務的核心價值。

我總是建議那些參加育成培訓的創辦人應該率先關注產品的核心功能，然後再從核心向外衍生，而不是反過來。這就給予他們一個清晰的起點和目標，團隊需要清楚知道應該關注的事物，如果有一項功能對於核心機制的工作並不是絕對必要的，我會告訴那些新創企業可以把這項功能放到以後再做。設計一項最低可行性產品（Minimum Viable Product, MVP）的藝術是，在產品裡只提供核心價值，而沒有其他東西。要做到這一點，新創企業就要儘快把產品送到顧客的手中，這樣一來，就能獲得顧客的回饋並開始重複，直到清楚顧客真正想要的為止。

這聽起來很簡單，但我總是能看到有很多新創團隊混淆了整個概念。他們常常在推出最低可行性產品後，才發現使用者根本沒有參與其中。雪上加霜的是，他們相信如果能再加上一項功能，產品就能奇蹟般地起飛，但是這樣的事情幾乎從來不曾發生。相反地，這時候整個團隊開始自我欺騙，不斷地浪費時間和金錢，但最終還是步上失敗。

甚至更常見的是，有些團隊會延遲產品的上市，因為他們擔心如果不添加更多的功能，產品就不會成功。推出一項新產品是讓人感到害怕的事，那一刻就好像是在進行審判。沒有人想要失敗，因此就會繼續花費時間來打造一項他們相信會更好、更健全的產品，並且以此為理由來延後必定會面對的時刻，他們認為這樣一來就能增加成功的機率。等到產品上市時，他們往往有一件完全成熟、帶有很多功能的小東西，還裝上使用者可能會要的零碎小玩意兒。如果這項產品能被接受就太好了，但是真正開創性的產品幾乎不可能在產品上市時就趨於完美。一般來說，還需要進行許多次的重複。而且產品越具有創新性和試驗性，需要的重複次數也就會越多。

真正的問題是，你在產品上增添的功能越多，在需要做出改變時也就會越困難。以軟體專案為例，程式碼的行數越多，進行修改的困難也就越大，就算你只做一些簡單的調整也是如此。另外，當你想要對產品進行測試時，整個測試也會成為很麻煩的任務。

讓情況惡化的是，你增添的功能越多，資料分析的結果也就會越混亂。如果你的產品只有一項功能，立刻就能對顧客的反應做出判斷。但是，如果你的產品有數十項功能，整個圖像就會變得模糊不清。顧客參與是因為這個功能，還是那個功能？他們真正喜歡這項產品的是什麼？哪些功能是我們需要移除的？

我曾經看見有些團隊完全迷失在一團混亂的資訊裡，他們忘記對顧客來說真正重要的事物。每當他們著手對產品做出改變時，就會對這些改變產生疑慮。你絕對不會想要歷經這樣的噩夢，因為在產品上移除一項功能是極為痛苦的。顧客也許會為此抱怨，但這很有可能並不是有效的回饋，可能只是抱怨某些他們已經習慣的東西突然消失了。因此，你在當初從未增添這個功能，遠比之後不得不移除這個功能好上許多。

如果檢視一下推特，你就會發現，在獲得最初的成功後，它的產品並沒有發生很大的改變，它反而集中所有的精力來擴展平台，而這當然不是一件容易的事，它當時幾乎無法維持伺服器的正常運作。而且你添加的功能越多，對平台進行擴展時也就會越困難。所以，當你的產品開始起飛時，從一開始維持產品簡潔的做法就會帶來回報。

迷思

把工作重心維持在小範圍和小目標上的好處

- 產品更容易開發
- 更容易發現產品的缺陷
- 更容易修正並改善產品
- 更容易在較短的時間內推出產品
- 產品更容易使用
- 更容易獲得清晰的回饋
- 更容易擴展業務規模
- 更容易展開行銷

創新是困難的，因此從一開始就讓所有事情盡可能地保持簡單是非常重要的。這裡有一個黃金準則：只需要推出一項顧客真正想要的東西就夠了。如果這項東西還不足以建構出一項真正的業務，你就應該放棄，並且從頭開始。即使在產品上增加再多的功能，也永遠無法改變這個公式。

◆大量生產品的創新，來自於細微的改變

你要如何得知顧客真正想要的是什麼呢？那項之前沒有人能夠想到的東西又會是什麼？有時候最偉大的創新正是來自於細微的改變。我們常常會看到的是，革命性創新並不是源於思想上的重大轉變或技術上的突破，而是源於做事方式上的細微調整。

以寶鹼（Procter & Gamble）為例，該公司從一九五〇年代起就以幫寶適（Pampers）這個品牌生產紙尿布。你可能會以為在經過半個多世紀的改進後，它已經考慮到所有的問題。紙尿布又會有多複雜？但是，它卻一如既往地不斷改進產品，並且進行創新。它正在創新的領域之一是，紙尿布的「情緒物理學」；換句話說，它考慮的是如何才能讓尿布更容易使用，並且在使用過程中能獲得更多情感上的滿足？

在觀察更換尿布過程裡，嬰兒的身體是如何扭動之後，幫寶適的團隊想到一個全新創意。他們增加一個簡單的圖片來幫助父母正確使用尿布。這對於那些在半夜裡努力更換尿布的父母來說，體

驗可說是截然不同的。他們還發明在紙尿布上使用聲音更輕柔的魔鬼沾式黏貼褲頭，這樣一來，嬰兒在晚上更換紙尿布時就不會被吵醒。這兩項改進聽起來並不像是什麼重大的突破，但是在紙尿布的天地裡，卻已經是很大的改進了。

一些突然崛起的競爭對手，像是Honest Company也在對紙尿布進行創新，但是做法卻完全不同。該公司知道在正面對抗中無法擊敗幫寶適，在生產紙尿布上，想要在各個方面都能創新，並且勝過幫寶適是絕無可能的，所以只關注一件事，就是人們對於那些不破壞生態環境，並且完全無毒性產品的需求有著不斷成長的趨勢。透過全面使用純天然材料，它直接回應那些關注環保又擔心孩子會暴露於有害化學物下父母的訴求。

Honest Company生產的紙尿布，內外兩層都使用源於植物的材料，具有超級吸水能力的木漿是來自於具有認證管理的永續森林，沒有經過氯處理與有害的化學漂白，而且使用從柑橘和葉綠素中提取的天然除臭劑。該公司甚至宣稱，在其超強吸水聚合物的核心裡，混合著純生物來源的無麩質小麥或玉米。聽起來是不是就算你吃下去也不會有什麼問題？這就是該公司的主要創新，也因此獲得巨大的成功。

坦白說，大多數的父母並不清楚Honest Company生產的紙尿布是否確實比幫寶適更好用，但是他們覺得使用這種紙尿布會讓孩子更安全，並且對環境保護會更有好處。正因為該公司在這件事上比其他企業做得更好，因而建立自己的品牌，並且側面超越強勢的競爭對手。在紙尿布成功以後，

Honest Company繼續在產品線上增添對環境友善的產品，如肥皂、洗衣精、防曬乳及洗手乳。該公司成功的關鍵是，從一開始就把業務維持在小範圍內，而且只有在真正明白顧客需要什麼時才開始擴張。

迷思 只有具有創造力的天才才能創新

有創造力當然可以幫助你進行創新，但是要辨別出一個好的創意並付諸實施，你不一定非得是具有創造力的天才。有很多這樣的例子，一個普通人發現一些非比尋常的想法，並在此基礎上建立一家蒸蒸日上的企業。事實上，一些最好的創新根本就不是那些創新者自己的主意，而是來自於對資料的簡單分析。

以Instagram為例，它的創辦人是不是具有創造力的天才其實無關緊要，真正重要的是他們對使用者的資料進行分析，並從中學到什麼才是行得通，而什麼又是行不通的。他們發現，使用者實際上並不使用那個名為Burbn，如大雜燴般的應用程式裡的大多數功能，而是只有兩個功能，就是社群分享和照片過濾才是最受歡迎的。所以，他們剝離了其他的功能，然後又推出一款新的應用程式，並將其稱為Instagram，而這一次他們的事業才真正起飛。Pinterest、Yelp及Groupon幾乎都是用同樣的方式才得以起飛的。

一般來說，創新與正確辨識出顧客想要從你的產品或服務中獲得什麼，或是有哪些具體需求更相關，而不只是一個能想出什麼好點子的過程。

第十一章
想融資，要成為會蛻變成蝴蝶的毛毛蟲

◇◆◇

如果機會不來敲你的門，你就建立一扇門。

——米爾頓・伯利（Milton Berle），喜劇演員

在前面的內容中，我們一直不斷地鼓吹小願景、小額預算、小範圍和小目標，以及更短與更少的時間所能帶來的好處。直到目前為止，我們談論的所有事情都是關於如何從小處著手，但是如果你想讓宏大的創意真正起飛，尋找的就必須是一個真正「龐大的」機會。你可以把機會視為把一頭重達好幾噸的大象送上天空所需要的強勁動力，而這頭大象正是你想要改變這個世界的宏大願景。

◆創投公司

創業投資公司是當今驅動全球創新的引擎，從基因治療到虛擬實境，新創企業幾乎在所有的領域進行

創新，而創業投資公司則是針對那些創新企業挹注資金。今天的創投資金擁有重大的影響，往往能決定哪些新創企業可以得到機會發展，而哪些又只能中途夭折。

對大多數的創新企業來說，想要獲得資金就要有一個基本標準，也就是為了證明資本所承擔的風險是合理的，該項創新就必須有夠大的市場。哪怕專案是從一個很小的創意開始的，只要它準備好，並且開始尋找創投資金進行融資，就必須讓所有的創投資金相信這家新創企業將會是下一家網飛（Netflix）或Ｂｏｘ。沒有創業投資人會投資一家中小企業，他們的時間非常寶貴，何況他們還需要為手上持有的大量資金找到投資方向，因此從金融的角度來看，沒有巨大市場潛力的專案都是毫無意義的。

讓我來解釋一下理由。創業投資的業務是建立在退出機制上，創新、專利及技術都是次要的。一項突破性創新如果無法變現，對創業投資人來說就不是機會，只不過是在浪費投資人的時間。一般來說，在十項或更多專案的投資組合中，只有一、兩項會為整個資金帶來報酬，這些被稱為基金莊家（fund makers）。從一家成功上市的新創企業上所獲得的報酬，常常會比所有的投資組合加在一起獲得的還要可觀，這就是大型投資人竭力追求全壘打，而不是一壘安打或二壘安打的原因。

還有一個理由是，大型基金有太多的錢需要進行投資。任何基金本身都有自己的投資人，而那些投資人一直都在向基金索取大額的報酬。這些有限合夥人並不想讓創業投資人在他們的金錢上靜坐十年，他們支付高額的管理費用並不是為了讓創業投資人這麼做，而是希望所有的錢都能儘快找到投資方向，通常時間應該是在三年內。

對於那些擁有五億美元以上資金的大型基金來說，大量的資金意味著創業投資人實際上需要儘快把錢塞給那些新創企業，而只有那些擁有巨大成長潛力的公司，像是Spotify和WeWork，才有空間來接納數千萬或數億美元的資金。這種現象導致獨角獸企業的爆發，而這裡的獨角獸企業是指那些評價超過十億美元的新創公司。

目前對那些大型創業投資公司而言，五千萬美元的收購甚至也被認為是小生意，覺得只是在浪費寶貴時間。創投資金總是自視為新創企業成功的重要因素，這意味著要讓這個形象獲得驗證，就不得不在幾乎每個主要投資專案裡占有一個董事席位。但是，在任何一家公司裡，董事席位都是有限的，不可能滿足每個合作夥伴的要求，所以就需要大筆退出交易（exit）來證明花費的時間是值得的。因此，在投資組合中的每家公司都必須有機會成為下一個引起巨大轟動的對象。對於一家只能帶來中小型退出交易的新創企業，在這樣的公司裡獲得一個董事席位，並且花費大量的時間就顯得毫無意義了。

那麼這又會如何影響新創企業的生態系統呢？這意味著那些無法證明自己在數十億美元的市場上可以獲得高速成長的新創企業通常會被完全忽視，即便它們有很大的可能性會為創投資本帶來十倍的報酬。我們只需要做一個簡單的算術題：如果一家創業投資公司只能在一家較小新創企業的生命週期內投資一百萬美元，即便你肯定可以在一場五千萬美元的收購交易裡獲得十倍的報酬，也不過只有一千萬美元而已。對一個有十億美元的基金而言，一千萬美元只是一個四舍五入的誤差。

這就為如今那些大型風險基金出了一個難題，它們需要找到潛在的獨角獸企業，然而要尋找獨角獸企業並不容易，獨角獸應該是很稀有的，而這也是那些企業獲得這個稱呼的原因。因此，為了滿足投資人的胃口，目前是不是正過多地人為製造那些評價過高的獨角獸呢？我們完全可以這麼說，沙丘路上的整個創業投資社區需要這些獨角獸，否則它們的商業模式就行不通了，而這只不過是因為這些創業投資公司聚集太多資金，已經沒有其他的路可走。

◆天使和種子期投資人

在整個創業投資產業光譜另一端的是天使和種子期投資人，他們的商業模式並不需要獨角獸。較小的退出交易就已經足夠了，因為他們通常不會占據董事會的席位，而且通常只會在早期、當企業評價還較低時才會投入較小的金額。問題是，當一家已經獲得天使投資的新創企業募集下一輪融資時，就必須證明它有潛力可以讓創投資金有大筆的退出交易，否則那些投資後期的創投基金就只會對其視而不見了。

正是這個原因，聰明的天使和種子期投資人就會避開那些無法說出龐大機會的新創企業。一家新創企業如果面對的是很小的市場，其銷售收入成長的潛力就會非常有限，因此它可能永遠也沒有機會首度公開發行。如果新創企業面對的市場不夠大，又沒有巨大的成長潛力，被收購的機會就會急劇減少。如果一家新創企業被一再忽視，就不是一個好跡象。就像人類需要氧氣一樣，新創企業需要的是錢，沒有錢就無法維持較長的時間。我看過很多獲得天使和種子期投資的新創企業最後關門大吉，因為它們期待的後續幾輪融資都未能到位。

事實上，大多數具有一定規模的收購是買下在大市場中不斷成長的企業。如果一家公司購買一家新創企業只是為了它的技術或團隊，而不是它的市場潛力，這家新創企業的評價往往會低於那些投資人已經投入其中的資金。簡而言之，關注小市場的新創企業通常只能為投資人提供小型的退出交易或是根本無法退出，而且對大多數天使和種子期投資人來說，風險與報酬的比例是毫無意義的。

◆企業投資

企業是資金的另一個來源，和天使投資人與創投資金不同的是，它們通常不是很關心報酬。大多數的企業更關注的是策略價值，偏好對那些能為企業的核心業務帶來重要價值的新創企業進行投資。即便如此，企業通常還是會較為保守，而且有些企業只有當某家受到尊敬的創業投資公司在帶頭投入某一輪融資時才會跟進。這就意味著新創企業不僅要滿足企業的需求，還要滿足創投資金的要求，這樣一個高門檻就會過濾許多較小的機會。

◆自我實現的投資

大多數新創企業需要大機會的最後一個理由是，人們有實現自我的需求。無論是創業投資人或天使投資人，投資人都是人，難道沒有人想要自我吹噓一下是推特、Oculus、臉書或Fitbit的早期投資人嗎？

天使投資人通常都很有錢，而且他們之中有很多人的投資並不只是為了獲取報酬，還是為了能夠獲得自我吹噓的本錢，他們想要向同伴誇耀自己有多麼聰明。你提到一家沒有人聽過的新創企業，和你開口說「我是Nest的早期投資人」，兩者帶給你的感覺是截然不同的。創業投資人也會有同樣的感覺，但是他們會有一個額外的獎勵，就是可以用投資的成功案例來為自己的創投資金募集到更多資金。在他們的投資組合之中如果加上一些這樣的「品牌」名字，像是Palantir、Flipkart、Square和小米，將會讓他們自己和他們的基金看起來就像是超級巨星。我所認識的每個創業投資人都是整天在外，一心想要募集到更多的基金。一旦某個基金關閉了，他們就要開始募集另一個新的基金。所以，在他們的投資組合裡放上一些光彩奪目的珍珠，實在是非常聰明的行銷手段。

企業創業投資人並不比上述這些人來得好，他們通常會在公司內部尋求認可與升遷。如果能在履歷上增添曾經成功投資幾家獨角獸，就實在太棒了。自然而然地，這些在在都為新創企業生態系統的獨角獸化發揮推波助瀾的作用，結果是評價的暴漲，以及稱為十角獸（decacorn）的公司出現。十角獸的意思是，評價達到或超越一百億美元的獨角獸。

迷思 **好的創意非常稀少**

絕對不要相信這樣的說法，實際上好的創意可以說遍地都是。你可以看到有很多擁有傑出創新的新創企業正在不斷湧現。問題並不在於如何才能找到好的創意，真正困難的是，要如何才能將這些創意轉變成為可行的業務。正是在這一點上，大多數的新創企業才會顯得步履蹣跚。它們有非常引人注目的創意，但是在找尋正確、符合市場需求的產品時卻遇到了麻煩。

◆內部創新

所以，即便除了自我實現的需求以外，再也沒有其他的原因，我們要面對的現實依然是大多數的創新公司需要有大機會，才能從投資人那裡獲得資金。但是在企業內部，領導創新專案的內部創業者面臨的是否也是同樣的情況呢？答案既是肯定，也是否定的。

一些大型的跨國公司會扼殺最終無法成為十億美元以上業務的專案，管理階層對於建立較小規模的業務沒有任何興趣，因為這不是他們的經營模式。如果某個事業單位的營業收入對資產負債表無法產生重要影響，就是在浪費時間與資源。

問題在於，有很多最佳創意和最大的機會在最初時相對而言似乎只是很小的業務。Uber的現任執行長特拉維斯．卡蘭尼克（Travis Kalanick）最初拒絕加入該公司的邀請，因為他認為這種業務實在是太小了！直到他對基本的創意仔細琢磨一段時間後，才意識到這種做法的魔力：在馬路上的司機越多，服務也就越好，這意味著Uber可以在計程車領域內擊敗競爭對手。如果卡蘭尼克在Uber的業務還只是專注在為那些想要透過智慧型手機叫來一輛豪華汽車的人服務時就離開Uber的話，將會錯失一次很大的機會。

Interval Research Corporation是另一個很好的例子。當這家公司於一九九二年在矽谷正式成立時，所有參與者都確信這將會是有史以來最具創造力的公司。在它的背後有著創新領域裡兩個最偉大的名字：微軟（Microsoft）的共同創辦人保羅．艾倫（Paul Allen），以及全錄的新系統開發部門的前任負責人大衛．理德（David Liddle），新系統開發部門持續開發出一直在被使用的創新，像是電腦圖示、功能表、繪圖軟體、視窗及螢幕上的格式化文字。又能誰和他們競爭呢？

更過分的是，艾倫和理德並不打算單打獨鬥，而是決心建立這個產業中的最佳團隊。對他們來說，要招募到一些在這個世界上有著最偉大頭腦的人並不困難，其中包括第一個在電腦上製作音樂的人、噴墨印表機的發明人，以及混沌理論背後的天才，在團隊裡甚至還有一個超心理學學者。你對他們如此天馬行空的做法會有什麼樣的感受呢？

他們的使命就是成為世界的創新動力基地，不接受任何不具革命性的事物。這是全錄PARC研究中心的重生，關注的是催生下一代數十億美元的企業。那麼接下來會發生什麼呢？

不論你是否相信，Interval Research Corporation最後破產了。他們確實產出大量的創新，但是幾乎沒有什麼專案最後公諸於世。管理團隊沉迷於導正偏離正軌，並且把任何看起來太小、不值得投入時間的專案全部封殺。Interval Research Corporation需要能夠引起轟動的大專案來配合它強烈的野心與過度膨脹的自我。在管理團隊的眼中，大多數從實驗室裡外流的創意似乎只是研究人員無謂的分心，不過只是一些有趣的次要專案或個人愛好而已，絕對不是他們尋找能夠改變世界的公司種子。由於不想在一些小小的創新上浪費資源，管理團隊經常很早就終止這類型的專案，但最終正是這個做法讓公司反受其害。

為了獲取巨大成果的壓力，葬送該公司培育小創意的能力。一些幼苗可能會成長為他們尋覓的大樹，但是他們太早就將它連根拔起，導致永遠也無法得知最後的成果。這就是他們失敗的故事，創新是一個過程，需要時間才能成熟，但是該公司的管理團隊太急於求成，把任何不具有改變世界願景的專案都過濾了。但是正如你現在已經知道的，有大的構思並從小處著手才有可能獲得最後的成功，而非相反。

最後，Interval Research Corporation確實也推動了五家擁有宏大願景的新創企業，並為它們搭配明星團隊，但是所有團隊卻都辜負了對他們的期望。正如富勒所說的：「你無法從一隻毛毛蟲的身上判斷牠是否會成為蝴蝶。」這也正是我們學到的教訓。

◆哪些毛毛蟲會變成蝴蝶？

你如何在早期就辨識出一個大機會呢？在矽谷的每個投資人都想要知道這個問題的答案，這是創投資金的聖盃。

不幸的是，儘管你也許可以從一些幸運的投資人那裡聽到一些故事，但是我從來沒見過任何人始終能在非常早期的階段就分辨出哪些毛毛蟲會變成蝴蝶。在企業有任何起飛的跡象出現前，你幾乎無法判斷出哪一家新創公司會成為下一家引發全球轟動的企業。這是因為在這個方程式裡有著太多的變數，新創企業具有很強的可塑性，在它們的冒險旅途中，遇到成千上萬不同事物裡的任何一件事都能讓它們脫軌，或者從根本上改變它們，像是中心人物、市場的移轉、概念的突破、法律的改變、股票市場的崩盤、新的競爭對手出現、技術的失敗、創辦人的爭執、專利問題等，而這樣的清單還可以繼續羅列，所以你根本無從預測哪些才是關鍵因素。著名的創業投資人維諾德·柯斯拉（Vinod Khosla）在推特裡是這樣呼應這一點的：「預測未來幾乎是不可能的事，我們需要的是謹慎、爭辯和探討。」

這並不是說有些投資人在辨識具有潛力的新創企業時，不能做得比其他人更好。利用良好的直覺、洞察力及相關資料，一個有能力的投資人，就像克里斯·薩卡（Chris Sacca），能夠持續不斷地淘汰那些很少或幾乎沒有任何潛力的新創企業，並且聚焦在那些有著更高成功可能性的新創企業。經驗豐富的投資人都喜歡說他們押注的是團隊，而不是產品或市場。這是因為一個良好的團隊能承受得了風暴的考驗，無論發生什麼事都能找到解決問題的方法，而一個差勁的團隊可能在麻煩剛剛開始出現時就已經分崩離析了。

甚至押注團隊也無法保證你不會犯下錯誤。多次創業者的成功機率並不比首次創業者高出多少。以YouTube的共同創辦人為例，儘管擁有其他創業者都夢寐以求的資金和各種關係，他們的第二家創業公司AVOS卻依然未能順利起飛。在這幾年的時間內，他們不斷調整方向，試圖找到一條可行的路徑。所以，選擇一個好的團隊雖然有著一定的好處，但這也只不過是眾多變數中的一個而已。

大企業中的創新團隊同樣如此，你或許會認為所知道那個團隊肯定會獲得成功，但是大多數的情況下，那些在某個角落裡無人關注的專案卻很可能會成為公司的未來。推特、Gmail、Buffer、Dwolla和Todoist所有成功的產品原本也只是次要專案。

在《精微化成長》（*The Granularity of Growth*）這本書中[1]，理論學者派崔克・維蓋瑞（Patrick Viguerie）、史文・施密特（Sven Smit）和麥霍德・巴亥（Mehrdad Baghai）認為，絕大多數真正偉大的創意在開始時往往顯得微不足道。幾乎所有能建立十億美元業務的創意，在早期時看起來就像是只有兩億美元的構思。指數成長只有當很多小東西或無關緊要的瑣事都到位後才有可能實現，這些小東西可以是設計，也有可能只不過是一次意外。這就是為什麼頂級投資人會下注在由很多創業公司構成的投資組合，他們寄望於在一到兩家創業公司上的投資成功來抵消在其他創業公司上的投資損失。把所有的雞蛋都放在同一個籃子裡的創業投資人不會走得很遠，紅杉資本、Kleiner Perkins、Greylock及其他一線的創業投資公司，都把籌碼分散到多家新創企業，並且同時跨越多個不同的領域。

聰明的早期投資人會很仔細地挑選要投資的新創企業，他們不會到處拈花惹草，然後回家燒香祈禱。當他們發現一家很有前途的年輕公司後，就會提供一筆資金，金額剛好足夠對方達成下一個有意義的里程碑，在這個節點上，他們將會對該公司的業務做出新的評估，並且決定是否繼續提供資金給該公司。在沒有水晶球可以預言的前提下，這是兩面下注，預防損失的最佳方式。這樣一來，當新創企業開始展現起飛跡象時，他們就能幫助引進更多的投資人，並且行使他們依照前期投資比例獲得的權利來追加更高額度的資金。在創業投資的世界裡，這就是小創意如何轉變成為大機會的方式。

◆投資人發現機會的五個準則

那些聰明的投資人又是如何找出潛在的大機會呢？在這個主題上，我可以寫一整本書，而我也確實打算這麼做，不過在這裡會先總結五個最重要的準則：

- **團隊**——新創企業的創辦人應該要有奉獻的精神，對他們的使命要抱持激情。有這樣創辦人的新創企業才是你要尋找的對象，不要只是盯著執行長，你要和整個團隊面談，並且做出評估，面談的對象從實習生到工程師，一個也不要錯過。他們都應該是聰明、有競爭力的，而且對自己的工作充滿狂熱。如果執行長無法招募並激勵一個很好的團隊，他永遠也不會成功。
- **顧客**——和新創企業的顧客溝通，他們喜歡這些產品嗎？Airbnb的共同創辦人布萊恩．切斯基（Brian Chesky）喜歡這麼說：「你只需要有一百個人能夠真正熱愛你做出來的東西，而不是有一百萬人說他們有些喜歡。」你想要看到的是顧客對那些產品狂熱地愛不釋手。如果顧客沒有滔滔不絕地談論這家新創企業，就不是你所尋找的機會，他們已經走到盡頭了。

- **產品**——產品應該能提供出色的顧客體驗。這並不是說產品需要有很多功能，或是奇幻而精美的圖片，而是說產品能否以恰到好處的方式來回應顧客的需求。回應顧客的方式應該是極為簡單的，樸素的產品往往能提供最佳體驗。
- **市場**——在剛開始時，這家新創企業應該要專注為一個利基市場提供產品，但是其業務必須有潛力擴展到夠大的市場，該市場的容量要足以支撐一家數十億美元業務的企業，否則資金就只有很少的機會或是完全沒有機會退出。
- **祕密配方**——每家偉大的新創企業都有某種東西能讓它與競爭對手做出區別。那樣只有它們能做到，而其他人都無法做到的事情會是什麼呢？這樣的東西真的與眾不同且富有價值，或者不過是增添一些額外功能的山寨貨？

還有很多判斷準則是那些聰明的投資人會加以考慮的，但上面羅列的是最重要的幾點。按照我個人投資新創企業的經驗，其中的關鍵是你一定要注意細節，徹底弄清楚該公司業務的核心機制，仔細分析獲得的所有資料，然後藉此來推斷這個機會是不是真的夠大，並沒有捷徑可走。

第三部

催生產品：愛它，但不要溺愛它

第十二章

挑戰你的商業信念

◇◆◇

沒有改變就沒有進步，那些無法改變他們思想的人也同樣無法改變任何東西。

——喬治．蕭伯納（George Bernard Shaw），劇作家

你如何才能提出對於所在的產業具有重大和長遠影響的一些小創意呢？有種方法是，讓你的創新團隊挑戰自己的信念。我們都相信或信仰某些東西，但是大多數時候，我們甚至未能意識到自己所相信或信仰的到底是什麼。我們只是把自己的信念視為理所當然，而且永遠也不會質疑。

例如，在人們的生活中有很多東西都被認為是正確的，但實際上它們只有一部分是正確的：地球是球形的（不正確）；時間是恆定不變的（不正確）；眼見為真（不正確）；查爾斯．達爾文（Charles Darwin）是第一個提出自然選擇理論的人（不正確）。實際上，地球是橢圓球形的；時間是一個變

數；我們的大腦建構所看到的東西；早在西元前四世紀，希臘哲學家伊比鳩魯（Epicurus）就提出自然選擇的概念。

讓事情更複雜的是，我們在不斷過濾各種資訊，並且將過濾下來的資訊扔在一旁。這就是大腦的運作方式，它會對資訊做出分類，並竭力簡化（甚至是過度簡化那些資訊），其目的只是讓一個擁有無窮變數、高度複雜的世界能夠被我們理解。我們擁有的最大篩選程序正是自己的世界觀，這個位於核心、對一切都有支配地位的信念系統主導或干預我們會如何看待政府、宗教及社會。基於我們的世界觀，我們會選擇接受、重塑或放棄一個新的資訊。這個過程在人類的整個歷史過程中都發揮舉足輕重的作用，正是我們的世界觀讓我們相信希臘眾神與神話怪物的存在，也在今天讓我們相信那些像神一樣的領導者。一個社會的世界觀是如此強大，以至能把自我塑造成為現實。

一個很好的例子是基督教會，在中古世紀，基督教會控制支配整個歐洲的思想，對於伊比鳩魯思想的刻意壓制，也讓亞里斯多德理論受到曲解和神聖化。直到啟蒙運動的到來，人們的思想才獲得解放，此時人們才意識到這個世界還存在著並不是由智者設計創造的可能性。今天，我們也有自己的偏見，但是大多數的人卻無法看清楚這一點，因為我們已經太過沉浸在這個時代了。

◆所謂的商業神話，往往不適用於你的世界

當涉及任何具體的商業業務時，存在同樣強而有力的一套信念來引領我們的思考。我們用自以為是的設想來過濾、塑造及轉換所有湧向自己的創意與資訊。團體迷思是極為強大的，而且多數大型企業層級森嚴的管理架構又再次強化了團體迷思，甚至那些最聰明的經理人也被迫隨波逐流，否則就會有失去同仁支持的危險。在沒有嚴肅的反對觀點來挑戰我們信念的情形下，大多數人根本就不會質疑自己，會相信事情就應該是那樣的，直到突然出現的競爭對手跑來向我們證明我們錯了為止。到了那時候，通常為時已晚。

讓我們來看一下三個普遍抱持的商業信念：

- 在低利潤的業務裡，降低成本是成功的關鍵。
- 提供獎金能讓員工的工作更出色。
- 追究工作人員的責任可以減少人為的錯誤。

上述沒有一個是正確的，都不過是迷思罷了。史丹佛大學（Stanford University）的組織行為學教授傑佛瑞．菲佛（Jeffrey Pfeffer）[2]在一篇文章中深入探討我們抱持的一些商業信念，以及這些信念又是如何影響企業。他具體分析航空業，在這個領域裡，有些航空公司不斷虧損，並且毫無競爭力。「我要求參與者把各種不同的飛行員薪資和不同的航空公司配對。」菲佛說道：「人們通常會把最高的薪資與那些有著大麻煩的航空公司連在一起。他們的設想是，較低的薪資會導致較低的總成本，因此就會有更好的財務穩定性及更高的利潤。」

實際上，那些支付最高薪資的航空公司，如西南航空（Southwest Airlines），其業績正不斷超越像聯合航空（United Airlines）這種正在大幅削減成本的航空公司。儘管這是很多人都信奉的信念，但是降低成本並不等於更高的利潤或更高的顧客滿意度。實際上真正發生的是，員工顯得更鬱悶，而且營業收入越高，顧客得到的服務也就越差。

全食超市（Whole Foods）則是另一個違背傳統信念的例子。當其他的食品雜貨連鎖店關注於如何降低成本與價格時，它卻選擇背道而馳，正在增加成本。全食超市的構想是為顧客提供在其他商店裡無法購買到的高品質食物。這不但取悅了顧客，還讓傳統的低利潤業務獲得更高的利潤。

當涉及獎金時，類似的神話又不斷出現。全世界的管理者都相信獎金能激勵員工表現得更好。然而，他們不明白的是，給予獎金確實能讓生產力獲得短暫的提升，但隨之而來的就是生產力的全面下降。這是因為獎金讓員工更關注在做好某件工作後，個人能獲得什麼，而不是做好某件工作後，個人獲得的內在報酬。那些績效最好的人並不是為了錢而工作，而是因為工作能讓他們愉悅，工作是他們自身價值的一部分，而獎金只會葬送這種心理上的原動力。

「過去一百年的研究顯示，獎金在教育上也無法產生更好的結果。」菲佛論證道。有獎金的教師並沒有出色的表現，反而不如預期。

另一個破滅的商業神話是，員工必須為自己的行動承擔相關責任。他們在西南航空發現，讓人們為錯誤承擔責任，就只能迫使員工掩飾所犯下的錯誤，因而造成將來發生錯誤的機率大增。更好的方式是不再讓任何人承擔責任，而是鼓勵大家開放討論所犯下的錯誤，而且一起做出改變，以降低這些錯誤再次發生的可能。

這些只不過是幾個例子，說明普遍抱持的商業信念在面臨實際挑戰時是如何破滅的。

◆所有假設都有時效性

即使你並沒有接受任何錯誤、被普遍抱持的商業信念，依然需要挑戰原有的所有商業設想，這是因為商業世界始終處於不斷變動的狀態，任何時候都會有新的市場出現。今天新的商業模式正在不斷替代舊有的商業模式，新的技術正在顛覆一個又一個產業，而技術上的每一次進步都如同海嘯般帶來全新的機會。企業想要不斷成長，即便只是為了能夠繼續生存，在今天的商業形態下，都必須不斷質疑自己的商業信念或設想，以確保它們依然有效。

任何設想可能只是在一個特定時期內才會成立。事實上，所有的商業設想都是基於過去的經驗。我們需要不斷蒐集最新的資料，重複測試這些設想，並且確保我們的業務基礎依然堅實而牢固。大多數企業失敗的首要原因就是，它們的一個關鍵商業設想已經不再有效。

「每家企業的領導者，無論公司的業務規模有多大或是在哪一個產業裡，他都會對組織的業務、所在產業、產品、顧客、競爭對手、效率等做出一些自己的設想。」史蒂夫・麥金尼（Steve McKinney）在一篇文章中寫道：「或許在所有的設想裡，最自以為是的設想表現為這樣的形式：只要我能把它做出來，顧客就會上門。這樣一句簡短的句子，實際上當下就處於眾多公司、服務、產品的核心位置，但是在它的背後卻很有可能隱藏著數千項未經驗證的設想。」[3]

◆列出假設清單，進行自我「拷問」

那麼你該如何著手測試商業設想呢？在與新創企業的團隊一起工作時，我常會要求他們列出一張清單，寫下所有認為對企業有益的設想，從市場推廣、配銷及銷售產品，到為什麼會選擇某些公司作為合作夥伴與銷售通路等。而後我會要求他們仔細審視這樣一張清單，並且系統化地對其中每一項設想提出挑戰。他們必須捫心自問：如果這一項設想不正確，我們又該如何處理？這會對我的企業造成什麼影響？如果我能採用一項全新技術，並且藉此解決問題，它會不會讓我能用一種截然不同的方式來做這件事？

如果你嘗試了這種方法，就會發現這種做法能激發出各種全新的創意，以及你可能從來沒想到的機會。

以美容產品業務為例

- 十幾歲的年輕女孩是我們唯一的顧客。（那些媽媽會成為我們的顧客嗎？）
- 十幾歲的年輕女孩想要更漂亮。（她們不想要更聰明嗎？）
- 十幾歲的年輕女孩更喜歡可愛的設計。（為什麼不是複雜的設計？）
- 十幾歲的年輕女孩不關心社會議題。（她們關心環境問題嗎？）
- 十幾歲的年輕女孩在商店裡喜歡用現金支付。（那麼行動支付呢？）
- 十幾歲的年輕女孩更喜歡在大型商場中購物。（她們不在智慧型手機上購物嗎？）
- 十幾歲的年輕女孩想要更便宜的產品。（她們會拒絕有機食品嗎？）

同樣地，對企業的各個方面提出正確的問題也很重要。

問題舉例

- 顧客認為我們的產品如何？
- 我們的供應鏈能夠改善嗎？
- 是否有其他的方式來進行市場推廣？
- 我們有最好的通路合作夥伴嗎？

- 有新的商業模式值得探索嗎？
- 我們能不能為產品找到新的顧客？
- 是否有被我們忽略的市場？
- 什麼樣的策略關係能改變現在的業務？
- 我們有沒有什麼事情是在浪費時間和金錢的？

另一種方式是讓你的團隊列出現有技術的清單，然後將這些技術與你堅信的商業設想一一對應，你可以詢問團隊：如果我們應用這些技術來解決這個問題會怎麼樣？事情又會發生什麼變化？是否有新方式來滿足顧客的需求？

例如，如果你是一家為製造業者服務的保全公司，可以列出所有可用的技術清單，確認如何應用這些技術來讓工廠更加安全。這個清單可能包括語音識別、大數據、人工智慧、機器人學與生物辨識。接下來，試著將這些技術與消費者需求的解決方案相互對應。你可能會發現，可以開發機器人保全在夜間巡邏工廠，或是設立採用生物辨識的閘門，可以在有人進入建築物時，運用人工智慧和大數據識別身分。

在Founders Space，我還經常要求新創企業團隊必須一行一行地仔細過濾自己的商業計畫書，並挑選出他們能夠找到的每種商業信念。他們的手上有什麼資料能夠證明這些信念是正確的？有沒有任何能夠支撐這些商業設想的證據？資料是否可靠？以及這些資料又是如何得來的？我要求他們對商業計畫書，以及其他任何對於商業策略和成功發揮關鍵作用的文件，也做一遍同樣的工作。

你不能有任何疏漏。如果你確實想要挑戰一下抱持的那些信念，就試著回憶一下過去，並且針對你在職涯中學到的一些最重要東西提出質疑。你以前的老闆曾告訴你什麼？在像本書這類商業書籍裡，哪些被公認為是正確的？你以前的教授與導師曾說過什麼？哪怕他們告訴你的有些觀念在實踐中第一次碰到時確實是正確的，現在也可能已經不再正確了。總之，你需要像蘇格拉底一樣質疑那些對你而言是最神聖的信念。只是不要走得太遠，否則你最終可能喝下的會是一杯苦酒。

另外，不要單打獨鬥。你應該讓整個團隊都參與其中。無論是行政助理或公司的執行長，每個人都應該質疑所有的事。沒有什麼事情是神聖不可侵犯的，任何做法都不應該受到限制。你應該允許創新團隊踏足那些無人到過的地方，創新團隊必須自由質疑公司裡那些被奉若神明的事或人，並且在必要時調配現有的營業收入來源，最終改變整個企業。

但是，不要到這裡就結束了，你還需要外部的意見，因為有時候員工距離公司的業務實在太近了，已經無法提出正確的問題。引進專家、顧問及導師來質疑團隊的設想，尋找疏漏之處，並且提出之前無人提出的問題，這樣的做法能為你帶來好處。當引進外部人士時，請確保他們有權提出一些讓你難以回答的問題，否則絕大多數的外來專家會基於禮貌，而不會對你的基本設想提出質疑。

這種類型的思考方式並不僅僅適用於新創企業。惠而浦（Whirlpool）是一家營業收入達到一百四十億美元的家電製造商，它透過招募稱為「i導師」（i-mentors）的創新導師網絡來進行這類型的反思，這些導師在加入後經過培訓，用來幫助公司內部的商業團隊質疑正統的市場觀念。想要違反例行事項是很吃力的事，但是這些導師提供的建議、分析及批判性思考，讓創業者有能力挑戰當下的做事方式。「最為有效的機制是將質疑探究的過程制度化。」塞思・伊里亞德（Seth Elliott）寫道：「對於重大決策中的關鍵設想，一定要徵詢第二種（以及第三種和第四種）意見。」[4]

總之，你必須透過挑戰自己、同仁和所在的組織，來應對你現在正在做的與未來將要做事情的各個方面，用批判性思考進行深入思考。唯有這樣，你才能獲得和人們通常抱持信念不一樣的新洞見，並且為企業的起飛清理前進之路。

第十三章
脫掉包袱，讓自己沒有什麼好損失

◇◆◇

永遠不要和一個已經沒有什麼好損失的人對抗。

——巴爾塔沙・葛拉西安（Baltasar Gracián），哲學家

創新的另一種方式，是把自己視為已經沒有什麼好損失的人。新創企業通常就處於這種狀態，早期的新創企業通常沒有顧客、沒有營業收入，當然也沒有任何限制，根本不在乎是不是會徹底擾亂市場。事實上，如果一家新創企業能夠和更龐大的競爭對手生產出相同產品，並且以更低的價格銷售，甚至是免費送人，這對任何創業者來說都將是一次千載難逢的機會。新創企業也許無法做到像那些市場地位已經穩固的企業一樣，每年可以有數十億美元的營業收入，但是或許能夠找到方法做到數千萬或數億美元的年營收。這對一家新創企業而言，無疑是一筆巨額資金，而這樣的資金已經足以把這家新創企業一路帶向首度公開發行了。

大公司並沒有這樣的選擇，因為它們大多數已經是上市公司，而且要對股東負責。營業收入就算只下滑一〇%也是一場災難，因為這已經足以讓公司股價下跌，並且造成執行長下台。很少有上市公司能夠忍受其他公司用更低的價格來擾亂市場。華爾街對它們有更嚴格的控制，營業收入與利潤被預期只能有一個方向，就是向上；換句話說，它們實在輸不起。

在Founders Space，我經常對新創企業這麼說，如果你在某個市場裡已經沒有什麼好損失的，而那些原本占據該市場的企業卻根本就輸不起，沒有比瞄準這樣一個市場更好的選擇了。如果你是帶著顛覆性的商業模式進入該市場的第一家企業，無論你做什麼都會贏，而競爭對手卻只能輸。那些已經扎根在這個市場的企業，除了降價以外，沒有其他方法能和你競爭，而且它們之中的大多數公司寧願慢慢來，也不會選擇在一夕之間大幅削減自己的利潤。因為它們已經被當下的市場現狀養肥了，根本無法想像自己不再高高在上的世界。

讓我們看一下Skype這家企業，這是「沒有什麼好損失」這種心態的主要例子。當這家微小的歐洲新創企業開始推動時，要擾亂那些電信巨頭的市場看起來還是非常遙遠的事。這些電信經營商的市場地位極為穩固，實力雄厚，而且手上握有大量的資源，在長途電話業務上也有數十億美元的收入。這是它們的現金流，所以絕對不會容許任何人來擾亂市場，更不用說是一家來自愛沙尼亞，默默無聞的新創企業了。

但是，Skype的祕密武器網路電話（Voice over Internet Protocol, VoIP）技術讓它得以透過網路提供通訊服務。那些電信公司早在Skype參與之前就有相同的技術，但是這些巨頭卻從未打算使用這項技術來挖自己的牆角。而Skype的創辦人做的正好就是這件事，他們利用網路電話技術為任何願意嘗試公司軟體的人提供免費的長途電話服務。他們並不在乎這些開支，因為提供的免費服務只是為了獲取顧客而付出的成本。透過對使用者向網路外的通話進行收費，Skype依然有賺錢的機會。整體概念非常簡單，還很有用。Skype最後在電信領域中擊敗這些電信公司，隨後又以數十億美元的價格被收購。

「沒有什麼好損失」心態的另一個絕佳例子是E*TRADE。在E*TRADE成立前，傳統的股票經紀人對每筆股票交易都會收取一筆可憎的手續費。這筆錢或許只有數百美元，但是有時甚至可能會按照交易金額的百分比收取。在利用網路避開那些傳統的股票經紀人後，E*TRADE向顧客收取的交易手續費就只有原來很小的一部分，但是卻依然賺錢。不久後，顧客都希望每次交易只支付低於十五美元的固定費用。E*TRADE和其他線上經紀人對證券市場的陳規進行釜底抽薪，顛覆了整個市場。線上交易成為首選，而原來舊有的商業模式徹底消失了。

接著，Robinhood來了，它是證券交易領域裡最新的市場顛覆者。該公司放棄在股票交易中收取手續費的傳統，並且願意為股票交易提供免費的服務，因為它可以藉由其他的方式賺錢。Robinhood又是如何做到這一點的？當然，首先它之所以會這麼做，是因為對它而言，本來就沒有什麼好損失的。如果能抓住現有的顧客，並且把這些人移轉到公司行動優先的產品平台上，就會很樂意顛覆原來的那些顛覆者，它在自己的平台上可以透過高價銷售額外服務，而從顧客的身上獲取利潤。

迷思 完美的創新管道

很多大企業在談論所謂的「創新管道」時，就好像已經獲得一種完美的創新方法，能夠消除創新過程中的失敗，並且確保成功。這種想法從根本上來說就是有問題的，你根本不可能消除或降低失敗的發生機率，因為失敗是創新過程中的一個重要元素。

◆寧願用內部創業自我吞噬，也不要別人來併吞

隨著技術的發展，擾亂和顛覆市場的機會將會不斷出現。因此，如果你在一家大公司工作，並且想要創新的話，就需要像創業者那樣思考。你不用擔心這麼做會不會吞噬自己的業務，因為即便你不這麼做，其他人也會這樣做，這只不過是時間的問題而已。如果某項技術已經存在了，一些突然出現的公司就會想出如何利用這項技術的方法，而且會以免費提供你的服務方式來偷走顧客。想要贏得這樣的競爭，你需要從自己的身上偷走原有顧客，就算此舉意味著在這個過程裡會有短期的損失。

亞馬遜對這種做法非常在行，它不斷尋找機會來顛覆自己的業務。一次又一次，貝佐斯找到新的利用技術方法降低價格，並且藉此為顧客提供更多的價值，即使這麼做就意味著更低的利潤，不過所有的努力都是為了能在競爭中保持領先。一個很好的例子是，亞馬遜允許對手在亞馬遜網站上銷售產品。作為一家占據主導地位的線上零售商，為什麼亞馬遜會允許競爭對手就在自己的產品旁邊，以更低的價格銷售產品呢？這麼做不會減少亞馬遜自己的利潤嗎？沒錯，這麼做確實會減少利潤，但是也確保顧客能獲得最低的價格，以及擁有最大的選擇餘地。貝佐斯知道亞馬遜不可能光憑自己就為所有人提供所有的東西，如果不讓其他的零售商在亞馬遜網站上銷售產品，顧客就會前往其他的地方購買。

最後，如果亞馬遜沒有顛覆自己的市場，並且犧牲短期利潤的話，就有很大的可能會失去現在所擁有的一切。這就是創新的關鍵，沒有什麼東西是不可以放在檯面上的，如果顧客有這樣的需求，而且技術也允許這麼做，就要滿足顧客的需求。

第十四章
打到痛點：解決「真正」而非「想像」出來的問題

◇◆◇

我的目標是讓複雜變得簡單。我只是想做出這樣的東西，它能真正簡化基本的人際交流。

——傑克・多西（Jack Dorsey），推特和Square的共同創辦人

我想告訴你一些大多數人都不知道的，關於我自己的故事。我是熱愛設計的設計師，母親則是藝術家，我是在參觀世界各地的博物館，學習那些從傳統大師到抽象表現主義畫家和後現代主義畫家的各種作品氛圍中長大的。當我還是小孩時，想要成為藝術家，但父親卻是畢業於麻省理工學院（Massachusetts Institute of Technology, MIT）的火箭科學家，他說服我學習一些更實際的東西。在以出色的成績獲得電腦工程學士學位後，我放棄原來的專業，轉而進入南加州大學研究所學習電影和電視。我希望能為這個世界帶來一些自己創造的東西，想要設計出自己的現實。

在製作了數十部短片，並參與劇本寫作後，我加入一家好萊塢的電視製作公司，並且很快就獲得拔擢，進入開發部門的管理階層，我正是在那裡遇到日本遊戲公司SEGA的創辦人，他給我一個在日本設計電玩遊戲與大型機台遊戲的工作機會。

我怎麼可能會拒絕呢？身為狂熱的遊戲迷，這就像是美夢成真。因此，在接下來幾年裡，我的工作就是設計遊戲，起初是在日本，後來又回到矽谷。我開發的遊戲從電腦遊戲、線上遊戲到手機遊戲。

我對設計一直懷抱著熱情，常常會花幾個小時的時間翻閱設計雜誌、在Kickstarter網站上瀏覽新的產品，或是在一座城市中漫步，研究那些建築設計。所以，當有新創企業來到Founders Space時，我會不由自主地對他們的產品設計給予回饋。我經常發現自己陷入非常狂熱的狀態，會大聲地對那些創業者嚷嚷道：「去僱用一個真正的設計師，絕對不要自己做這件事。你不是一個設計師。而是一個工程師，你手上的東西看起來實在太糟糕了。沒有人能夠忍受這麼糟糕的使用者經驗。顧客並不關心你的技術，好的設計才是最重要的。」

每個人都認為矽谷是以技術為核心的生態系統，而事實上設計現在已經位於這部創新機器的核心。我認為現在由設計創新創造的財富比由技術創新創造的財富來得更多。對於每項技術發明，在最新設計的產品中可以有上千種不同的方式來應用該技術，而且有很多這樣的新產品都有開啟並轉換成數十億美元市場的潛力。

設計創新的首要重點就是人。以下列出的所有學科都影響了設計流程，以及設計師開發新產品與新服務的方法：

- **人體測量學**——研究人類身體與活動的學門
- **生理學**——研究器官功能與部位的學門
- **心理學**——心智運作的方法，包括有意識與無意識的經驗
- **社會學**——人類如何與其他人互動和產生連結
- **人類學**——探討人類社會與文化的運作
- **生態學**——探究器官彼此之間及周遭環境的連結

曾有那麼一段時間，設計與工程學被歸為一類。設計師必須考量特性、功能、個人偏好來設計商品，人體工學的考量並未名列其中。直到近來，設計終於受到矚目，當今的設計團隊通常包括具有人因工程、互動設計、系統設計、工程與工業設計經驗的設計師。如果說矽谷幾乎所有成功產品的核心都在於設計，也並非言過其實。

蘋果並非以技術成為世界上最大的企業，賈伯斯也不是工程師，而是設計師和富有創意的思想家。如果你看一下讓蘋果得以重生的iPod，它並不是什麼新技術的奇蹟。當時在市場上已經有

多款MP3播放器。推出iPod並不只是為了要做出更卓越的硬體，蘋果知道在硬體上的競爭永遠也不會獲勝，所以思維是重新思考使用者在一項裝置上播放音樂時的完整個人體驗。湯尼·費戴爾（Tony Fadell）當時為賈伯斯工作，正是他讓iPod的設計變得如此前衛，而這也正是他對如何創造出更好的使用者體驗具有強烈興趣的原因。

如果你把iPod和同時期的其他MP3進行比較，就會明白這是一項設計上的奇蹟。首先，蘋果創造一個完整的生態系統，讓取得、播放及購買音樂成為令人愉快的經驗。其中就包括iTunes線上商店與iPod獨特的介面，正是這兩者讓使用者可以毫不費力地瀏覽大量的歌曲及播放清單。

有一項創新最能展現費戴爾對使用者體驗細節的關注和深刻理解，他注意到無論是誰購買一款新的電子產品，帶回家並打開包裝盒後，通常無法立刻使用該產品，原因是要先對電池充電。這也讓使用者在使用這款新產品前，不得不等候一個小時或更長的時間，這樣不是太讓人失望了嗎？

因此，費戴爾建議在出貨前，必須確保產品包裝裡的電池電力滿格，這樣使用者只要打開包裝，就能立刻使用iPod，此舉完全改變了使用者經驗。在此之前，還沒有任何電子產品製造商對於產品在打開包裝時的表現，也就是使用者在打開包裝和第一次使用產品時會有什麼體驗給予太多的關注。但是如今，大多數高階消費性電子產品製造商在產品出貨時都會配上滿格的電池，而且注重完整的開箱體驗。

這就是設計創新的精髓，要求完全站在顧客的立場進行思考。你應該做這樣的設想，當顧客使用這項產品時，會產生什麼樣的感受？畢竟，重要的是個人的體驗，而不是功能，所以就算問題再小也不容忽視，尤其是這個問題會影響顧客對於產品的整體感受時，就應該馬上改進。讓我們來看一看蘋果又是如何仔細設計包裝的，顯然費戴爾和他的團隊想要使用者在打開包裝的每一步都能興奮不已。

費戴爾繼續參與iPhone的設計工作，但是之後就從蘋果離職，並且花費十八個月的時間環遊世界。在這段時間內，他思考著接下來應該做什麼。「我不得不讓自己脫離，這樣一來才能離開矽谷，並且獲得新的視野，同時能讓我能用一種不同的方式來觀察這個世界。」費戴爾說道。有太多的人忘記更新自己的想法有多麼重要，持續不斷的工作只會讓你的創造力死亡，所以費戴爾才會需要在開始下一場設計旅程前，再次體驗生活。

這一次休息顯然為費戴爾帶來回報，因為他接著想出來的是Nest自動溫控器，這是一項真正開創性的產品，而正是這項產品推動物聯網的這一波浪潮。Nest做的正是重新思考把智慧設備導入家庭後帶來的完整使用者經驗，它的自動溫控器更多的是設計上的傑作，而不是工程上的奇蹟，其優美之處在於這款產品是如此簡潔，無須像在舊式的數位溫控器上那樣設定，它就已經能學習你的涼暖習慣，然後自動調節，為你提供恰到好處的環境溫度，並且為你節省費用。

Nest也是一件展示品，它的外觀令人震撼，沒有那種讓你不得不瞇起眼睛的廉價液晶顯示器，外形是漂亮的半球狀，溫度顯示被很大膽地放在中央，周圍還環繞著一圈優雅的顏色，它完全值得你向極客好友炫耀。早期使用者非常喜歡這項產品，對他們來說，如果有一項產品超酷，價格就絕對不是問題。

費戴爾的設計哲學是，只是改善某項產品並讓它變得更好沒有那麼重要，真正重要的是如何重建一個產品類別，而想要做到這一點，出發點就必須要為顧客解決真正的問題。他把這稱為製造止痛藥，而不是維他命。雖然維他命能讓你越來越健康，但是在生活中對你而言卻是可有可無的。然而，如果身體某處出現劇烈的疼痛，你就需要止痛藥來立刻止痛。

但是，你要如何知道自己是否有一個真正的問題需要解決呢？你可以詢問其他人，他們是不是也像你那樣感到洩氣？你能消除他們的痛點嗎？他們的痛苦和煩惱越多，創新的空間也就越大。確切理解現有產品在哪些方面踉踉蹌蹌是其中的關鍵，這就是你如何重建一個產品類別的契機。利用Nest的產品，費戴爾想要去除為設定數位溫控器的麻煩和痛苦。沒有人喜歡做這樣的事。每當住進一家新的飯店，我都會在房間溫控上花費一些時間，思考那樣該死的東西是怎麼運作的。

迷思 想要創新，只需要詢問你的顧客

傾聽顧客的需求是非常有價值的，但他們並不一定總是能告訴你要如何進行創新。事實上，大多數的顧客確實可以告訴你如何解決問題，以及改進你現有的產品，不過他們無法為你指引出一條思考和做事的全新途徑。如果你想要徹底改變一個產業，就需要超越顧客給予你的回饋，並且從頭開始重新思考你的企業。

換句話說，你要把顧客的回饋當作起點，而不是終點。你應該詢問自己，從顧客正在說的和做的東西裡又能獲得什麼樣的洞見。從這些資料中，你獲得的洞見對於創新將會有巨大的價值。

當費戴爾向朋友和同事展示Nest自動溫控器的早期版本時，有很多人都想要增加一些功能，有些人想要觸控式螢幕，這樣一來就會更好控制。但是，費戴爾卻拒絕了，他堅信簡單本身就是最好的功能。簡單地旋轉圓環來調節溫度是一種絕佳的體驗，他絕對不想要因為增添更多複雜性而破壞這種體驗。

Google用數十億美元收購Nest的原因是，想要費戴爾加入公司的團隊，因為只有費戴爾明白如何才能把技術天衣無縫地融入人們的日常生活中。這是在世界上很少有人能掌握的藝術，也是所有正在向前發展的產品未來，無論該產品是用於家庭、工作場所或戶外皆然。Google把物聯網視為下一波浪潮的尖端，而費戴爾則為Google指示了道路。

其實費戴爾並不孤獨，世界上還有很多創新設計的偉大案例。我們通常會認為Airbnb是極出色的商業模式創新，但實際上它並不只是一個商業模式。確實，把家中閒置房間出租給到你的城市短暫觀光的旅人是非常大的進步，但是絕大多數人還無法意識到，要解決這個問題會有多麼困難。

現在看起來好像很理所當然，人們非常認同透過出租閒置的房間來獲得額外收入的創意，但是最初情況卻並非如此。當切斯基、喬・蓋比亞（Joe Gebbia）及內森・布萊卡斯亞克（Nathan Blecharczyk）創立Airbnb時，他們接觸的創投資金都認為這個創意有些瘋狂。誰會讓陌生人進入他們的家呢？怎麼會有人信賴那些隨機到來的訪客，並且讓他們進入自己的私人空間？如果那個陌生人是小偷，或更糟的是強姦犯或殺人犯，又會發生什麼事呢？幾乎所有的人都認為，Airbnb不會有什麼作為，只是因為人們不想承擔這樣的風險。

幸運的是，在Airbnb的三個創辦人裡有兩位是設計師，他們在羅德島設計學院（Rhode Island School of Design）求學時就已經認識了，他們明白什麼是設計思維的基本原則。他們的挑戰是如何才能讓人們接受共用生活空間這個全新的創意，即便彼此是完全的陌生人。

如果你仔細觀察Airbnb的網站，它的網頁會讓你感到既友好又安全。網頁上的描述和說明的用語溫馨而友善，個人資料裡有很大的照片，這樣一來你就能清晰地看到房客或房東的模樣，還有足夠的空間允許用文字自我介紹，相關評價則被放在個人檔案裡非常醒目的位置。切斯基與蓋比亞甚至還考慮到應該如何建構房東與房客之間的對話和交流。當他們互相傳送訊息時，那個對話框應該有多大？按鍵應該被放在什麼位置？系統又該用什麼方式來提示使用者？

「如果你想創造出一項傑出的產品，關注一個人就夠了，你只需要讓那個人擁有前所未有的最令人驚嘆體驗就行了。」切斯基如此表示。甚至是在網頁上把使用者稱為「主人」（hosts）與「訪客」（guests）也是特意設計的，就像是在你的家裡舉辦一場派對並邀請客人，而不只是對某個陌生人出租閒置的房間，這麼做的創意是主客雙方有可能最終會成為朋友。除了能獲得額外的收入以外，還有機會結識來自全球各地的新朋友，並且和他們分享你對自己的家及所在城市的體驗。正是這一點讓Airbnb變得如此與眾不同，這也是有很多人會喜歡上它的原因。

大多數旅館是沒有人情味的，你不太可能會和前檯接待人員或門房成為朋友，但是在Airbnb，你被邀請進入一個私密的空間，在這個空間裡，你有機會更直接地了解某個人，並且和他們分享你的個人體驗。他們在設計產品時，就已經考慮到這一點了。

切斯基和蓋比亞也確保了Airbnb的首頁具有某種魔力，他們把最具有吸引力與最具浪漫體驗的空間放在網頁最上方，讓使用者感到將會踏上一場冒險之旅，這是他們無法從一般旅館獲得的體驗。首頁上還放上傳說中的樹屋、鄉村的農場、豪華的公寓、森林度假村，甚至還有城堡。在那些大幅照片和迷人描述下，這裡儼然已經成為通往神奇王國的入口。

上述這些元素讓Airbnb瞬間爆紅，橫掃全球，並且改變所有人對於旅行的看法。而Airbnb並不是單一的案例，Box透過設計重新定義我們該如何看待檔案共享；Slack透過設計重塑企業之間的溝通；小米透過設計掌握低階智慧型手機市場；Snapchat和微信透過設計將簡訊通訊帶到新的高度；WeWork讓辦公室與辦公空間的經營呈現出全新的想像空間；Uber和Lyft透過設計重塑交通運輸的概念。當然，這樣的清單還可以繼續羅列。

對設計的理解是創新不可或缺的。在未來十年裡，和其他類型的創新相比，有更多的產品類別會透過設計創新而被重新改造。這又是為什麼呢？因為設計並不需要巨大的資金，而是需要與眾不同的天才，只有這樣的天才能從一項產品或服務中感知到顧客的真正需求。這意味著任何一個有著筆記型電腦的創業者，如果能找出顧客的痛點，並且設計出產品，就有潛力顛覆價值數十億美元的產業。

我最初的創業成功就是來自於設計。我和合夥人製作名為《億萬富翁》（*Gazillionaire*）的電腦遊戲，這款遊戲的目的是教育學生和成人如何成為企業家。在遊戲中，玩家會在一個被稱為Gogg的虛幻銀河系裡開始建立自己的貿易公司。在遊戲推出時，採用的技術已經完全過時了，而發行商之所以會同意銷售這款遊戲，是因為它的品質保證團隊喜歡這款遊戲。雖然遊戲的動畫非常粗糙，遊戲的圖像也不是由專業人員製作的，採用的技術非常原始，但是這些並未能阻止它爆紅。人們對這款遊戲創造的獨特體驗欣喜若狂，遊戲評論家也對遊戲給予極高的評價。事實上，發行商對於我們的小遊戲獲得的評價居然比投入數百萬美元的《星際爭霸戰》（*Star Trek*）來得好而感到非常鬱悶。

令人震驚的是，《億萬富翁》和它的姐妹作《零售帝國》（*Zapitalism*），以及《製造大亨》（*Profitania*）今天依然在販售。全世界的學校與大學使用這幾款遊戲教授商業和經濟學，而一些成年人在寄給我們的郵件裡這麼說道：「我終於明白為什麼我必須擺脫卡債了！」這裡的重點是，好的設計幾乎每次都能贏過大預算和技術魔法。

我想告訴創業者的是，如果想要獲得成功，就不應該取得工程或企管碩士學位。現在從大學畢業的工程師和企管碩士已經太多了，我們需要的是更多的設計師，更多能想出如何讓機器與人類更好工作和生活在一起的設計師。人類與電腦的共生關係，是我們當下正在經歷的這一場巨大轉變的核心，關於未來的真正困境及潛在的巨大變化都處於這個核心之中。

隨著技術的進步，設計上新的可能性每天都在出現。設計思維已經延伸進入這些領域，其中包括連接在一起的裝置要如何才能彼此溝通、感測器應該蒐集什麼類型的資料、我們如何才能建立與擴增實境之間的交互介面，以及什麼樣的電子裝置可以被戴在手腕上、植入身體，與大腦相互連接。現在有成千上萬種不同的行業等著被顛覆，新的市場可以輕而易舉地透過設計思維創造出來。

第十五章
可能的話，試著重寫遊戲規則

◇◆◇

相同的產品、服務或技術可能會成功，也可能會失敗，這取決於你所選擇的商業模式。

——亞歷山大．奧斯瓦爾德（Alexander Osterwalder）作家和理論學者

為什麼還要重新啟用現有的商業模式呢？你完全可以進行創新、重寫規則，並且從競爭對手腳下偷走市場。矽谷的新創企業一直就是這麼做的，而且這種做法還創造出巨大的價值。這可以歸結為一件事：打破規則。商業模式的創新就是研究遊戲規則，然後藉由打破、改變及扭轉規則來進行系統化作弊。只有透過重寫劇本，新創企業才能獲得一定的優勢，接管數十億美元的市場。

我發現在做這件事情上，哈佛大學的企管碩士並不一定是最佳人選，往往是那些未經訓練的叛逆者會想出一些最聰明的辦法來打破規則，像是賈伯斯、蓋

茲、祖克柏、彼得・蒂爾（Peter Thiel）和馬斯克。得出上述看法時，我可能會有一些偏見，因為自己同樣不曾接受企管碩士的教育，但卻透過經營自己的公司學會這一切。因此，我總是會不由自主地這麼想，也許正是這一點讓我具備某種優勢，因為我的思維很自然會和其他人不同。我不知道究竟有什麼規則，所以會毫無顧忌地打破規則，並且對所有的商業模式都抱持開放的態度。在我的心裡，任何事情都是可能的。當一家新創企業來到Founders Space時，我會讓他們展示自己的商業模式可行的證據。無論這個模式有多麼離經叛道，對我來說，只要資料能夠支持他們的願景，就不會有任何問題。

讓我們來回想一下Craigslist是如何開始提供免費分類廣告服務的。按照傳統平面媒體的做法，遊戲根本就不應該這樣玩。報紙把分類廣告視為奶油和麵包，如果沒有分類廣告，它們又要如何存活呢？但是，Craigslist送出免費的分類廣告，這對該公司的業務幾乎沒有影響，因為它的成本結構和商業模式是截然不同的。

「如果你的競爭對手似乎完全不在乎這筆生意，你要經營這樣的生意就實在是太困難了。」Benchmark Capital的創業投資人比爾・葛利（Bill Gurley）如此說道。在突破性的商業模式創新下，那些新創企業可能看起來並不是競爭對手，因為它們的商業模式對現有企業而言可能是很陌生的，以至這些新創企業更像是決心摧毀世界的外星入侵者。

必須承認的是，雖然並非所有的商業模式創新都是突破性的，但是所有的商業模式創新都有一個共同特徵，正是這個特徵讓它們成為破壞市場最強而有力的形式之一，也因此值得我們對此進行分析。以下是新創企業進行商業模式創新的三個最新案例，以及我們能從中獲得的教訓。

◆Uber：「Uber化」會成功嗎？

Uber建立商業模式的創新標準。它精明地把自己定位在顧客與服務實際提供者之間的位置，這個商業模式徹底顛覆了計程車業。

Uber做得最漂亮的是，人們並沒有對計程車司機產生依賴，即使他們確實產生這種依賴，大多數人在下一次用車時也不會直接呼叫同一位司機，因為這位司機可能很忙碌，正在城市的另一頭或根本就不在工作。所以，幾乎不會有什麼漏洞，也就是說顧客不會跳過Uber直接進行交易。另外，只要人們經常使用Uber的服務，計程車費用加在一起就是很大的金額，因此每個顧客生命週期內的價值都會很高，這意味著Uber目前獲取顧客的相當大成本是完全合理的，而這也展現在公司的每一輪融資都能取得大筆的資金上。Uber還能在價格、服務及其他選項的競爭中，擊敗任何計程車公司。上述這些加起來就構成極具競爭力的商業模式。

所以，Uber能教會我們什麼呢？首先，Uber的模式之所以會有很強的競爭力，是因為它滿足了六項標準：

- **高利潤**——計程車費並不便宜。
- **有價值的資源**——任何擁有汽車的人都能成為司機。
- **回頭客**——人們需要經常使用交通工具。
- **可規模化**——這項業務能夠快速成長。
- **可複製性**——可以在世界各地複製相同的模式。
- **大市場**——這項服務具有廣大的顧客基礎。

Uber還關注顧客的下述需求：

- 更快
- 更聰明
- 更簡單
- 更方便
- 有更好的體驗
- 很酷

最後，Uber還著魔般地努力讓整個過程變得更順暢：

- 只需按一個按鈕
- 沒有延遲
- 沒有討價還價
- 沒有取消
- 沒有負面的感受

Uber的商業模式還受益於網路效應。在路上的司機越多，就會有更多的乘客受惠於更快的服務，擁有的乘客越多，就會有更多的司機受到吸引而加入，競爭對手很難對這種模式做出回應。Uber顛覆計程車業務的方式是如此成功，以致於出現很多業務的Uber化，從快遞業務、乾洗，再到診療服務等。這裡的風險是，並非所有的業務都可以與計程車業進行類比，而且很多Uber化的公司最終肯定會失敗，原因在於它們的商業模式欠缺得以起飛的關鍵要素。

◆Airbnb：去除痛點，切入未被碰觸過的資源

Airbnb是新創企業世界中的另一個成功者，它創造經典且具有顛覆性的市場。它的商業模式之所以能夠成功，是因為它切入極有價值，但是從未被碰觸的資源：人們的家。與傳統的旅館相比，透過讓所有人得以出租家中的閒置空間，Airbnb的住宿服務為顧客提供更多的地點、更好的價格及更多的服務選項，對競爭對手而言，這個雙邊市場可以說是易守難攻。提供閒置空間的房東越多，Airbnb就能吸引到更多的房客，而吸引到的房客越多，就會有更多的房東註冊加入。太好了，網路效應再次發揮作用。

Airbnb的商業模式還有很多與Uber相同的特徵：

- **高利潤**——租屋並不便宜。
- **有價值的資源**——人們家中的閒置空間。
- **回頭客**——很多人常常在外出差旅行。
- **可規模化**——這項業務能夠快速成長。
- **可複製性**——可以在世界各地複製相同的模式。
- **大市場**——這項服務具有很廣大的顧客基礎。

所花費的時間。這對我來說，是一個真正的痛點，所以覺得非常高興。只要按一個按鈕，就訂好房間了。這一切讓Airbnb成為商業模式創新中另一個成功的明星案例。當然在一些其他的市場裡，Airbnb無法依照上述的模式進行運作，這是因為在那些市場缺少一個或更多個上述提及的基本要素。

就在最近，Airbnb增加一項即時預訂的服務，用以去除交易摩擦點，並且大幅減少與房東溝通時

◆SoFi：翻轉「借貸」的第一印象

SoFi並不具備Uber或Airbnb的所有要素，因此選擇走上另一條路。透過專注於建立終生社群，SoFi改變學生助學貸款產業。當學生從SoFi取得助學貸款時，並不只是身上有了一筆債務，還加入了一個特殊的團體，這個團體會在這筆貸款期間內為學生提供輔導與支援。

SoFi聲稱會員平均節省超過一萬八千美元的費用。在此具有革命性的部分是，貸款通常被認為是掠奪性業務，但是SoFi卻把學生貸款轉變成正面的社會活動。SoFi為會員提供職業諮詢與創業者輔導課程，還邀請會員參加社群活動及歡樂時光。該公司把拿到一筆助學貸款變得好像是加入大學兄弟會或姐妹會，和一般的銀行業務完全不同。今後，SoFi還會繼續向會員推薦抵押貸款、個人貸款及財富管理等進階產品。

SoFi還有自己評估會員信用的標準，這個評估標準與大銀行及其他的借貸公司使用的標準

是完全不同的。SoFi考慮會員的教育、工作經驗和個人過去的財務狀況，不收取手續費或申請費，也沒有提早還款手續費。最具吸引力的是，它還提供失業保障，這意味著如果會員在日後失業了，SoFi會暫停對其貸款的還款要求。正如你所看到的，SoFi的模式完全改變了整個競爭場域，甚至和那些傳統的借貸公司不在同一個陣營。SoFi以一種全新的方式來思考顧客，正是這一點讓它獲得千禧世代的青睞。

我們在這裡學到的是，商業模式的創新並不局限於財務模式，實際上包含整個價值鏈。SoFi已經重新定義取得助學貸款所代表的意義，那已經不再是一筆交易，而是加入特別俱樂部的手續，在這個俱樂部裡，顧客在今後一生中都能享有身為會員的福利。

迷思 創新的關鍵是績效的提升

如果創新只是為了提升績效，生活就實在太簡單了，但這並不是真相。以Skype為例，當Skype剛發表時，並不比傳統電話來得方便、連線的速度更快，或是通話品質更高。事實上，大多數時候使用Skype很痛苦，但是它更便宜！如果你讓人們免費使用，他們的忍受度就會大幅增加。價值的形式是各式各樣的，而績效只是其中之一。

◆NGCodec：從便利到解決方案

NGCodec的創辦人幾乎比這個產業裡的所有人都更懂得什麼是影片壓縮。當我遇到他們時，他們正在開發下一代的編解碼器，這種編解碼器在對影片進行壓縮和編碼時，比目前市面上的產品快上十倍，並且更便宜。這項科技對於透過網路上傳影片是必需的，每個人從YouTube到CNN都會使用。NGCodec的創辦人已經在這個專案上花費一年多的時間，也已經有了付費顧客，而且幾乎馬上就能淘汰市場上所有的同類產品，但是他們卻無法在矽谷募集到資金，在4K影片越來越多的情況下，日益凸顯出影片編碼的問題，他們出現的時機可以說是恰到好處。

問題還是出在商業模式上。他們使用硬體對影片進行編碼，因此計畫授權給顧客，但是這就意味著他們會被漫長的整合與部署過程、緩慢的銷售週期，以及有限的提升空間所束縛，在這樣的模式下無法進行規模化的擴張，也因此無法成長為數十億美元的企業。

在和他們討論幾個小時後，我提出一個建議：「不要對你的顧客發放硬體授權許可，這是一種錯誤的商業模式，你們應該把服務放到雲端，並且採用軟體即服務（Software as a Service, SaaS）模式。我知道這並不是你們原來設想的方式，但這是視訊編解碼的未來。人們並不需要硬體，他們要的是解決方案。」

該公司的執行長接受我的建議，重新撰寫商業計畫書，並在其中加入新的商業模式。三週後，他打電話給我，說他們已經取得三百萬美元的創業投資，而且開始起跑。這個故事帶來的教訓是，如果一種商業模式不可行，你就應該嘗試其他的模式。你不能只對產品進行創新，還應該將產品與商業模式視為一台機器的兩個部分，並且同時對兩者進行創新。

◆真正的創新

要實現真正突破性的商業模式創新，實現那種有能力顛覆現有市場或是有能力創造出全新市場的商業模式創新，並不是一件容易的事。大多數新創企業只能自行發展某種競爭優勢，而非重寫遊戲規則，這就是Ｕｂｅｒ、Airbnb及ＳｏＦｉ這樣的新創企業會有高度評價的原因，它們是稀有動物。如果你能像它們一樣想出改變原有規則的方法，就能改變這個世界，挑戰自然規律，並且讓不可能的事成為可能。

第十六章

當心產品帶來的「宜家效應」

◇◆◇

當你面對機器或是任何由你製造的東西時，無論你是多麼出色的銷售人員，那樣東西不是可行，就是不行。

——安德森，安霍創投創業投資人

我通常會告訴那些在Founders Space裡的新創企業創辦人，剛開始時絕對不要觸碰電腦鍵盤。「絕對不要讓你的工程師在第一天就開始編寫程式。」我勸告道：「那樣會讓你們走上錯誤的道路！」好的工程師喜愛編寫程式，他們想做的第一件事就是全心投入，打造很酷的東西。問題是工程師認為很酷的東西，顧客卻不一定會認同，也許他們想要的是完全不同的東西。

在剛開始就試著打造某樣東西，往往不只是在浪費時間，還可能是你走向失敗的原因。你的團隊在開發產品上花費的時間越長，所有人對這項產品的期待就越深，沒有人會拋棄努力工作的成果。在花費幾個月的時間開發出一項產品後，團隊成員對於打造的東西就會產生某種情感。即便證據顯示他們打造的東西並不是顧客想要的，整個團隊往往會繼續推動這個專案，為產品增加新的功能、解決出現的問題，並且設法要讓一項失敗產品獲得成功。他們在這項失敗產品上投入的時間與資源越多，最後要面對現實時也就會越困難，這就是我所說的「製造者陷阱」（builder's trap）。

二〇一一年，哈佛商學院的邁克爾・諾頓（Michael Norton）、耶魯大學（Yale University）的丹尼爾・莫瓊（Daniel Mochon），以及杜克大學（Duke University）的丹・艾瑞利（Dan Ariely）完成一項研究，他們發現，當你在製作某樣東西時，你對這樣東西的價值判斷會遠高於其他人。他們的研究是由很多不同的實驗所組成，在其中一個實驗裡，參與者被要求組裝一件宜家家居（IKEA）的家具；在另一個實驗中，參與者則被要求摺紙。

在宜家家居實驗中，實驗對象的目標是組裝一件宜家家居家具。研究人員會要求實驗對象針對剛剛組裝完成的家具進行估價，然後再和由專業人士組裝的家具進行估價比較。研究人員發現，實驗對象願意以平均高出正常價格六三％的價格來購買自己組裝完成的家具，即便這是品質較差的作品。

在另一個實驗裡，研究人員要求實驗對象摺出紙青蛙和起重機，接著讓專家同樣也摺紙青蛙和起重機。儘管專家的作品明顯更出色，但是實驗對象卻認為他們的作品與專家的作品差不多。同時，沒有參與摺紙過程的其他實驗對象則對專家的作品給予更高評價。

現在通常把這類現象稱為「宜家效應」（IKEA effect），這是一種認知上的偏差，在這類現象中，人們會對自己參與製作的作品給予更高評價。換句話說，人們會因為他們在時間和創造力上的投入，而被情感蒙蔽。這個教訓是，當你的創新團隊開始投入一項產品或服務時，他們和這項工作的聯繫會越來越密切，而這種聯繫最終會讓他們無法看清現實。即使有證據表明顧客並不需要這種產品，產品的創造者還是會這麼想著：「我們要如何才能解決這個問題呢？」因為產生這種想法會比要他們承認自己創造的東西毫無價值來得容易。

見鬼的是，我自己也曾落入同樣的陷阱。認識我的人都承認我是個性衝動的人，無論做什麼事都會全心投入，包括工作、愛、玩樂！因此，當我想出把整個網路轉變成為虛擬世界的想法時，就不由自主地為這個概念傾倒。

看到我展示原型的每個人都表現出同樣的狂熱，這是一個遊戲，玩家可以在裡面建立自己的化身，並且用這個化身在網頁之間遊走。你的化身可以出現在Google、亞馬遜或臉書的網頁上，你還可以聊天、討論、交換虛擬物品、玩遊戲，以及踏上冒險之旅去尋找寶藏。還可以用你的化身到任何一家網路商店與朋友一起購物，在某個樂團的網站上閒晃，並且和其他粉絲一起聆聽音樂，或是前往新聞網站討論那些頭條新聞。它的可能性幾乎是無窮無盡的。

唯一的問題是，我們沒有足夠的證據證明這是可行的。很早就有證據顯示，我們的創意概念並沒有在使用者中引起共鳴。雖然他們一開始很喜歡這樣的體驗，但是幾週後就不再回來了。把網路轉變成龐大的虛擬空間聽起來令人驚奇，但是在現實裡幾乎沒有大型的虛擬空間，包括虛擬人生遊戲《第二人生》（*Second Life*）也沒有信守當初的承諾。使用者更喜歡結構化的遊戲體驗，而不是在自由的空間裡和其他人往來互動。

不幸的是，這一點在當時並不明顯。虛擬世界是一個熱門話題，而我堅信只要有更多的時間就能解決這個問題，我在這時候其實已經落入了製造者陷阱，我對這個遊戲的狂熱只是延遲了無法避免的方向調整。如果我沒有投入那麼多的時間製作，而是花費更多的時間分析，我就能節省時間和金錢。人們常說戀愛是盲目的，因此在創作時絕對不要愛上你的作品，否則就會像我這樣體驗心碎的感覺了。

第十七章

讓原型成為你的市場試紙

◇◆◇

如果你知道這肯定可行，它就不是一次實驗了。

——貝佐斯，亞馬遜創辦人

避免製造者陷阱的最好辦法，就是製作有目標的原型（Targeted Prototypes）。一件有目標的原型具備幾項關鍵特徵。首先，它只需要花費最少的時間和精力就能建立，但是卻依然能讓你的團隊測試相關業務的基本設想。

有目標的原型有很多不同的表現形式，這裡並不存在某種唯一的範本。大多數有目標的原型和你的最終產品是完全不同的，它們的任務只是幫助你蒐集資料。你要做的是列出與業務相關的所有設想，然後設計一個獨一無二的實驗測試所列出的每個設想。這些實驗通常會涉及某種特殊類型的原型，而這種特殊原型就是用來測試並驗證某些特定的設想。

舉例來說，如果想要測試消費者會不會購買你的產品，你可以用Ｗｉｘ、Squarespace或Unbounce這類工具，花費半天的時間做出一個登陸頁面，接著就能利用關鍵字廣告或臉書簡單地把流量導向你的登陸頁面，這樣一來，你就可以開始接受產品預訂了。從取得的訂單資料，就能很快地做出真實的評估，亦即人們是否會真的購買你的產品。

當ShoeSite.com推出時，目標是在網路銷售鞋子。該公司的創辦人尼克・斯威姆（Nick Swinmurn）一開始並沒有把所有的東西都做出來。首先，他想用盡可能簡單的方式來測試設想，所以推出一個非常基本的網站，放上一些鞋子的照片，價格都是從當地鞋店抄來的。他在這個網站收到一些訂單後，就用自己的信用卡在當地的鞋店購買鞋子，然後寄給顧客。斯威姆賺錢了嗎？並沒有，但是這種方式可以驗證這個市場的需求，而無須花很多的時間和資金建立供應鏈、租借倉庫，並建立基本庫存。這個實驗非常成功，以至於吸引了謝家華，他為這家新創企業重新命名為Zappos，然後還是他從創投資金募集到款項，擴大企業的規模，到最後又是他以十二億美元的價格把公司賣給了亞馬遜。

迷思

創新需要投下大賭注

金錢並不總是能為你帶來創新。一些影響深遠的重大創新，實際上是在非常有限的預算下完成的。以Airbnb為例，共同創辦人當時並沒有多少錢，所以他們在客廳裡為第一批顧客安排充氣床墊，這是在他們幾乎沒有什麼預算的情況下測試商業模式的一種方法，大多數的新創企業就是這樣開始的。

這裡還有一個故事可以說明在製造前進行驗證的重要性。有一家新創企業的創辦人帶著一個很有意思的創意來到Founders Space，他們的創意是打造商業廚房的分享市場。食品技術的市場正在迅速擴大，各式各樣的公司正從全美各地湧現，這些公司都需要準備各種膳食，並且運送到人們家中，但問題是沒有足夠的商業廚房。按照美國的法律，如果你的食品是對大眾銷售，就必須在有執照的商業廚房裡準備食品。餐廳在非營業時間是不需要使用廚房的，因此這家新創企業預見，將需要商業廚房的公司與各家餐廳加以媒合，能夠創造新的市場。

這家新創企業的創辦人是一對兄妹，他們組成很好的團隊，哥哥曾是微軟的工程師，妹妹則負責業務開發。在我們第一次交談時，他們正準備建立整個平台，這會花費幾個月的時間。我讓他們先停下動作，不要做任何東西。首先，準備一個有目標的原型，他們應該在花時間和精力編寫軟體前先搞清楚商業模式是否可行。

「先建立一個簡單的登陸頁面。」我對他們說道：「設計一張人們可以填寫的表格，然後在後端用人工進行媒合。」在接受我的建議後，他們停止編寫程式，然後做出一個登陸頁面，接著打電話給餐廳的老闆，詢問他們是否願意把廚房出租給那些在餐廳的非營業時間裡準備食品的公司；同時，也和那些需要使用商業廚房的公司聯繫，並且詢問對方是否對於加入這樣的服務有興趣。

他們很快就發現這個市場太小，還充滿各種問題。餐廳的老闆都不太願意讓其他人弄亂他們的廚房，即便最終同意了，時間也可能並不合適。接著，這家餐廳有什麼設備，以及東西是如何擺放的一些問題，還有他們該如何為那些公司管理原料供應和食品儲存呢？無須多說，這並不是他們想要涉足的業務。幸運的是，他們很快就發現這一點，而且在時間與金錢上也沒有什麼太大的投入。

需要謹記在心的是，有目標的原型指的多是過程，而不是產品。隨著你的團隊逐漸明白哪些可行、哪些不行，這個原型也應該在這個過程中不斷變形。如果有目標的原型是你的登陸頁面，你的團隊就應該進行測試和微調，從價格到產品種類、使用者經驗、使用者介面、設計、產品名稱及廣告文案，這稱為Ａ／Ｂ測試，並對頁面上的所有東西進行逐步調整。隨著原型的每一次重複，你的團隊就應該回到辦公室裡，將所學到的東西整合到下一個版本，如此就建立了連續的回饋循環。藉由將回饋循環與創造過程進行融合，你和你的產品之間的情感聯繫就會最小化，因為你的產品成為發現的過程。

重要的是，你應該明白，並不是所有的原型都需要編寫程式或某種專有技術，有些最有效的有目標原型並不涉及任何硬體或軟體。有目標的原型可以是口頭宣傳，也可以是用紙筆進行的展示或簡報，只要原型允許你進行測試並蒐集相關資料就夠了。有些有目標的最佳原型可以用現成工具進行製作，包括：

- 紙和筆
- 棋盤遊戲和《地產大亨》（*Monopoly*）遊戲中的虛擬貨幣
- 戲服和角色扮演
- 白板和麥克筆
- 心智圖（mind-mapping）軟體
- 電腦繪圖和繪圖工具
- PowerPoint簡報
- 流程圖繪製軟體
- 3D動畫工具
- 攝影機
- 照片

回饋循環流程圖

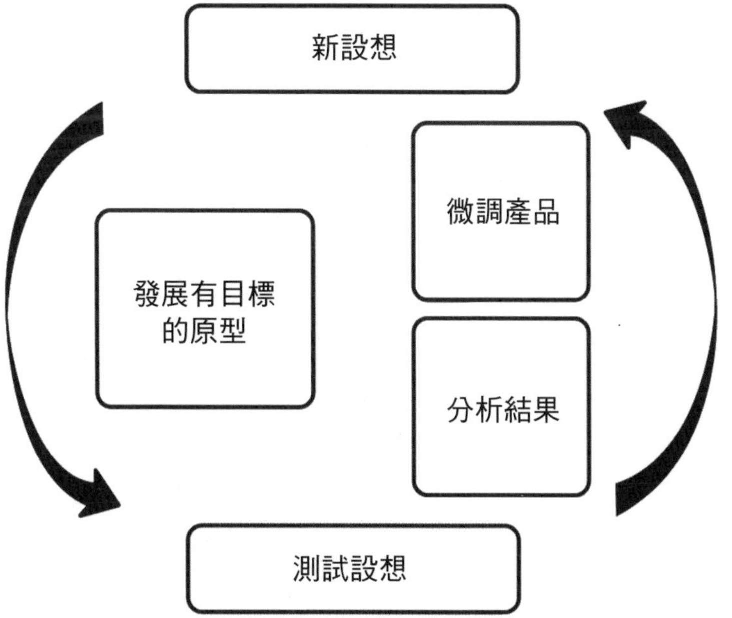

- 原型設計軟體
- 開放原始碼軟體

為新的創意建立原型並不存在單一的方式，你可以嘗試多種技巧，並且看一看哪一種方式最有效。關鍵是要讓創新團隊用創造性的方式進行思考，同時儘早、盡可能頻繁地和顧客接觸。讓他們在顧客身上嘗試一些東西，然後回來修改，接著再次走出去，並嘗試其他的東西。每接觸一個顧客，你的團隊就能學會一、兩樣新事物，並且更能理解你們需要解決的問題。

第四部

霸占市場：擁抱激進式創新的六個關鍵

第十八章
固守核心優勢

◇◆◇

了解你的核心競爭力，並專注於在你的核心競爭力領域做得更出色。

——馬克．庫班（Mark Cuban），Broadcast.com的創辦人與電視節目名人

開發公司的核心競爭力可能要花費好幾年的時間，核心競爭力可以是你公司的生產流程、專屬智慧財產權或配銷關係。這些可能是你最有價值的資產，對你的競爭對手而言，其中有些部分幾乎是無法複製的。所以，當你開始創新時，要先詢問自己以下幾個問題後再開始著手，會有很大的幫助。你的公司在哪些方面做得比其他人還要出色？你的團隊擁有哪些人才？有哪些專業知識和技術是你獨有的？

如果你的公司擁有全球配銷網路、獨家的銷售通路、強勢的品牌、營業祕密、成熟的生態系統、精細化的流程或可靠的專利，你肯定希望創新團隊能夠充

分利用這些優勢。如果你能充分利用，並以核心競爭力為基礎，成功的機會就會遠大於在一個沒有專業知識或優勢的領域中進行創新。

換句話說，你需要專注，因為你絕對不想讓創新團隊隨機地、在任何能激發起他們想像力的專案上進行投入。假設公司的業務是製造汽車零件，讓你的團隊開發3D食品印表機或是記錄健康狀況的可穿戴設備這類專案就不太明智了。這聽起來好像有些離奇，但是我確實看過這樣的案例。對創業者來說，跳上一輛流行的花車，擁抱正在發生的趨勢，常常是極具誘惑的，哪怕這些和公司的核心業務完全無關。

當耐吉（Nike）決定推出智慧健身手環Nike+ FuelBand時，在這項產品上已經花費許多錢了。這是一款可穿戴式電子設備，與Fitbit推出的產品很類似。這項產品不但開發成本高昂，而且耐吉在上市時還發起強勢行銷攻勢。在耐吉的電視廣告中，美國知名運動員雷霸龍．詹姆士（LeBron James）和塞雷娜．威廉絲（Serena Williams）手上戴著這款產品參加各自的比賽。「在公司的核心競爭力上，你不能設下障礙或是加以限制。」耐吉的首席工程師艾隆．維斯特（Aaron Weast）這麼說道：「如果我們把自己局限在一個核心競爭力的小圈子裡，就會對自己造成傷害，你需要有打破這個圈子的意願。」

儘管在產品上市初期，市場很熱鬧，廣告宣傳也做得轟轟烈烈，但是FuelBand在銷售上卻未能真正起飛。在同期的同類產品市場上，Fitbit有六九%的市場占有率，Jawbone占據一九%，而

FuelBand則從未超過一〇%。耐吉最後解散硬體團隊中八〇%的成員，並且停止生產這項產品。為什麼會發生這樣的事呢？主因是耐吉缺乏相關專業技術與能力，來推出真正具有競爭力的產品。FuelBand並不像宣傳得那麼好用，使用者抱怨，耐吉免費進行產品更換，但最後還是不得不同意花費兩百四十萬美元解決與使用者發生的爭執。

公平地說，FuelBand並不全然在耐吉的核心競爭力範圍之外，它充分利用耐吉的強勢運動品牌和無與倫比的市場機器，但問題在於，這項產品有太多領域是耐吉並不擅長的。本質上來說，耐吉還是一家製鞋公司，但是開發硬體與軟體並不是一件容易的事，特別是它現在面對的競爭對手是以硬體和軟體作為核心競爭力，對整個產業有深刻理解的新創企業。那麼FuelBand是一個錯誤嗎？不完全如此。對耐吉而言，如果要建立和其他產業相互連接的新平台，這是在正確方向上走出的第一步。但是，這個例子也表明，要打造公司的核心競爭力並取得成功有多麼困難，在耐吉的案例裡，就算這款運動型可穿戴式設備與耐吉這家世界領先的運動鞋、運動服飾及運動設備的企業之間有這麼強力的契合也是如此。

這並不是說耐吉無法在硬體和軟體領域發展自己的競爭力，只不過這並不會在一夜發生。在真正走到這一步之前，公司還需要面對一次又一次的失敗。為了維護耐吉的信譽，最後轉而開發Apple Watch的應用程式，並且由蘋果負責相關硬體，這一次很有可能會成功，因為這是一個更簡單的方案。對耐吉來說，它不可能在每次碰壁後就放棄。

◆固守核心，還是下一個拓展核心的賭注？

打造企業核心競爭力帶來的問題是，對於一項無法百分之百與企業核心優勢契合的業務，大多數公司都無法忍受一連串的持續失敗。當事情變得越來越棘手時，通常會選擇放棄，結果就是除了損失以外，什麼也沒有得到。因此，在你的核心優勢外進行產品開發前，必須確信這是一條你承諾會全力以赴走下去的路，儘管面臨持續的失敗、時間的損失及代價高昂的錯誤亦然。

Google就是這類企業的一個例子，它願意投入大量的金錢和資源來開發企業的新核心競爭力，這意味著企業需要有新的配銷通路、行銷方法、技術及生態系統。這對大多數企業來說是不是一個正確的選擇呢？我的看法是，這絕對不是大多數企業應該做的事。Google是這個世界上少數幾家能夠承受這類高風險博弈的企業之一。

即使對Google而言，這也並不輕鬆。它同時展開數十個專案，從可吸收的癌症檢測藥片，到無人機快遞業務、電力風箏及網路氣球，這些專案大多數都失敗了。以下只羅列Google失敗專案中的部分案例：

- Google 眼鏡
- Google Lively，虛擬實境空間

- Google Answers
- Google Print Ads
- Google Radio Ads
- Dodgeball，以位置為主要訴求的社群網站
- Jaiku，推特的翻版
- Google Notebook
- Google Shared Stuff
- Google Buzz
- SearchWiki
- Knol
- SideWiki
- Google Video
- Google Catalogs
- Google Wave

這份清單還可以繼續羅列下去。

而這裡還沒有包括Google X實驗室，這是一個「射月」工廠，至今在這裡已經有超過一百個專案被扼殺，包括懸浮滑板、太空電梯、飄浮貨機、垂直農場，甚至還有遠距離傳送裝置！儘管有一連串的失敗，但是Google依然堅持嘗試，期望能發展出新的核心競爭力。當然，偶爾還是會有一些專案獲得成功，安卓系統就是其中的一個例子。安卓並不是在一夕之間就成功的，它經歷了多次重複，Google也因此得以將開發行動軟體作為核心競爭力，並且獲得相應的報酬。

打造全新的核心競爭力需要面對的困難是，大多數企業會選擇在靠近核心優勢的區域進行創新。這麼做會比較容易，還能經常獲得報酬。讓我們再回頭看一下耐吉，耐吉在核心競爭力上進行創新已經有很長的歷史，一開始時是華夫訓練鞋（Waffle Trainer），這是菲爾・奈特（Phil Knight）從妻子的鬆餅模具中獲得的靈感，如今公司的創新已經包括六百多項專利與發明，像是氣墊緩衝減震技術（Air Max cushioning）、飛梭適體纖維技術（Flyknit form-fitting fabrics），以及全適應自動繫鞋帶技術（HyperAdapt self-lacing）。這些不斷產生的核心創新讓耐吉成為該領域的世界主宰，而且地位始終屹立不搖。耐吉還持續不斷地入侵關聯性市場，在充分利用核心競爭力的基礎上推出新型運動服飾和運動裝備，然後得到報酬。

Google的最大成功也來自從核心向相關領域拓展過程中的創新，關鍵字廣告是搜尋服務背後的收費引擎；Google地圖則將搜尋擴展到實體世界；Google地球（Google Earth）是在Google地圖上疊加一層又一層的資訊；Google圖書（Google Books）允許使用者搜尋超過一千萬冊書籍；Gmail

和Google文件讓使用者得以交流、創造、分享、儲存及搜尋自己的個人內容；而安卓系統則是把上述的所有服務都搬到手機上。

在此能學到的是，當公司的核心競爭力向外擴張時，成功的機會就可以大幅提升。貝恩顧問公司（Bain & Company）的克里斯・祖克（Chris Zook）和詹姆斯・艾倫（James Allen）針對一千八百五十家公司進行的研究發現，大多數有利潤且持續的成長都是由公司突破核心業務，進入關聯性市場後所帶來的。公司如果能以可重複、可預測的方式來拓展核心優勢的邊界，並且將這種方式化為公式，就能在企業發展上獲得最佳結果。換句話說，你需要具有能持續從核心競爭力區域向外擴張，並且進入相關領域的計畫。

耐吉就始終如一地這麼做，從慢跑擴展到網球、籃球、高爾夫球及橄欖球等運動。耐吉的方

耐吉的策略流程圖

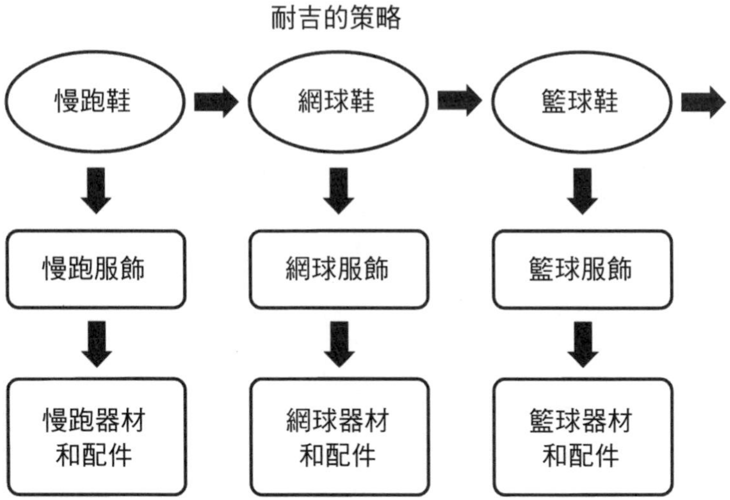

程式是，從最了解的鞋開始，首先在目標市場建立領導地位，然後推出由該項運動的頂尖運動員代言的系列服飾。在高爾夫球市場，公司選擇老虎・伍茲（Tiger Woods）；在籃球市場，則是選擇麥可・喬丹（Michael Jordan）。而後就會陸續推出與目標市場相關的運動器材和配件。這個致勝方程式，讓競爭對手在耐吉的面前黯然失色。

一九八七年，耐吉的營業利潤是一億六千四百萬美元，銳步（Reebok）的營業利潤則是三億零九百萬美元。到了二〇〇二年，耐吉的利潤已經成長到十一億美元，銳步的利潤卻下降到兩億四千七百萬美元。到了二〇一五年，耐吉的收入已經超過三百億美元。耐吉和銳步都在同一市場開始，銳步在起步階段獲勝了，但是耐吉想出如何擴張進入關聯性市場的方法，並且透過系統化地擴張核心優勢範圍，打開新的市場機會。亞馬遜、沃達豐（Vodafone）及戴爾（Dell）都採用這個策略，首先擴張進入關聯性的顧客區隔，導入新的產品線，開發新的配銷通路，然後全面進入在地理上鄰近的新市場。

根據祖克和艾倫的研究，當一家公司嘗試推動新做法時，這個新行動有七五%的可能會失敗。然而，從核心優勢出發向外進行創新的公司，如果使用的是可複製的模式，平均來說成功的機率會提升一倍。這是因為它們能充分利用自己的核心競爭力、流程及專門知識與技術，還能受惠於學習曲線效應和策略優勢。

你要如何才能複製上述的做法呢？一切都源於紀律和專注。不要隨便開始創新，而是要制訂計畫。當你和創新團隊進行最初的互動時，需要詢問他們下述問題：

- 我們公司的核心競爭力是什麼？
- 我們如何才能充分有效地利用核心競爭力？
- 什麼類型的產品能發揮我們的優勢？
- 我們在競爭中有沒有可能獲得不公平的競爭優勢？
- 我們能擴張進入哪些關聯性領域？
- 在未來五年內，我們的計畫是什麼？
- 這個計畫如何與我們的長期願景和使命同步？
- 我們能建構出什麼模式用於擴張進入新的領域？
- 我們如何才能每一次都做得更好？

要邁向成功，你的每一步都必須非常謹慎。大多數成功的執行長不會只關注一個新市場，除非他們確信在幾年內能成為這個市場排名前三的企業之一。在訪談中，祖克和艾倫不斷聽到那些最佳執行長這麼說：「永遠不要讓你的核心業務出現風險。」他們會評估很多不同的機遇，但是每次只會關注其中一個機會，這確保資源不會被分攤或不會分心。

◆一次創新一件事

歐蘭國際（Olam International）就是一個很好的例子，它最初只是奈及利亞乳油木和腰果生產商，以及紳士（Planters）與瑪氏食品（Mars）這類大型食品加工企業的中間商。歐蘭國際找到在混亂的發展中市場向外出口商品的可靠辦法，這個方法成為公司的競爭優勢。而後歐蘭國際開始尋找方法，以便在其他市場上能充分利用這個核心競爭力，擴張進入布吉納法索、象牙海岸、迦納及喀麥隆等非洲各地的市場。

歐蘭國際隨後又將核心產品從乳油木和腰果，擴展到可可豆、咖啡、芝麻及其他產品。每一次擴張，公司都只會改變一個變數，不是產品本身，就是產品產地，而其他則都維持不變。歐蘭國際如今已經成長為十九億美元的跨國企業，顧客包括卡夫（Kraft）、通用食品（General Foods）、雀巢（Nestlé）及Sara Lee。一九九七年至二〇〇三年，歐蘭國際的收入成長了八四%，利潤成長了二八%，資本報酬率成長了三五%。而在這段時間內，歐蘭國際的大多數競爭對手步伐卻沉重而緩慢。

上述得到的教訓非常明確，每次你只需要在一件事上進行創新，弄清楚哪些才是可行的，再繼續進行創新，逐漸擴張你的核心優勢。在Nike+ FuelBand這個例子裡，耐吉在太多的領域中同時進行創新：硬體、軟體、新技術、新的配銷通路等，這就是失敗的原因。

寶鹼的執行長賴夫利（A. G. Lafley）是這麼說的：「複雜性是大型組織的禍根，它扼殺了企業的成長。」在賴夫利的任內，寶鹼出售大部分的食品和飲料業務，如此就能聚焦在核心競爭力——清潔與個人護理產品上，而且在最熟知的領域內推動創新。關注範圍的縮小，讓賴夫利得以重塑寶鹼，同時更妥善運用寶鹼的獨特人才、生產流程及資源，並且增加寶鹼在所有核心業務上的創新。

一九九〇年代晚期，由於佳潔士（Crest）牙膏的銷售量不斷下滑，因此寶鹼推出兩款創新產品，新產品充分利用寶鹼在現有顧客、品牌、行銷架構、配銷及銷售通路上所具備的優勢。寶鹼的創新選擇與牙膏關聯性的領域：牙齒美白和牙刷。佳潔士牙齒美白貼片（Whitestrips）與電動牙刷率先創新，在上市後的第一年內，每款產品都產生兩億美元以上的新銷售額。

寶鹼是從核心業務向外拓展創新的大師，它不斷地尋找和分析關聯性市場，然後提出能夠盡一切可能充分利用寶鹼優勢的新產品創意。賴夫利表示：「當我在二〇〇〇年成為寶鹼的執行長時，正在推出新品牌和新產品，當時這些新品牌與新產品的商業成功率只有十五%至二〇%……今天公司的產品成功率則是在五〇%至六〇%，大約有一半的新產品成功了，這個成功率可以說恰到好處。如果我們想讓這個數字變得更高，即便非常小心謹慎，依然會受到誘惑而犯錯，還會因為出於謹慎，而只關注那些沒有潛力來改變遊戲規則的創新。」

賴夫利所採用方法的另一個好處是，它讓寶鹼的業務在全球茁壯。透過專注在核心業務，寶鹼得以在全球不同地區用更快的腳步進行擴張。今天，寶鹼有四〇%以上的創新來自美國以外的國家，在印度、中國、拉丁美洲及非洲的員工都是整個創新過程的一部分。

寶鹼在推出新產品的同時，還建立市場進入障礙、強大的顧客忠誠度及完善的配銷、行銷和銷售通路，這讓公司可以走得更快、規模膨脹得更大，還能進入全球各地的新市場，同時限制了創新內含的風險。

正如我們所看到的，最優秀的創新者往往立足於他們的核心業務優勢，用分類定義的產品與服務把公司帶入關聯性市場。如果你能做到這一點，就已經明白自己的核心競爭力，創新成功的機率也會因此大幅提升。

第十九章

用對的問題問出靈感

◇◆◇

我告訴那些創辦人，開始時不要在商業模式上花費太多的精力。最重要的任務是，首先做出人們想要的東西。

——保羅．格拉漢姆（Paul Graham），Y Combinator 共同創辦人

當新創企業加入Founders Space時，我會問的一個問題是：「誰是你們的顧客？」另一個問題則是：「你在顧客身上花費多久的時間？」令人驚訝的是，很多新創企業根本沒有花費多少時間在顧客身上。這聽起來有些瘋狂，但是大多數早期的新創企業確實如此，它們可能曾與顧客有過簡短的溝通，但是大多數根本就沒有花費時間來理解顧客的需求。如果說有一件事阻止大多數新創企業的業務起飛，這件事只會是從一開始就缺少顧客參與。

有一個新創企業團隊到Founders Space的目標，

就是將中國的製造商與全球各地的產品設計師加以連接。我認為這是一個很聰明的想法，因為好的設計能幫助一項普通的電子產品在銷售上遠遠超越競爭對手，將製造商與頂尖的設計人才進行媒合的市場是非常有價值的。

問題是，那家新創企業的執行長並沒有在顧客身上花費足夠的時間，她對於自己想做的東西有很強烈的想法，但是這些想法並沒有植基於主要顧客的需求。她是一個設計師，因此很清楚和明白設計師想要什麼，但是對於製造商的需求卻只有非常薄弱的認知，從而阻礙專案進展。我告訴她，她應該盡可能多花時間接觸位於中國的製造商，搞清楚對方到底想要如何與設計師溝通，並且使用能完全模擬這種溝通過程的方法來建構市場。只有做到這一點，她才有希望成功。

正如這家新創企業，你的創新團隊同樣需要離開辦公室走向顧客。大多數工程師與創意設計類人員很高興能不受打擾地專注手上的專案，而且在工作中即使面對真正的顧客也不會主動交流，但這是一個重大錯誤。顧客可能是最佳的資訊來源。如果沒有在一開始就理解那些往往無法明確表達的需求，並且找出顧客尚未獲得滿足的需求，他們將無法設計和製作任何東西。

試想你的顧客是大型購物中心裡的零售商店，在這種情況下，你的創新團隊應該盡可能地多花時間待在那些購物中心裡，與零售商交談並了解他們每天都需要做什麼，沒有什麼比這種實際的經驗更重要的。在這個過程中，你的團隊可以和零售商建立關係、發現他們是如何經營的，並且找出需要改進的地方。如果團隊成員花費夠多的時間進行溝通，有些創意可能就會自行出現，而這些創意也許是之前永遠不會想到的。讀一本書、參加一場會議或指導一次調查，並無法為你帶來這類的知識，只有在現場才能獲得。

我曾經和薩阿德·伊赫桑（Saad Ehsan）在Founders Space共事，他對於如何與顧客溝通有自己的理解。他的創業構想來自於第一份工作，在大學畢業後不久，他在尼夏特（Nishat）獲得一份令人稱羨的工作，尼夏特是巴基斯坦最大的紡織企業集團之一。他原本以為自己很喜愛這份新工作，直到實際工作後，才發覺只是不得不做這份工作罷了，因為他的工作內容只是單調地抓取一些資料，並且填入Excel試算表中。

「我整天做的事，就是不動腦筋地盯著電腦螢幕，直到晚上為止。」伊赫桑說道。這對他來說是一大折磨，這項單調乏味的工作促使他想出一個解決方案。他找到擔任工程師的兄弟，兩人一起開始建立能聰明地把冗餘與重複工作自動化的系統。如果能成功完成的話，這個軟體就能取代他。

最後，伊赫桑在加入這家紡織企業集團四個月後就離職了，他以為老闆會很不高興，因為尼夏特給他另一份更好的工作，但是伊赫桑卻拒絕了。伊赫桑成立了Altomation，而他之前任職的公司最終成為第一個顧客。

無論什麼時候，只要你的團隊看到顧客越來越沮喪，這就是你絕對不容錯過的機會，每一個突然出現的煩惱都是創新的肥沃土壤，是你的團隊需要耕耘的。你應該訓練團隊始終保持敏銳、勤做筆記，並且願意針對任何事展開討論。例如，如果你有五個創新團隊的成員一直待在外面，就應該每週聚會一次，交流經驗、分享學到的東西，並且針對可能的解決方案和機會進行腦力激盪。

聯邦快遞（FedEx）是用來說明顧客參與是如何引發創新的良好例子。聯邦快遞的重要顧客之一是醫院，很多醫院都希望能將活體組織和器官運送給世界各地的病患。這種貴重貨物在運輸途中需要一直保存在某種理想的狀態下，但是如果在運輸途中發生意外，又該如何做出判斷呢？醫生絕對不想移植在運輸時受到損壞的新腎臟。為了解決這個問題，聯邦快遞和外科醫生、病患及醫療設備供應商一起密切合作，想出來的解決方案是利用SenseAware。醫生可以藉此追蹤包裹位置、氣壓、溫度、濕度，以及是否曾暴露在光線下等資料。這個創新讓醫院能夠很清楚地了解這些活體組織與器官在抵達時會處於什麼狀態，這關係到最終能否拯救一條生命。如果沒有與顧客進行密切溝通，聯邦快遞永遠也無法想出這個解決方案。

星巴克（Starbucks）則採取不同的方式，該公司不但鼓勵顧客回饋，還建立一個透明平台。在撰寫本書時，「我的星巴克點子」（My Starbucks Idea）這個網站已經收到一萬一千六百七十七個關於社會責任的創意、兩萬四千零六十三個關於地點和氛圍的創意、兩萬四千兩百六十八個圍繞著隨行卡（Starbucks Card）的創意，以及數量達到四萬六千三百六十八個關於咖啡與濃縮咖啡的創意，這些建議都是顧客透過網路直接上傳到網站，平台會顯示出哪些創意正在被審核、測試或考慮。

星巴克會將最好的創意付諸實踐。例如，為了更能履行社會責任和節能，在店內安裝LED照明。在顧客的明確要求下，該公司和Postmates合作快遞飲料與餐點、在菜單上增加午餐捲餅、推出星巴克生日蛋糕泡芙，全面推廣防溢棒（splash sticks），還引進一些新的咖啡口味。

這些顧客建議與創新之間的緊密整合，已經建立強大的網路社群和良好的顧客感受。在幫助星巴克鞏固並拓展產業領導地位時，這種緊密的關係也顯示出重要性。

◆提出正確的問題

顧客為了增加創新提供創意是非常在行的，但是涉及突破性創新時，就是另一個故事了。亨利・福特（Henry Ford）有一句名言：「如果我問顧客想要什麼，他們會說更快的馬。」賈伯斯也鼓吹道：「顧客的工作並不是知道自己想要什麼。」按照他們的觀點，當所有人還都在騎馬時，什麼樣的顧客才會想到他要的是一輛汽車呢？或是哪些人會回答，他們想要的是一支iPhone呢？事實上，顧客通常都想不出什麼才是有可能的，或者什麼才是最佳的解決方案。

台崎重車在吃過苦頭後才發現這一點。在市場上導入一種創新的個人水上交通工具——水上摩托車（Jet Ski）後，台崎重車詢問顧客想要什麼，顧客回答，想要在水上摩托車的兩邊增加額外墊料，這樣他們站著時就會更舒服了。台崎重車聽到這個要求，與此同時競爭對手沒有就此停止，開發出類似產品，並且在上面安裝座位。猜一猜最後是誰勝出了？台崎重車失去市場主導地位，因為顧客更願意坐著，而不是站著，即使現在的產品已經增加額外墊料。

問題並不在於台崎重車傾聽顧客的要求，而是在於它沒有提出正確的問題。當你詢問顧客想要什麼時，他們會更傾向於描述知道的東西，而不太可能想像完全不同的產品。因此，他們會關注於在現有方案基礎上的漸進式改良，像是上述例子中提到的墊料。為了避免這一點，你的創新團隊在向顧客提問時，應該這麼問：顧客希望這些產品能為他們做到什麼？這不過是對措辭做一些細微的調整，但是結果卻截然不同。

如果台崎重車當初詢問顧客想要的是什麼結果，他們可能會回答：「用一種更舒適的方式來騎乘水上摩托車。」這樣的回答就有可能開啟各種可能性，在兩側增加額外墊料只不過是可能的解決方案之一，而增加一個座椅則是另一個解決方案。

Fashion Metric的執行長達伊娜・彭斯・林頓（Daina Burnes Linton）也上了同樣的一課。當她成立公司時，曾這麼設想，在商店購買服飾時，人們可以對選中的服裝拍一張照片，然後立刻從私人時裝設計師那裡獲得對服裝款式、是否合身等資訊的回饋，這樣一來就不會買錯東西了。當她向朋友和家人徵詢對這個創意的看法時，他們都表示很喜歡這個想法。幸運的是，她並沒有相信，而是回到潛在顧客裡，並且詢問一個開放式問題：「當你購買衣服時，遇到的最大問題是什麼？」讓她驚訝的是，沒有一個人回答覺得難以決定該買什麼，就連一個人也沒有。如果她沒有用正確的方式提出問題，做出來的應用程式就會乏人問津。因此，如何提問和你問什麼一樣重要。

醫療設備製造商Cordis把這個過程提升到新的高度，讓創新團隊先設計「以結果為基礎的顧客訪談」。在訪談中，向顧客提出的問題是他們想要什麼樣的結果，而絕對不會詢問顧客想要什麼樣的解決方案。有一個主持人會引導整個訪談，他需要確保剔除那些指向解決方案的回答。無論何時，只要顧客提出解決方案，主持人就會詢問他們為什麼想要這個解決方案？這個方案能夠為他們做些什麼？

然後Cordis會整理那些結果，去除其中重複的項目，並且對保留的部分加以分類。接著組織調查，由參與者依照滿意度和重要性對這些結果進行評分，最後會用數學方程式來衡量每個結果的潛力。創新團隊取得的結果是極具價值的資料，他們可藉此開發新的產品和服務。在了解顧客想要的是什麼結果後，Cordis開始探索各種不同的產品，並以產品能否提供顧客需要的結果為基礎，針對每項產品進行評估。Cordis消化學到的東西，並且開發出動脈支架。光是這項創新，在兩年後就讓Cordis的營業收入翻倍，股價也急劇上升。

◆向誰提問？

重要的不僅僅是你該如何提問，而是你該向誰提問。很多公司會向進階使用者或領先使用者募集回饋資訊。這些顧客對公司的相關產品有著極為全面的了解，他們是專家，但問題是他們的回饋往往和絕大多數顧客毫無關聯。

泰科（Tyco）旗下的一家醫療器械製造商U.S. Surgical就發現了這個問題。在收到來自進階使用者——一群外科醫生的多次建議後，開發出一組複雜的器械，可以移動和旋轉到多個不同的方向上。公司相信這項產品會廣受歡迎，但是結果卻並非如此。大多數的外科醫生發現，新的器械由於太過複雜，根本就無法使用，而它的再訂購量也低於五％。

這裡得到的教訓是很顯而易見。雖然顧客參與很重要，但前提是你要對正確的人提出正確的問題。閉門造車永遠無法開發出好的產品和服務，所以把研發實驗室與周圍的世界隔絕並不是解答。向顧客詢問他們想要什麼，通常獲得的也只是漸進式改良。想要獲得突破性的進步，創新團隊就需要深入理解顧客的實際需求，即便顧客無法清晰表達出這個需求亦然。顧客參與的程度越深、你對他們越了解，以及蒐集的資料越多，各種可能性就會越清晰地呈現。

第二十章 啟動偵探式的搜查

◇◆◇

我們必須謙卑地認識到：我們並不知道這一切，所以我們沒有資格吃老本，必須不斷地學習和觀察。如果我們不這麼做，那麼可以肯定的是某一家新創企業就會在將來取代我們。

——王雪紅，HTC公司共同創辦人

讓我們來談一下觀察的力量，以及這種力量如何給予創新團隊在其他情形下會被忽視的洞見。在Founders Space裡，我會提醒那些新創企業不要在顧客面前表現得好像無所不知，並且試圖藉此打動顧客。這並不是正確的方法，它們反而應該閉上嘴巴。

我發現觀察顧客的最佳方式之一是，當他們第一次使用你的產品或摸索一項新功能時，你應該站在他們的身後，視線越過他們的肩膀，仔細觀察他們的操作。比較難以做到的是，你必須保持安靜，就算他們向你提出問題，你也不應該回答，只需要點頭示意，並且讓他們繼續說出想要說的就好了。在整個過程中，仔細關注他們正在用你的產品做什麼、他們有什麼樣的體驗，以及他們在什麼地方覺得覺得失望。一定要確保他們能大聲說出在使用你的產品時浮現什麼想法，鉅細靡遺地記錄下來，然後把這些筆記作為你取得的資料。

如果你提供的是軟體、硬體或雲端服務，這類觀察可以作為市場調查、產品預售、產品建立或培訓過程的一部分。你的團隊表面上只是正好在那裡幫助顧客，但是實際上他們可以扮演雙重角色：培訓者和觀察者。用這種方式可以向顧客學習、確認顧客的需求，並且辨識你的產品是否確實像承諾的那樣。

寶鹼的業務橫跨全世界，而且每個市場都有獨特的需求。在印度，寶鹼發現八〇%的人不使用洗衣機。如果情況確實如此，又該如何擴大用於洗衣機的洗衣精市場呢？為了找到解決方案，他們派出一些團隊去觀察大多數的印度人會如何手洗衣物，結果卻讓他們大為吃驚。儘管印度人都會手洗衣物，但卻使用原本用於洗衣機的洗衣精。問題是這些洗衣精經常會導致皮膚過敏、擦傷及灼傷。正是這項觀察，促使寶鹼開發出用於手洗的特殊洗衣精，公司把這項產品命名為汰漬天然（Tide Naturals），是一項真正的突破性產品。

觀察的力量位居創新過程的核心。觀察和學習就是你如何進行創新的過程，但是你一定要避免我所說的「賣方症候群」（seller's syndrome）。這種病症發生在，你的創新團隊不僅不再傾聽顧客的聲音，反而啟動了銷售模式。他們的任務已經變成獲取顧客對現有解決方案的肯定，而不是繼續觀察與學習。我曾不只一次看見這種情況。新創企業的創辦人不再傾聽顧客在說什麼，反而極力說服顧客，他們的產品提供最佳解決方案。他們甚至會直接略過那些負面回饋，只關注證實他們信念的說法。這樣的行為只會阻礙創新團隊的進步，而且這種做法不過是在原地踏步，根本無法看見前方到底發生什麼事。

你的創新團隊必須明白，創新並不等於你能想出什麼高招，創新更像是當偵探：蒐集證據、與顧客面談，並且把隱藏的真相拼湊在一起。頓悟和上天賜與的靈感很少會導致創新。真正有用的是發展觀察技巧，包括學習如何傾聽、提出正確的問題、找出如何才能取得所需資料的方法，並且正確地分析這些資料。

迷思 你可以一眼看出獲利機會

大多數剛剛生下來的小孩看起來都很醜，而對於那些新的創意同樣也是如此。你通常無法一眼就發現致勝可能，除非事情已經變得更明朗化了。卡蘭尼克並沒有在一開始就看到Uber的全部潛力；安德魯·梅森（Andrew Mason）當時駁回Groupon

的創意，即便他的投資人不斷提起這個想法；Slack的史都華・巴特菲爾德（Stewart Butterfield）在剛開始時完全忽視了企業簡訊市場的潛力，直到他的第二個遊戲失敗後，才接受了這項建議。

在一般情況下，團隊的一些早期設想和創意可能都是錯的。如果你的團隊想要在探索中獲得成功，這是必須面對的現實。你的工作是讓他們明白，能夠坦承自己的天真和無知，並且致力於不斷發現的過程是一種智慧。以下羅列一些很好的策略，可以用來磨練一個人的觀察與提問能力。

首先，放慢節奏。你最好、最有效率的團隊成員往往是那些在一個又一個任務之間不斷衝刺的人，他們總是想要儘快把事情做好。這對工作效率的提升是一件好事，但卻不利於學習。所以，你應該確保團隊成員在必要時能夠放慢腳步，觀察周圍正在發生什麼事、提出問題，並且與同事和夥伴溝通，這能讓他們蒐集到在平時忙碌中可能會忽略的豐富資訊。

接下來的策略是，讓團隊成員暫時放下正在思考的問題。有很多高智商的人會極度沉迷在自己的思維之中，拒絕與外面的世界進行交流。你需要幫助團隊暫停過度活躍的想像力，並且花費一些時間來研究周遭的世界。要讓他們練習傾聽，而不是談論；培養團隊成員提問的習慣，而不是提出問題的答案。雖然聽來容易，但是對有些人來說卻極為困難。

被動傾聽是需要培養的藝術。光是仔細傾聽還不夠，如果你的團隊成員在傾聽時坐立不安、在傾聽中玩手機，或是在錯誤的時機打斷對方的談話，你想獲得的結果可能就會被這些行為所扭曲。最好的傾聽者會訓練自己如何在不讓談話對象分心的情況下聆聽。心理分析學家是運用這個技巧的大師，而談話節目的主持人也是被動傾聽的專家。在合適的時間，簡單地輕輕點頭、挑眉或不出聲，好的傾聽者能夠藉此鼓勵談話對象說出在其他場合下不會透露的資訊。

能夠意識到自己缺乏信心是很有幫助的。當團隊成員擔心其他人的看法時，就會停止傾聽，他們可能正在擔心自己的妝容、衣著或是上週對某人說過的某句話；他們可能還會因為心中過度不安，而不由自主地想要表現自己，讓自己顯得是房間裡最聰明的人。這些症狀都會阻礙你的觀察，你需要幫助團隊成員在門口就放下自我，專注於當下的問題。重要的是他們能學到什麼，而不是別人會對他們有什麼評價。

在觀察時隱藏你的意圖也很重要。你的團隊不能明顯地表現出正在尋找什麼的態度。如果他們不能做到這一點，其他人很可能就會有意無意地做給他們看。大多數的人都想要幫上忙，如果他們感覺到你的創新團隊正在尋求某個問題的答案，那麼無論正確與否，他們都會替你想出一個答案。取悅周圍的人是人類的天性，所以你要小心，不要用任何無意識的偏見來汙染整個實驗。這意味著善於觀察並不只是提出正確的問題和傾聽，還關係到你提出的問題該如何措辭，以及如何引導整個觀察過程。

用一種很隨意的方式，並且在不是刻意安排的時段來詢問一些重要的問題，是減少偏頗的一種技巧。在觀察一些人的實際工作時，你的團隊不應該凝視他們或是加以干涉，而是應該把他們當成牆上的一面廣告旗幟。他們越沒有注意到有人在觀察自己工作，這些觀察獲得的資訊也就越精確。你或許可以讓團隊成員選修一門關於民族誌學者如何觀察外來文化的課程或是閱讀這方面的書。在整個過程裡，你的團隊做的任何事都會對蒐集的資料產生影響。

讓我們再來看一下寶鹼。當它在墨西哥推出Ariel Ultra洗衣精時，確信這種新洗衣精會擊敗市場上的所有對手，因為它具有以前產品兩倍的洗淨力，價格卻只有原來產品的一半，還只占原來產品一半的空間。這樣的產品難道還不能讓人滿意嗎？在詢問顧客這是否就是他們想要的產品時，它獲得極高票數的正面回應。所以，當這款產品最終失敗時，公司震驚了，怎麼可能會發生這樣的事呢？它沒有做錯任何事。

因此，只是簡單提問還不夠。如果光從表面來看，某樣東西確實相當不錯，這時候大多數的顧客都會這麼說：「是的，我喜歡這個主意！」但是，這並不意味著這樣東西就是他們真正想要的。在這款產品退出市場後，寶鹼採取另一種做法，嘗試用悄悄從旁觀察的技巧，在沒有任何資訊輸入和人為干預的前提下，觀察顧客在日常生活中如何使用寶鹼的產品。公司的目標是找出顧客行為背後的心理學：顧客是如何感受寶鹼的產品？是洗衣精裡的什麼因素，讓顧客感到產品的好壞？他們現在使用的洗衣精符合期望嗎？

然而，獲得的資訊卻讓寶鹼非常驚訝，因為顧客並不喜歡Ariel Ultra洗衣精的新特性，因為大多數人把洗衣精的用量等同於洗淨力了。另外，新產品Ariel Ultra無法產生他們原來已經習慣的泡沫量，這一點又強化了他們的擔憂，也就是衣物並沒有洗乾淨。為了回應這種現象，寶鹼推出唐尼單次洗淨（Downey Single Rinse），這款全新產品可以用更少的洗衣精產生更多的泡沫，讓顧客節省時間、金錢及儲藏空間，同時在視覺上向使用者保證這款洗衣精能洗淨衣物。

這款新產品不但成為熱銷商品，還讓寶鹼得到一次教訓。顧客不一定總是能告訴你，他們想要什麼，所以你應該仔細觀察和深入調查，並藉此來理解他們的心理、感受及需求。

◆什麼才是真正重要的？

你的團隊應該訓練自己尋找真正重要的東西，這意味著他們要先理解面臨的問題，並且能經常精心安排一些場景。在這些場景裡，他們能揭露在顧客的腦袋與一些看不到的地方發生了什麼事。要成功做到這一點，你的團隊需要事先討論與計畫要如何聯繫顧客，並且明瞭需要蒐集哪一類資料。對他們來說，只是和顧客在一起還不夠，而是需要找到一些方法，也就是如何才能成為顧客決策過程的一部分、如何才能取得顧客可能會認為是屬於專利技術的關鍵資訊，以及如何和顧客共同建立互信和開放關係。

建構開放和互信關係的一部分是，你的團隊應該與顧客成為好友。你的團隊不應該只是關注結果，還需要對這個公式中人性化的一面也予以關注，建立那樣的聯繫會比只是讓個人的觀察技巧變得完美更加重要。如果你的創新團隊想要接觸到顧客的目標、欲望及真正關注的問題，就需要開放心胸。團隊中的不同成員可能會有不同的技能，有些人可能對於提出正確的問題非常在行，其他人可能在分析上極為出色，還有一些人則可能擁有某種魔力，能讓其他人很自然又舒適地談論事情。這些類型的組合讓團隊中的每個成員都能充分利用優勢，並且產生出色的結果。

反思是這個過程的另一部分。花時間仔細思考一些細節，常常能發現人們曾說過的話與做過的事背後所隱藏的含義。在每一次觀察活動結束後，要讓你的創新團隊靜靜坐在一起，並且反思剛才的經歷。夏洛克．福爾摩斯（Sherlock Holmes）被描繪成為抽著煙斗，在所有蒐集到的事實前沉思，以尋找可能線索的人，這樣的描寫絕對不是偶然的。我不會建議你抽菸，因為抽菸有害健康，但是你的團隊成員也許可以聽聽音樂、躺在搖椅上，或是出去散步。我有很多最佳創意是在淋浴時想出來的。一些能讓你的思想開闊，並且思考一些問題的簡單活動，非常適合你把一些點連成線，構想出創新的想法。

大聲談論是把很多看似隨機的資訊碎片拼湊在一起的另一種方法，你應該讓團隊成員針對所學到的東西展開積極討論，每個人可能都會有一些不同觀察得來的事實，或是解釋這些事實的獨特方法。培養一種開放且友好的對話，同時確保在這樣的對話裡沒有人會試圖主導或是向其他人推銷想法，這樣的對話就是把原始的觀察塑造成有意義資料的最佳方式之一。有了這些資料後，你的公司就可以展開行動了。

最後，你的團隊聽到與看到的，都將會成為開啟下一次創新的關鍵。

第二十一章
超越團隊的突破性合作

◇◆◇

在以色列這個缺乏自然資源的土地上，我們學會重視自己國家最大的優勢：我們的頭腦。

——西蒙·裴瑞茲（Shimon Peres），以色列第九任總統

當我為大企業與新創企業進行諮詢時，會清楚地說明創新絕對不會只發生在企業中的某個地方，創新會發生在整個生態系統裡。把創新團隊送到顧客那裡，不過是整個拼圖遊戲中的一塊而已，你還需要將團隊送到策略夥伴、通路夥伴、銷售商、供應商、政府機構、製造商及配銷商那裡。你應該詢問自己一些問題，像是我們讓誰變得更富有？我們讓誰變得更具創新力？誰對於我們的生態系統才是至關重要的？

以供應商為例，他們可能看似只是在賣東西給你，但是如果那些東西對你的業務至關重要，花費一些時間和他們一起創新，肯定會帶來好處。如果你正

在製造的產品需要供應商所生產的零件，讓對方明白你是如何使用他們的產品，以及你對他們產品的真正需求，這些資訊也許能幫助供應商想出更好的設計方案。

讓你的創新團隊與合作夥伴攜手合作，促進彼此溝通、知識交流及共同為將來制訂計畫，你就能在競爭中獲得非常巨大的優勢。最新的研究指出，一家公司取得成功的關鍵，不僅在於擁有傑出的人才和尖端技術，生態系統也在其中發揮很大的作用。當企業和關鍵合作夥伴共同為顧客提供更多的價值時，出現重大突破的可能性也就越大。

迷思　只有創業者才能進行創新

人們普遍認為，創業者擁有某種大企業無可比擬的超級能力，這絕對不是真的。幾乎所有的企業，無論是大企業或小企業，都有很多非常有才能且具有創造力的人才，他們只是需要一條能發揮的途徑而已。蘋果、Google及亞馬遜都是大企業，它們都產生了一些二十一世紀最重要的創新。

我曾一起共事的一家新創企業想出這麼一款產品，該產品使用類似Google眼鏡的那種頭戴式光學顯示器，讓倉庫管理過程中的撿貨流程得以最佳化。當時整個創意還處於概念階段，但是這家企業的創辦人是利用所在生態系統的大師，他們意識到這些設備的製造商，像是Google和愛普生（Epson），想要銷售他們的硬體，而銷售硬體的最佳方式是擁有引人注目的軟體。藉由從一開始就把合作夥伴導入創新過程，他們被引薦給一些擁有巨大潛力的顧客，包括豐田汽車（Toyota）、特斯拉公司、沃爾瑪（Walmart）、輝瑞（Pfizer）和思愛普（SAP），當時他們甚至尚未做出可行的原型。這家除了一個創意以外，其他什麼也沒有的小小新創企業，最後獲得幾家大企業資助，得以開發原型。在此之後，他們很快又從創投資金與企業投資人取得一百五十萬美元的融資。如果他們沒有好好利用自己的生態系統，這樣的事是絕對不會發生的。

特斯拉公司是另一個利用生態系統的良好案例，它已經做到很多專家認為是不可能的事，就是建立一家全新、可以和所有老牌汽車製造商競爭的汽車公司，競爭對手包括福特汽車、戴姆勒（Daimler）、通用汽車（General Motors）、豐田汽車、福斯汽車（Volkswagen）等。特斯拉公司是透過建立自己的創新生態系統來做到這一點的，這個生態系統包括汽車零件供應商、電池專家、軟體和硬體開發商、製造商、設計師等。正是這個生態系統讓特斯拉公司在電動汽車市場中占據領先地位，光靠自己單槍匹馬是不可能做到的。

例如，為特斯拉公司的Model S車生產皮座椅和其他零件的澳洲企業Futuris，就遷移到靠近特斯拉公司的廠房，讓兩家公司得以一起進行創新。「供應鏈的在地化，以及就位於特斯拉公司南方十英里處，實在是太棒了。」Futuris的總經理山姆·科格林（Sam Coughlin）說道：「我們能快速做出反應，而且工程師一直在和特斯拉公司的人一起工作。」正是這種密切的合作讓特斯拉公司顯得與眾不同。

Eclipse Automation是一家專為製造設備提供測試服務的加拿大公司，它也在特斯拉公司旁開設維修車間與工程辦事處。「我們在灣區有幾個顧客，但特斯拉公司是我們決定在這裡建立辦事處的主要驅動因素。」總經理傑森·巴斯奇（Jason Bosscher）說道。特斯拉公司的開放性和積極參與合作的姿態，在某種程度上讓同在生態系統裡的合作夥伴都獲益匪淺，這又進一步促使特斯拉公司能夠更快獲得創新成果、更聰明地做出決策，並且在許多突然崛起的汽車製造商失敗之處獲得成功。

◆超越你的生態系統

有些公司又把這個概念向前推進一步，它們走出了自己的生態系統，並且開始接觸之前從未碰過，或是從未有過任何業務往來的新人才。「圍繞著你的公司建立創新生態系統是不夠的，因為你能認識的也就只有那麼幾個人。」西北大學（Northwestern University）克洛格商學院教授墨罕伯·梭尼（Mohanbir Sawhney）指出：「在你的創新生態系統內，你接觸的範圍是有限的，而且企業的視野通常來說也是有限的，因此需要來自第三方或中介機構的幫助，這些機構可以在企業和創新者之間建立聯繫，並且充分發揮它們的潛力。」

ＩＢＭ也採取相同的做法，透過建立「創新腦力大激盪」（Innovation Jams）這個平台，匯聚十萬個參與者把握各種機會和解決相關問題，其中有很多參與者之前從未和ＩＢＭ合作。事實上，你最需要的人才往往既不在你的公司裡，也不在你的人脈圈內，他們擁有的專業知識能讓你的企業更上一層樓，但是你需要給他們一條途徑，讓他們能夠參與，並且與你的公司展開合作。

InnoCentive建構了一個創新市場，這是另一個針對這項需求的平台。在這個平台上有超過二十五萬名來自兩百多家企業的科學家註冊，他們將透過這個平台幫助不同企業解決遇到的問題。這些科學家不只因解決重大問題而獲得認可，也得到金錢上的回饋。InnoCentive在過去十五年間，已為兩千四百則最佳解答付出超過四千八百萬美元的報酬。

「你能想像手上擁有二十五萬名博士的人才庫來為你解決問題嗎？」梭尼問道。很多參與的科學家已經退休，或是來自新興市場，或是在全世界各地的實驗室工作。對他們來說，這是一個能讓他們興奮的挑戰和賺錢的機會。例如，當網飛利用InnoCentive這個平台來改進它的推薦演算法時，猜一猜是誰在平台上做出回應？是ＡＴ＆Ｔ實驗室，它們的科學家最後解決那個問題，並且贏得獎金。

在InnoCentive平台上貼出的懸賞問題，通常是已經被徹底放棄的專案。這些專案也許在企業內部早已不可能獲得解決，但是根據InnoCentive的資料，懸賞問題獲得解決的成功率在五〇％左右，這就顯示向企業外部尋求答案這個做法的力量。那些看似非常棘手的問題能獲得解決的根本原因是，那些難題對局外人是開放的，這些局外人擁有發出懸賞的企業所欠缺的獨特經驗、觀點及專業知識。「從那些獲得解決的問題中，你可以看到某些有趣卻不是很明顯的不同產業間的聯繫，原因是你接手處理的問題，並不是自己領域內的問題。」梭尼說道。

◆讓合作夥伴參與

當企業沒有讓所有必須參與的合作夥伴加入專案時，無論它的技術有多麼新穎，結果往往是令人沮喪的。以電視機市場為例，在一九九〇年代，飛利浦（Philips）、索尼（Sony）及其他公司共同投資數十億美元，開發具有突破性影像品質的電視機。然而，它們的電視機未能真正大受歡迎，原因是當時還沒有合適的生態系統讓合作夥伴都參與其中。儘管當時的電視機已經採用最先進的技術，但是由於缺乏訊號壓縮技術、廣播標準及廣播電視製作設備，導致最後實際播出時影像品質較差。有時候只擁有出色的、鶴立雞群的產品還不夠，企業還需要在早期導入合作夥伴，以生產建立完整的生態系統所必需的額外要素，並且為顧客提供價值。

在這個方程式中，甚至連競爭對手也可能是不可或缺的。對於真正的突破性創新產品，常常需要有多家公司的優勢和特有資源才能提升消費者的關注程度，開拓出全新的市場，並且驅動市場的需求。正是出於這樣的考量，所以絕對不要自動地把競爭對手從潛在的合作夥伴清單裡去除。分享創意並一起合作可能是創造出全新市場的關鍵。任何市場的先行者通常都會犯下的錯誤是，在涉及標準與生態系統的某些關鍵環節上放棄和他人合作，在這種做法的背後，那些先行者考慮的是如何利用自己的專屬技術與專利來排除將來可能會出現的競爭。但是實際上，這種做法本身可能就會扼殺即將浮現的產品類別。

你的目標不應該是防止其他人了解你在做什麼，或是從你正在做的事情上獲益，保密絕對不是你強而有力的盟友。相反地，你應該分析整個生態系統，確認需要讓誰來參與這個過程，並且和對方展開合作，一起把餅做大，唯有如此，各方才能從中獲益。換句話說，如果你不能為創新合作夥伴帶來更多的財富，就無法建立創新生態系統，只能自己單打獨鬥，但是這樣一來也會變得更加困難。

以下是你從一開始就需要問自己的一些問題：

- 誰是我們最優先的合作夥伴？
- 我們需要引進什麼類型的合作夥伴？
- 他們在和我們的合作中可以獲得什麼？
- 我們如何幫助他們獲得成功？

- 與競爭對手的合作能讓我們獲益嗎？
- 沒有這些人的參與，整個市場看起來會是什麼樣子？
- 我們過去是如何成功找到那些合作夥伴的？
- 我們有哪些地方做對，又有哪些地方做錯了？
- 我們能做些什麼來培育參與式創新？
- 有哪些不同的方式可以落實創新合作夥伴關係？
- 我們如何確認和酬謝創新合作夥伴？

◆內部生態系統

除了把目光轉向公司外部之外，你還應該把創新團隊送到企業內部的不同部門與群體中，包括行銷、製造、物流、研發、銷售、採購、財務及會計等部門。任何企業成長到一定程度後，日常運作就好像有很多個獨立的單位，而不再是凝聚在一起的整體。有很多單位會因為地理區域、語言、文化、焦點、專業領域和功能而被分割。你對待這些部門的方式，就應該和對待外部合作夥伴一樣，不能期望當你需要他們時，他們會立刻跳上你的船。因為讓他們參與需要時間、精力及事前的計畫。

這不是一項容易的任務，特別是有些部門已經習慣像是在自己的小領地裡活動一樣，或許並不想參與創新團隊的專案，而你將不得不盡力向它們闡明參與的好處。一種方式是，把公司內部的各個部門視為外部合作夥伴或顧客，你的創新團隊應該傾聽它們的需求、向它們學習，並且一起想出問題的答案。你的目標應該是將創新團隊嵌入公司的重要部門，並且給予他們一定的自由來發現問題、找到解決問題的方案，並且在整個公司裡建構創新文化。

以公司的人力資源部門為例，我們假設你在留住員工上出了問題，最優秀的員工只要被競爭對手挖角，就會立刻跳槽。為了處理這個問題，你建立一個創新團隊，團隊成員是由來自人力資源部門和公司其他部門的二至八個關鍵人物所組成。透過將這個創新團隊嵌入人力資源部門裡，你開始發現問題的過程。

很自然地，你的創新團隊不應該把所有的時間都花在人力資源部門，他們應該走出去和公司的員工接觸，傾聽他們的想法，觀察他們是如何工作的，最後向他們提出正確的問題。透過觀察與開放式討論，他們或許能找出為什麼有些員工不開心、為什麼有些員工離職，而有些員工卻留任，以及人力資源部門該如何更積極地回應。透過這個過程，你的創新團隊將找出可能持續惡化的問題，並提出可以進行嘗試與測試的解決方案。隨著時間的流逝，如果你看到員工留任，而且士氣也獲得提升，就會知道哪些改變是有效的；如果沒有出現變化，你就需要繼續重複。

事實是大多數的內部創新團隊能帶來的也只是微小的漸進式改良，並不會為整家企業帶來徹底的轉變。但是，這些小改變卻能讓你的企業明顯更有效率和富有成效。就算這些內部的創新沒有帶來大改變，但這些小改變的累積，也能讓你的企業在競爭中獲得巨大的優勢。內部創新的美好之處在於，它們幾乎是無法複製的，對你的競爭對手來說，複製市場上的產品相對容易許多，但是要複製組織的內部流程，即便不是不可能，也將會極為困難。

讓創新團隊融入內部與外部的整個生態系統，需要付出很大的努力，因此你或許應該從幾個部門和少數的合作夥伴開始，然後以此為基礎進行擴張。時間與金錢上的投入，肯定會為你帶來回報。請記住，只需要一、兩項微不足道、恰到好處的創新就足以開啟一條全新的業務線，或是徹底瓦解，或是轉變現有的業務。有更多的團隊在生態系統中活躍，你也就有更多的機會去發現和突破。另外，可能並不是某項單獨的創新，而是跨越多個部門、多個合作夥伴的多種不同創新整合在一起的效果，最終才能讓你的企業起飛。

第二十二章

檢驗你的創意，強化你的直覺

◇◆◇

沒有資料，你不過只是另一個持有這個觀點的人而已。

——愛德華．戴明（W. Edwards Deming），作家

想要創新，蒐集資料是不可或缺的。你需要做的是，實際證明某項表面看起來可能很棒的創意在現實中也是很棒的。我曾參與很多新創企業的簡報提案，而我可以告訴你的是，你常常根本無法判斷，某項聽起來可能改變這個世界的創意在現實中是否真的能改變什麼，更不用說要改變這個世界了。

當你經過深入探究後，很多非常有前途的創意最終卻顯露出它們只不過是一枚啞彈而已。只需要一個被忽視的資料，就像你忽視那些在海面下的冰山一樣，它就能立刻讓你沉船。如果你想讓專案避免遇到像鐵達尼號那樣沉船的命運，就需要讓創新團隊從第一天起就留意觀察相關資料。資料是很關鍵的，沒有資料，你的團隊談論的不過只是胡亂的猜測，而且不

可避免地會浪費大量時間與金錢。

我曾經指導一家製作全新類型遊戲的新創企業，使用者可以在這個遊戲裡自行建立內容。公司的創辦人一直告訴我，在他們的遊戲中有哪些獨特之處與創新，但是當我要求資料時，事情就變得很清楚了，他們的顧客留存率和使用者參與程度評估指標都非常淒慘。他們是不是真的做出有史以來最具創新性的遊戲已經無關緊要了，因為使用者並不想玩，數字絕對不會說謊。最後，我告訴他們放棄這個專案，並且重新開始。這根本就行不通，你不可能和資料爭辯。

葛瑞絲·吳（Grace Ng）開始初次創業的故事，是關於資料衝擊的另一個案例。她的基本構想是讓使用者以視覺圖像的方式來了解這個世界，他們可以透過在社群網路中分享視覺圖像的方式來提問或搜尋答案，而無須在Google的頁面上輸入文字進行搜尋。葛瑞絲之前有廣告代理商的職業背景，因此堅信品牌就是一切。在推動專案之前，她花費六個月的時間製造、測試及讓新服務更加完善。她希望所有的東西都是那麼完美和漂亮，但是在推出這項服務後，卻幾乎沒有使用者。她無法理解原因，為此採訪一些潛在使用者，並且很快就發現沒有人在乎她提供的這項服務，顯然她解決的問題實際上並不存在。要是她能夠更早知道這一點，就能省下辛勤工作的六個月。

葛瑞絲重新回到原來的出發點，然後想出另一個創意，她打算推出幫助新創企業創辦人獲取使用者經驗（User Experience, UX）與使用者介面（User Interface, UI）回饋的服務。當時還沒有人提供這樣的服務，而這看起來像是真正需要解決的問題。這一次，葛瑞絲並沒有直接動手開發產品，而是先安排與顧客接觸並蒐集資料。透過訪談，她發現目標顧客中有六〇%對這項服務表現出強烈的興趣，因此下一步需要資料來判斷他們是否會願意付費使用這項服務，所以葛瑞絲建立臨時應急的頁面，她在頁面上描述相關的服務，然後加上購買按鍵。在將流量導入這個頁面後，她在幾個小時內就取得十筆訂單。中大獎了！這一次是真的。

葛瑞絲需要知道的第三件事是，供應商那邊是不是同樣沒有問題，所以開始接觸一些有經驗的使用者經驗與使用者介面設計師，詢問他們是否會想要一些新的顧客。她當時確信他們會這麼回答：「是的，絕對需要！」誰不想要有更多的顧客呢？但讓她驚訝的是，有經驗的使用者經驗與使用者介面設計師對這個創意沒有表現出激動的情緒，因為他們對挑選客戶是非常挑剔的，他們喜歡事先仔細審核每個新顧客，而且只會選擇其中最好的。走進死胡同了嗎？不完全是。葛瑞絲在訪談中發現，當這些設計師剛開始工作時，非常迫切地想要有新顧客。這對她的雙邊市場來說是極為關鍵的資訊。她意識到目標群體應該是那些剛入行不久的使用者經驗設計師，他們尚未真正建立自己的聲譽，因此想要獲得更多的顧客。

甚至在有了這些資料後，葛瑞絲也沒有立刻開始建構這項服務，她反而採用電子郵件的方式人工媒合這項服務，把那些需要使用者經驗與使用者介面回饋的顧客，和使用者經驗設計師連結起來。藉由這種方式，她能確切地看清楚整個流程是如何運作的。她想知道顧客需要從使用者經驗設計師那裡獲得什麼類型的回饋，回饋資訊是圖像、文字或語音？設計師喜歡如何展開工作？以及促進這種類型溝通的最佳方式是什麼？葛瑞絲知道在開始設計這項服務時，就會用到這些資料。當她發現自己已經無法繼續處理整個工作流程時，就撤除了頁面，並且開始分析發現的所有問題，然後動手建立正式的網站。葛瑞絲得到的教訓是，儘早且盡可能多地蒐集特定顧客的資料是開發產品最有效的方法。葛瑞絲現在身為精實創業機器（Lean Startup Machine）的共同創辦人，教授精實創新的方法論。

蒐集資料的另一種方式是，透過觀察宏觀趨勢。當賈伯斯推出iPad時，他很有信心這會是一項引起轟動的產品，不僅僅因為這是一款漂亮的產品，更因為調查資料站在他這一邊。在二〇一〇年皮尤研究中心（Pew Research Center）發布的一份研究報告中有這樣的資料：四〇%的美國成年人利用行動裝置無線上網，而在二〇〇九年才只有三二%。但是，如果再加上筆記型電腦的使用者，就會是五九%的美國成年人。賈伯斯早就意識到人們想要比使用筆記型電腦或小筆電更優雅、自然的方式來瀏覽網路，此時iPad就是對這個需求的回答，那些資料和趨勢只不過強化了他的直覺。

Dropbox是另一個例子。創辦人用了三分鐘的簡單講解影片作為開始的第一步。在影片中展示計畫將要提供的一些功能，結果是在一夜之間就有了七萬五千人註冊，這些事都發生在他們有真正的產品之前。這個小小的測試足以證明，他們的企業肯定能夠起飛。

迷思

創新就是技術創新

很多公司認為想要成為贏家，就需要在新技術的研發上投入數百萬美元。他們擁有用途廣泛的實驗室，以及裝滿技術專利的檔案櫃，但是這些專利中就只有極少數才會被投入實際的應用；甚至就連那些已經被投入產品開發中的專利，也常常以失敗告終。我曾經和一些世界上最大企業的研發部門負責人進行細緻交流，他們坦承，對新發明的商業化現在已經變得越來越困難了。這個世界向前邁進的步伐是如此之快，每當他們向市場推出一款新產品時，常常已經太晚了。

◆如何蒐集資料？

正如你從前面的例子中能夠看到的，有很多種不同的方式可用來蒐集有用的資料以驗證一個新的商業概念。以下會描述一些最有效的方法。

Google關鍵字工具

Google的關鍵字工具是了解顧客對你的產品需求程度的一種快速又簡便的方法。用搜尋與你產品相關的多個關鍵字作為開始，Google可以明確地告訴你，針對這些不同的關鍵字，每個月實際發生多少次搜尋。如果沒有人搜尋和你計畫提供產品相關的關鍵字，也許還不存在著相關需求。

Google搜尋趨勢

Google搜尋趨勢（Google Trends）可以為你提供更多的資料，對你的產品創意進行搜尋，就能看到這裡的每個關鍵字在過去幾年內的搜尋量。搜尋量的發展趨勢是向上或向下？需求曲線是波動，還是比較平坦？在需求曲線上是否會有突起的尖峰？是什麼引發了這些需求的突起？這些都告訴你，在著手展開業務前需要知道的資訊。

朋友和家人

大多數人率先會想到的是朋友和家人。這很容易理解，因為從朋友和家人那裡蒐集資料並獲得回饋是最容易，同時也是最方便的途徑。但要小心的是，來自朋友和家人的資料可能會出現某種偏差。試著問自己，你的朋友和家人是否確實是你的目標市場。如果不是，向他們諮詢意見更有可能帶來的是壞處，而不是好處，你應該不會以一些沒有什麼價值的資料為基礎來做出決定。另外，由於他們太了解你，因此可能無法給予沒有偏差的建議。我的建議是你可以略過他們，尋找想要接觸的真正顧客。

顧客訪談

《創業者手冊》（*The Startup Owner's Manual*）的共同作者史蒂夫．布蘭克（Steve Blank）很喜歡說的一句話是：「在一家新創企業的辦公室裡是不存在客觀事實的，有的也只是個人觀點而已。」他的意思是，你必須走出去和顧客進行交流，因為顧客訪談是最好的方式。只是你要小心，不要提出具誘導性的問題。這就需要你非常嚴格地分析提出的每個問題，確保都是開放式問題。

- 你目前面臨最迫切的問題是什麼？
- 你用什麼產品去解決這個問題？
- 你覺得目前的解決方案如何？
- 這個解決方案有什麼令你不滿的地方嗎？
- 你希望如何改善當前的解決方案？
- 如果我們推出這樣商品，你願意出多少價錢購買？
- 你會向誰推薦我們的商品？

- 為什麼我們的商品對你很重要？
- 如果可以提早獲得商品，你願意事先預購嗎？

部落格和社群網路

像部落客（Blogger）、臉書、推特及微信這些部落格平台與社群網路是你展示創意、讓顧客參與、蒐集回饋和資料的極佳方式。事實上，關於本書的書名，我也是利用上述這些管道來蒐集所需的回饋。在使用社群網路時，一定要確保瞄準正確的目標客群。例如，如果你的目標客群是青少年，照片分享網站Pinterest可能就不是最合適的社群網路，用Twitch或Snapchat的效果可能會更好。

分析競爭對手

在Founders Space，我總是督促那些新創企業花費更多的時間來觀察他們的競爭對手。你也許會驚訝地發現，競爭對手可以為你提供大量資料。請確保你的創新團隊一定要花足夠的時間在競爭對手的網站上，那可能會是資料的寶庫。首先，你的競爭對手是否賺錢？如果沒有賺錢，又是為什麼？如果他們所有的事情都做對了，但卻沒有像野草般地瘋狂成長，你憑什麼認為自己能成功呢？

接著，你需要注意的是競爭對手是如何定位業務的，他們用什麼方式來描述產品？他們對顧客做出什麼承諾？他們是如何訂價的？這些資料及更多其他的東西都可以在大多數網站上取得。但是不要只盯著他們的網站，去看看他們在臉書的首頁、推特上的簡介，以及部落格。讀一讀所有的貼文、推文，還有你能找到的所有留言。他們的顧客在說什麼？他們喜歡那些產品嗎？有什麼東西讓他們感到失望？顧客整體而言是否活躍？

線上商店同樣能為你提供深刻的洞見，觀察一下競爭對手的產品是如何陳列的，閱讀一下所有的使用者評價和綜述。如果顧客對品質或服務感到不滿，對你來說就是機會。盡可能地將這些資料分類，並且組織為有意義的統計圖表，這樣你就能展開分析，並將這些資料和其他競爭對手的同類資料做比較。

前往對大眾開放的公共檔案中查詢、挖掘關於你的競爭對手盡可能多的資料。這就像你登入WHOis.net網站，然後查詢他們是在什麼時候登記註冊公司網址一樣簡單，或是你也可以簡單在網路上查詢媒體評論或新聞稿，看看他們是在什麼時候第一次推出或發表新產品的。如果你的競爭對手是一家新創企業，查查它是否已經調整公司的發展方向，找一下它之前是在哪裡刊登廣告的。這些都可以告訴你，它的目標顧客是誰，以及它如何行銷產品。

你在早期能蒐集到越多資料越好。在你放上一個登陸頁面、建立原型或是花費更多的時間與顧客溝通之前，盡可能多蒐集資料。也許你最終會發現，實際上並不是真的想要從事這個特別的產業或開發那項新產品；又或許你已經確信自己有做這件事的更好方法，而這種方法又是競爭對手尚未發現的。

登陸頁面

登陸頁面通常被用來在產品還處於開發階段時獲得郵件位址，但這並不是登陸頁面的最佳使用方法，蒐集有價值的資料才是登陸頁面更好的使用方式。你可以這樣設計登陸頁面，它們看起來就像是完整的網站，顧客在頁面上可以實際下訂單、提出建議或展開討論，這一切甚至可以在你的產品尚未構思完畢前就能做到。這讓你得以測試一些的關鍵設想，並且對每個設想蒐集相關資料，包括：

- 顧客對這個想法的參與有多深？
  例如：製作一支影片，並分析顧客是否曾頭到尾把它看完。
- 顧客想購買你的產品嗎？
  例如：在登陸頁面放上一個購買按鈕，看有多少使用者會去點。
- 有多少顧客願意付錢？
  例如：用各種價格進行測試，看哪個價格最受青睞。

- 顧客偏好哪一種網站設計？
例如：用多種不同的登陸頁面設計，看看何者表現最佳。
- 顧客偏好哪一種產品設計？
例如：如果產品屬於小器具或其他的實體商品，可以試做幾款樣品來讓顧客選擇。
- 哪一種行銷文案是最有效的？
例如：寫幾種不同的產品描述並召喚行動，接著評估顧客對每一種描述的反應。
- 你的產品概念爆紅了嗎？
例如：增加一個「分享」按鈕，看顧客是否會點選。
- 顧客有哪些回饋？
例如：增加一個「回饋」按鈕來募集顧客的回應。

A／B測試

在進行A／B測試時，你可以對一組顧客展示樣本A，且對另一組顧客展示樣本B。透過簡單的分析，就能測量出哪一種更有效率。樣本A和B可以是從價格、設計到行銷文案各項事物。當和登陸頁面一起使用時，這類測試能夠產生極具價值的資料。利用Unbounce、Optimizely及Google分析這類工具，你就可以測量網站的跳出率、使用率和轉換率。

廣告宣傳活動

就算你的產品還處於創意階段，同樣可以運作複雜的廣告宣傳活動，並測量相應的點閱率。你還能蒐集廣告成本資料，並用這個資料來預測顧客獲取成本。臉書和Google關鍵字廣告這類平台能讓你在人口統計資料中進行深入挖掘，並瞄準特定顧客。這些資料能幫助你建立更為精確的顧客檔案。

群眾募資

像Kickstarter和Indiegogo這樣的網站是蒐集資料、估算市場需求，並在過程中籌募資金的最佳途徑之一。然而，你最好還是要小心謹慎。能夠取得很多融資是好事，但是你需要確保價格沒問題。很多獲得群眾募資的專案低估製造最終產品的成本與所需的時間，而在最後無法提交成果。這很快就會成為夢魘。而且只有群眾募資網站上的那些人喜歡你的產品，並不一定意味這是很大、可以規模化的業務。很多支持者可能只是出於個人的愛好，以及本身就是相關技術的早期接受者，因此並不一定能代表整個市場或是你的目標顧客。在你到群眾募資網站上進行直播提案前，盡可能多地做調查與蒐集資料，肯定大有好處，因為到時候你就能較自信地知道誰會是你的目標顧客，以及你是否能兌現承諾。

預購頁面

除了預購頁面一般都是在公司網站以外，它和Kickstarter或Indiegogo舉辦的活動實際上很類似，它們讓使用者提前購買產品，幫助企業估算市場需求並蒐集相關資料。

講解影片

所有人都喜愛帶有講解的影片，因為藉由確切地顯示能讓產品變得生動。你越能視覺化你的產品，並展示它實際上如何使用會越好。人們常說一幅圖畫勝過千言萬語。如果真是如此，一段講解影片至少要勝過一千幅圖畫，或者說相當於一百萬句話。

有目標的原型

有目標的原型有很多不同的形式，包括PowerPoint、數位影像、3D模型、用紙筆模擬、場景角色扮演，以及單一功能的最低可行性產品。單一功能的最低可行性產品的絕佳案例是Foursquare。當Foursquare推出時，唯一功能就是能在特定地點登入網站，並且被網站識別。

最常見的有目標的原型是完全用現有技術製造的、用於臨時應急的最低可行性產品，因此能被快速部署，以用於蒐集資料和測試市場。Groupon上線的時候只用了WordPress、蘋果Mail，以及能在網站收到訂單後自動產生PDF的AppleScript，這些就是測試市場時需要的全部了。

虛擬最低可行性產品

當你需要一個線上產品或服務能在使用者面前做正常工作，但實際上卻是創辦人在後台用手動完成所有的工作時，使用者使用的產品就是虛擬最低可行性產品。ZeroCater是一家線上為企業提供午餐外賣服務的新創企業，當阿拉姆・薩貝提（Arram Sabeti）創立ZeroCater時，所有的事情都是他手動完成的，他的後台工具只是龐大的試算表和電子郵件。從表面上來看，網站功能一切正常，但那只不過是一個空殼，這讓他得以蒐集必要的資料來驗證概念。

親自服務式最低可行性產品

親自服務式最低可行性產品和虛擬最低可行性產品非常類似，只是前者並未隱瞞在網站後台有人在做具體工作的事實。事實上，他們把有人在後台工作當成產品的特色，可以瞄準一群經過篩選的顧客，並為他們提供高度個人化的服務。Rent the Runway是一個女性可以出租品牌服飾的網站，這個網站透過向女大學生提供個人化服務來測試商業概念，這種做法提供足夠的資料來驗證其模式的可行性。

◆挖掘更多方法和可能性

上述列出的都是很有價值的蒐集資料方式，但是不要止步於此。只要有足夠的創意，就能構思出更多新的資料來源。上面提及的絕對不是完整詳盡的清單，只不過是一個開始。你蒐集的資料越多，從長遠來看得到的好處也越多。絕對不要自欺欺人地以為在蒐集資料一、兩個月後，就已經大功告成了，其實這項工作永遠不會結束。聰明的創業者從構思創意那一天到產品的推出，直到將來，都在不斷蒐集資料。

你需要持續不斷地蒐集資料來改善商業流程與分析方法。請記住，資料總是比企業願景更具價值，資料應該構成商業計畫書的基礎，因為只有資料才能讓你的所有計畫變得真實，這才是創新團隊需要關注的。在此引用Google前產品資深副總裁強納森·羅森伯格（Jonathan Rosenberg）的一段話：「用資料來支持你的立場，靠著口頭說『我想……』是無法贏得爭論的，唯有當你說出『讓我展示給你看……』時，才有可能在爭論中勝出。」

第二十三章
只有價值可以超越價格

◇◆◇

那些感到困惑的企業認為，它的目標應該是營業收入、股價或其他事物。實際上，你應該關注的是那些能帶來上述收益的東西。

——提姆．庫克（Tim Cook），蘋果的執行長

聰明的企業更關注價值，而不是金錢，它們願意犧牲短期的營業收入成長以，換取長期的市場主導地位。讓我們來看一看矽谷的一些最成功的新創公司：Google、臉書、推特、Snapchat、Instagram及WhatsApp。這些企業從成立的第一天開始，就專注在為使用者創造價值；它們在產品剛推出時，都曾經拒絕用廣告來賺錢；在日後的發展過程中，這些企業對於如何在產品中植入廣告及其他的貨幣化形式都極為謹慎，這麼做是為了不降低產品對使用者的價值。

和聰明的創新團隊一樣，聰明的新創公司同樣關

注兩件事：使用者滿意度與市場占有率的成長，它們會避免任何損害使用者經驗或阻礙成長的事。新創公司知道要在市場上占據主導地位，就必須成為第一，而這就意味著和其他人相比，要向顧客提供更多的價值。以下就是一些具體的例子。

◆Bitly：從便利的縮址到調查使用者行為

作為一家提供受歡迎短網址服務的新創企業，Bitly在使用者的眼中只不過是用來縮短網址連結的東西，但是這家企業卻堅持不懈地致力於為顧客增加價值。它看到一個機會，對於任何點擊Bitly連結的人，公司完全有能力蒐集關於那個人的資料，包括對方的動機、所處的地理位置、真實的意圖、個人內容偏好，以及其他更多的東西。Bitly的執行長馬克・約瑟夫森（Mark Josephson）如此說道：「那些企業的行銷人員，至今未能意識到我們的產品所能提供的額外價值，因此整個公司都再次聚焦於幫助他們獲得這些產品原本就內蘊的價值；我們的做法已經徹底地改變顧客的體驗，以及他們對我們產品的價值認知。」Bitly的使命是，透過提供對於顧客行為的深刻洞察，成為能夠向行銷人員提供價值的必要工具。這麼做的結果是在更長的時期與顧客發生更頻繁的互動。

◆Etsy：哥買的不是禮品，是驚喜

Etsy是一家展示和銷售手工製品的新創企業，儘管顧客人數已經超過兩千萬，但是它依然在尋找為顧客增加價值的新方式。大多數亞馬遜與eBay的使用者搜尋的是已經確定目標的產品，而Etsy的使用者則希望探索並發現一些獨特的東西，他們希望在偶然中發現的東西能讓自己驚喜和興奮。根據Etsy的產品資深副總裁麥克．格里斯哈沃（Mike Grishaver）的說法，他們的推薦演算法已經超越使用者之前瀏覽和購買的歷史，團隊正持續不斷地改善向使用者推薦產品的方式。網站推薦的結果就像是一次冒險之旅，常常能讓那些購物者感到驚喜，甚至連購物者也不知道自己會想要購買哪些特殊物品。格里斯哈沃對其他公司的建議是：「你需要超越使用者在你的網站上能得到什麼的基本模式，尋找能讓他們覺得和你的網站存在更多聯繫的深層經驗，然後把這種體驗融入他們在你網站上經歷的每種經驗中。」結果勝於一切，他們對推薦演算法的每一次改進都讓使用者的參與度增加，滿意度提升。

◆亞馬遜：購物平台仍有超越價格的可能

對於如何讓價值超越金錢，亞馬遜堪稱大師。和任何競爭對手相比，貝佐斯總是能確保為顧客提

供更多的價值。在銷售圖書的過程中，貝佐斯發現顧客更希望能提供免費的快遞服務，這促使他推出亞馬遜尊榮會員（Amazon Prime），尊榮會員只需要支付固定的年費即可獲得無限次的快遞服務。接著，他發現顧客希望訂單能儘快出貨，因此亞馬遜為尊榮會員提供所有訂單免費兩天到貨的服務。

亞馬遜也讓退貨變得極為容易。亞馬遜的競爭對手實際上讓顧客退貨變得極為困難，而與競爭對手不同的是，亞馬遜的退貨過程沒有任何麻煩。你只需列印出一張標籤，然後優比速快遞（UPS）就會上門取件，整個過程裡沒有人詢問你任何問題。亞馬遜這樣做花錢嗎？這是肯定的，但是這種做法卻讓顧客的購物體驗毫無痛苦，所以顧客在購物前也就不會猶豫，因為他們知道如果不喜歡產品即可退貨。

儘管有這些創新，但是貝佐斯依然不斷思考要如何才能為顧客增加價值，他完全不在乎把短期利潤延後。華爾街得知這種做法後，反而留給亞馬遜比大多數上市公司更多的空間。在有空間進行創新後，亞馬遜為尊榮會員增加更多的免費服務。接下來就是Amazon Video，顧客透過這個平台可以免費獲得成百上千部電影和電視節目，這是網飛服務的簡化版，會員無須支付任何月租費。亞馬遜隨後為尊榮會員提供免費的串流音樂和免費的照片雲端儲存。

這些服務花費亞馬遜相當多的錢，但正是這些服務把顧客牢牢鎖定在尊榮會員的生態系統中，讓會員越來越難轉換到競爭對手。我就是亞馬遜的會員，而我能告訴你的是，我從來沒想過要轉換到另一家公司，在亞馬遜的網站上有我的電子書、照片及音樂，我不會放棄那些東西。

◆ Google：黏著度最高的不是服務，是網絡

Google也是採取這種做法的大師，它把Gmail、Google地圖、Google文件，以及大量其他的服務贈送給顧客。每當使用者登入一項新的Google服務時，使用者與Google之間的聯繫就會更深。放棄Gmail或Google文件並不是一件簡單的事，而你使用它的服務越多，要轉換到另一個競爭對手，像是微軟也就更加困難。正是這一點讓Google變得如此強大，因為它總是把價值放在金錢之上。如果低價是你的公司所能提供的唯一價值，顧客轉換到競爭對手也會變得非常容易，價格沒有黏著性。

真正具有黏著性的是，顧客在其中投入時間和精力的各種服務。如果我學會如何使用某種特定軟體，在做出改變前就會很猶豫，尤其是如果我當初花費很長的時間才掌握該軟體的使用方法，才不想再重複一遍當時曾做過的那些事。另一個具有黏著性的價值是內容，如果我上傳自己的內容到一個應用程式，而且這些內容在輸出時會很困難，只要我還珍惜那些內容，實際上就已經和那個應用程式綁在一起了。第三個也是最強而有力的黏著性因素是朋友，這也是Google竭力想把使用者從臉書那裡吸引到自己的社群平台Google+上的原因。但是，最後連Google也無法做到這一點，因為朋友是最具黏著性的。我也許可以放棄在網路上的那些內容，但是要我放棄在網路上的朋友實在是有些強人所難。帶著你的朋友轉到另一個平台並不容易，你也許能說服個別的朋友進行移轉，但是你可以試試能否讓所有的朋友同時轉移到另一個平台。

◆回應顧客的價值需求

一、顧客維繫

那些因顧客流失而失血的企業、那些只是用新顧客來取代老顧客的企業，最終都會付出代價。獲取新顧客需要支付很高的成本，除非你能從每個顧客身上壓榨出足夠的金錢，否則那種不斷更換顧客的模式是難以持續的。因此，關注透過為顧客提供真正的價值來保留現有顧客是最好的模式。Kissmetrics是一家資料分析公司，它發現獲取新顧客的成本比保留現有顧客高出七倍，還發現那些與原來公司斷絕關係，並且出走的顧客，其中有七一％離開的原因是原來公司的服務太差了，還有六一％轉向原來公司的競爭對手。另外，損失一個顧客的平均價值是兩百四十三美元。

SumAll是另一家資料分析企業，它發現在其網路中，大多數穩定企業的總營業收入的二五％至四〇％來自回頭客。更有意思的是，擁有四〇％回頭客的企業要比那些只有一〇％回頭客的企業創造出五〇％以上的營業收入。結論很明確，如果你想獲得成功，就要透過為顧客提供價值來保留原有的顧客。

另一個很好的例子是Insightly，這是一家為小型企業提供顧客關係管理系統（Customer Relationship Management, CRM）的新創企業，它的產品功能強大，但是非常簡單易用。它不斷努力提高顧客留存率，所採用的方法是，找出自己的忠誠顧客在使用服務時最常使用的四項功能，然後專注於用這四項功能來教育其他的顧客。顧客成功的副總裁林恩．崔佛莉絲（Lynn Tsoflias）相信，企業家需要「引導顧客實現他們的目標，並幫助他們從解決方案中獲取最大的價值」。Insightly這麼做的結果是，獲得更高的顧客留存率與顧客滿意度。

二、價值的種類

有很多不同類型的價值可以提供給你的顧客，最顯而易見的價值有價格、品質、服務及選擇，還有一些其他的價值，如顧客經驗、可靠度、社群、內容、功能性、美感、品質認證、速度、聲譽、品牌、安全性等，創業者需要了解業務中能夠提供價值的每個元素，然後對這些元素逐一改善，直到所有元素疊加在一起，能達到最佳效果。對能夠向顧客提供每種形式的價值都需要得到確認，並且在產品的生命週期內進行最大化。

這就是這個世界上最成功企業所做的事，它們永遠不會停止尋找為顧客增加價值的方法，這已經成為它們首要的目標，而且對於競爭對手竊取他們業務的企圖，這也是最好的防禦方式。只有徹底理解企業的價值定位和顧客的感受，企業才能在市場上展開有效競爭。

迷思　功能越多，創新力道就越大？

在一項產品上添加很多功能，並不能使該產品具有創新性。事實上，更多的功能通常造成該產品更不像是一項創新產品。最具有創新性的產品通常都很簡單，可能只有一項關鍵的功能，而這項功能帶來的價值，卻是你的顧客從其他產品上都無法獲得的。

三、顧客忠誠度

你有沒有聽說過淨推薦分數（Net Promoter Score）？這是一個評估顧客忠誠度的流行工具，佛瑞德・瑞克赫爾德（Fred Reichheld）二〇〇三年發表在《哈佛商業評論》（*Harvard Business Review*）上一篇名為「成長中你所需要的一個數位」（The One Number You Need to Grow）的文章中首次介紹這個工具。這個工具可以測量顧客是否會將一家公司的產品或服務推薦給朋友或同事，有很多《財星》（*Fortune*）五百大企業用這個資料來衡量績效。

淨推薦分數是透過向顧客詢問一個簡單的問題得到的：你有多大的可能性會向朋友或同事推薦這家企業、產品或服務？顧客會給出零至十的分數，這裡零的意思是完全不可能，十的意思是非常有可能。推薦型（Promoters）給出的分數是九分或十分、被動型（Detractors）給出的分數是七分或八分，而批評型（Detractors）給出的分數則是零至六分。淨推薦分數等於推薦型所占的百分比減去批評型所占的百分比。得分越高，顧客滿意度也就越高，企業在競爭中勝出的機率也就越大。各個品牌與企業認真地使用這個分數來衡量它們的進步，並且投入資金和資源來提高分數。

這聽起來相當不錯，但是有一個問題。我認為淨推薦分數把事情過於簡化了，從而導致錯誤的結論。《彭博商業週刊》（*Bloomberg Businessweek*）在二〇一三年發表名為「成為美國最令人痛恨的公司的好處及證據」（Proof That It Pays to Be America's Most-Hated Companies）的文章。這本雜誌發現顧客—服務的得分和在股票市場報酬率無關，事實上一些最令人痛恨的企業在業績上比那些受人

視覺化淨推薦分數

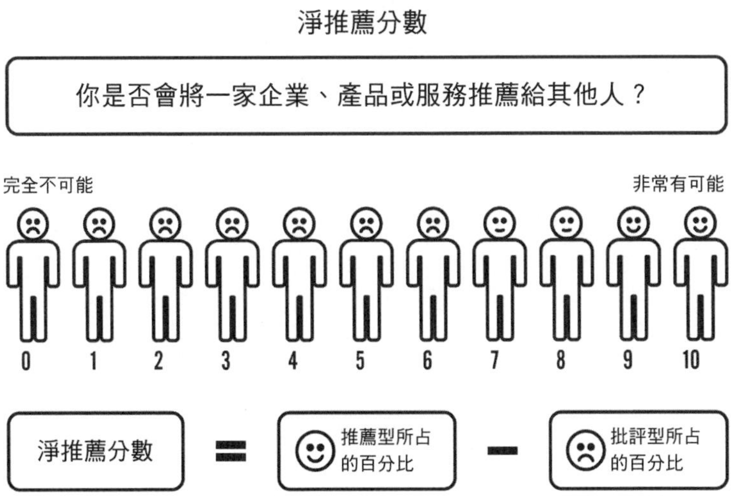

歡迎的競爭對手來得好。花錢讓所有顧客高興並不是問題的解答，很多在這個世界上最賺錢的企業都有很低的淨推薦分數。

在《麻省理工學院史隆管理評論》（*MIT Sloan Management Review*）上一篇名為「顧客滿意度的高昂代價」（The High Price of Customer Satisfaction）的文章，更進一步地指出淨推薦分數毫無用處的三個主要理由。第一個理由是Groupon症候群。Groupon把提供顧客很高折扣的想法兜售給許多小企業，Groupon究竟是因而聲名遠揚，還是臭名昭彰，完全要視你的立場而定。這麼做的結果只是以極高的代價換取較高的顧客滿意度，用折扣吸引新的顧客，但是這些顧客中的大多數人卻沒有留下來完成交易。特殊的折扣價格讓現有顧客也非常高興，但效果卻是短暫的。在沒有新折扣的前提下，這種興奮感很快就會消退。關鍵在於沒有企業能在一段時間內始終做虧本生意，即使這樣做可以大幅提高淨推薦分數，不擇手段地集中資源以提高淨推薦分數並沒有任何意義。

關於淨推薦分數的第二個問題是，對於針對大眾市場的公司就完全失去意義，像是沃爾瑪的淨推薦分數就很低。沃爾瑪銷售從服飾到雜貨的所有東西，讓沃爾瑪要與類似Under Armour或全食超市這樣的專賣店提供同樣層次的顧客滿意度是極為困難的。沃爾瑪提供太多的產品類別，因此在任何一個類別上都無法做到最好。另外，目標顧客越廣，要迎合任何一群顧客並照顧他們的特別需求就會越困難。淨推薦分數並沒有將這些因素納入考量，因此結果也就必定會發生偏差。

關於淨推薦分數的第三個問題是，像是康卡斯特（Comcast）這類實際上擁有壟斷地位的公司通常都會得到極低的分數，但是這類公司都有極高的獲利，這正是因為顧客別無選擇。在我居住的舊金山，如果你想要取得高寬頻網路或現場直播的體育節目，康卡斯特確實是唯一的選擇。就算你因為糟糕的服務而想殺了那個安裝線路的人員，對康卡斯特來說根本就無所謂，實際上沒有任何人能幫得了你。因此，它可以要求你支付極高的價格，但卻提供普通的服務，同時還能繼續留住顧客。

如果你擁有在五十英里內唯一的一座加油站，就具有某種壟斷地位。你可以把油價哄抬得很高，卻只提供很少服務或根本沒有服務。當然，這會讓顧客滿意度下降，但如果你是唯一能提供這種產品的人，而顧客又需要這種產品，他們就別無選擇。只要看一下蘋果，它在手機上的訂價就比其他品牌高出許多，這是因為它創造某種實際上的壟斷。你無法從競爭對手那裡購買iPhone，因而安卓系統的手機製造商不得不在價格上展開競爭。蘋果能不能透過降價來提高淨推薦分數呢？當然能夠，但是它為什麼要這麼做呢？

在淨推薦分數中還有另一個缺陷，事實上在衡量顧客滿意度時，淨推薦分數並沒有考慮到這些顧客對企業的價值。在淨推薦分數的計算裡，所有的顧客都被認為是相同的，但是現實情況卻並非如此。有些顧客對企業的價值遠遠超越其他的顧客，花了很多錢的回頭客遠比占小便宜的顧客來得有價值，因為那些占小便宜的顧客花的是企業的錢。如果你把他們的資料視為同等有效的資料，實際上就已經扭曲對企業而言什麼才是真正重要東西的結論。

這就是我將淨推薦分數修改為總價值分數（Total Value Score）的原因。與淨推薦分數不同的是，總價值分數強調一家企業產品和服務的總價值。這裡的產品或服務是提供給那些與直接競爭對手相關的顧客。以下是總價值分數的計算方法。

一、詢問這樣一個問題：與這些競爭對手相比，你會向其他人推薦這家企業、產品或服務嗎？它的競爭對手是哪些？

二、如果沒有真正的競爭對手，這家企業就確實處於壟斷狀態，總價值分數不再適用。

三、如果企業實際上並未處於壟斷地位，要求每一個顧客針對上述問題給出零至十的分數。零分是指完全不可能推薦，而十分則是非常可能推薦。

四、接著將顧客分成兩組：

高價值顧客＝能帶來利潤或有價值的

低價值顧客＝不能帶來利潤或沒有價值的

五、計算的方程式：

批評型＝給出零至六分的高價值顧客百分比

被動型＝給出七至八分的高價值顧客百分比

推薦型＝給出九至十分的高價值顧客百分比

總價值分數＝推薦型所占的百分比－批評型所占的百分比

讓我們假設你有三五％的推薦型和一〇％的批評型，你的總價值分數就是三十五減十等於二十五，這裡最高的可能分數是一百，而最低的可能分數是負一百。

總價值分數解決前述提及淨推薦分數的幾個問題。首先，總價值分數只採用來自高價值顧客的資料。其次，它詢問顧客的問題是：與競爭對手相比，他是否會推薦這家企業、產品或服務。總之，這個分數只有在與直接競爭對手進行比較時才有意義，像是沃爾瑪與塔吉特（Target）進行比較，但是絕對不應該把沃爾瑪和專賣零售商對比。

儘管事實上美國顧客滿意度指數（American Customer Satisfaction Index）顯示，沃爾瑪的顧客滿意度在全美所有主要雜貨零售商中是最低的，但是人們卻依然湧入沃爾瑪，今天沃爾瑪已經成為美國最大的雜貨零售商。這是因為沃爾瑪比競爭對手提供給顧客更多的總價值，即使它在如雜貨等方面大幅落後。無論你是否喜愛沃爾瑪，它具有強大購買力的大型商店、齊全的產品種類，以及高成本效益的供應鏈管理，讓它能在服務大眾市場的同時，保持低價和健全的獲利。

當貝佐斯為亞馬遜創造價值時，也是運用同樣的道理，到最後最重要的依然還是總價值。亞馬遜沒有必要在網路上銷售的每個產品類別中都做到最好。事實上，它幾乎永遠無法和專賣零售店競爭，但是這沒有關係。亞馬遜如果花費大量的時間與金錢，期望在每個可能有利可圖的市場上贏得競爭是完全沒有意義的。畢竟它並不是專門從事某項特別的業務，只是一家網路上的超級商場，只要它能成為最佳的默認網路購物目的地就勝出了，像是沃爾瑪那樣。

康卡斯特是帶有一絲轉折的類似故事。我很喜歡亞馬遜，相較而言，我認為康卡斯特的收費實在太高了，而且服務還很差。但是，在我所在的市場裡，其他的選擇更糟糕。如果你要我評價康卡斯特，它的淨推薦分數會是負值，但是它的總價值分數將會是不適用，因為它沒有真正的競爭對手。確實，如果康卡斯特能降低價格並改善服務，我會很高興，但是只要它在實際上處於壟斷地位，根本不會在乎我會有什麼想法；換句話說，顧客滿意度只有在同業的競爭對手間做比較時才能顯示出重要性。

只要有來自其他供應商的同業競爭，康卡斯特將被迫改善服務，否則就會失去市場占有率。隨著更多的電視節目轉向網路播出，而且在一些市場上已經有競爭對手提供更好、更便宜的寬頻服務，我們已經看到了這種轉變。要不了多久，康卡斯特就會感受到切膚之痛。等那一天到來時，它不是被迫提升品質、降低價格，就是做出差異化，否則就會流失顧客。

在「贏者通吃」的市場，顧客會很快轉向能提供最佳整體價值的企業。如果你的創新團隊無法向顧客提供最大的價值，就應該重新思考策略。降價只是一個臨時解決方案，它並未改變基本的公式。當涉及維繫顧客的事情時，價值總是勝過金錢，這就是贏家總是會把價值放在金錢之上的原因。

第五部

創新循環：獲利不求一陣子，只求一輩子

第二十四章

向恐懼宣戰

◇◆◇

失敗並不能讓你停下腳步，讓你止步的是對失敗的恐懼。

——傑克・李蒙（Jack Lemmon），演員

在本章中，我會解釋為什麼恐懼是創新的死敵。無論你是為新創企業或大企業工作，如果你讓恐懼占據內心，就算做出再大的努力也終將無濟於事，而這一點在階級森嚴的大型官僚組織中更是如此。在那樣的環境下，恐懼感會不斷地生長和蔓延，並且會像致命的寄生蟲那樣慢慢扼殺任何創新的意圖。

讓我們從人性開始講起，人類生來就懷有恐懼感，它是我們基因的一部分，也是我們能夠存活的原因。我們尤其擔憂與懼怕群體裡的其他成員會如何看待自己，這是因為身為社會性動物的我們，幸福感依賴於所在群體中的其他成員。

史前世界是充滿凶猛的野獸、敵對的部落、乾

旱、饑荒及疾病的殘酷世界。智人比其他物種更成功的原因是，智人學會如何合作，並且形成群體一起工作。如果我們讓同伴感到不安，很有可能就會被趕出部落，那樣一來的生存機會就會急劇下降，從群體中被驅逐相當於被判處死刑。即使一個被趕出部落的人想辦法活下來，也幾乎不可能找到配偶，所以他的DNA就無法傳遞給下一代。因此，小心謹慎並儘量避免做出可能會危及自身在群體中地位的行為，是一種被數千年自然選擇不斷加強的人類人格特質。

如果你打算成為企業家進行創新，就必須克服這種深藏在基因裡的恐懼。因為創新是與明哲保身完全相反的人類行為，創新本身就蘊含著風險、代價高昂，而且創新的過程中充滿失敗。雪上加霜的是，企業通常都有森嚴的階級和不可通融的規章，對成功會予以獎勵，而對失敗則會予以懲罰。

所有經理人對於好創意都想要居功，但是沒有人想和那些糟糕的想法有所牽連。因此，一個典型的經理人寧可不創新，除非他知道這件事是可行的。不過，如果面對的是之前從來沒有人處理的新專案，就無法知道這個專案是否會成功。正如亞馬遜的創辦人貝佐斯喜歡說的：「如果你知道這肯定可行，它就不是一次實驗了。」

因此，經理人對於創新會猶豫不決，而且一旦某個專案展開後都不太願意停止，即便已經很清楚這個專案不會產生任何結果。讓專案繼續，並且祈禱專案團隊在最後能想出什麼辦法來拯救，這樣的做法肯定是更安全的。在大多數的企業裡，這種做法導致大量時間和資源的浪費，最好的團隊被束縛在毫無希望的專案上，參與者士氣低落，並且無法創造任何價值。

你需要灌輸創新團隊的是，他們的工作就是不斷地快速嘗試，一個接著一個，再接著一個的構想，其中九九%的構想在尚未成形時可能就已經中途夭折了，甚至在決定致力於一個看起來相當有前途的構想時，這個構想依然有可能最終在半路上死亡。畢竟，絕大多數創投資金投資的新創企業都會失敗，因此在企業內部真正創新的專案情況也是同樣如此。而且越具有創意的專案，失敗的機率就越高。

在每個創新專案中都存在許多未知數，而且大多數人都會本能地避免承擔風險，沒有人會喜歡不確定性。有許多的研究顯示，即便做出的選擇會讓人們陷於不利的處境，人們幾乎總是會選擇確定的結果，而不是無法預知的後果。例如，當人們面臨兩個選項時，選項一是可以有八五%的機會贏得一千美元（也就是有一五%的可能什麼也得不到）；選項二則是可以簡單直接拿到八百美元，大多數人都會選擇明確的結果，而不是賭一下運氣，即便你向他們解釋，從平均的角度來看，賭一把運氣可能會更有利，人們也依然會做出同樣的選擇。實際上，你只要做一下簡單的數學運算就會明白，如果每個人都選擇賭一把去贏得一千美元，平均來說每個人可以獲得：(0.85×\$1,000＋0.15×\$0)=\$850。

同樣的邏輯也適用在一家企業中推出新專案，如果你給員工以下的選項：一是加入幾乎肯定能成功的專案，但是收入會比較少；二是冒險加入創新團隊，但是可能會有較高的薪資與高度不確定性，你認為一般人會做出什樣選擇呢？實際上，幾乎每一次都是前者勝出。

從科學家如何對待失敗的態度中，我們能學到不少東西。科學家的日常工作就是先提出一個假設，接著會做一連串的實驗來驗證這個假設，如果這個假設不可行，就會繼續提出其他的假設。如果科學家一走進死胡同就舉起雙手投降，今天就不會存在任何科學了。科學就是不斷嘗試和失敗。實驗獲得的結果與你提出的假設不一致並非恥辱，不過是整個過程的一部分罷了。科學家的工作就是持續不斷地提出新的假設，然後針對這些假設進行測試，並且將測試結果盡可能忠實地記錄。當科學上的一些假設被證明是正確時，它和維護某個人的聲譽並沒有任何關係，所涉及的只是發現真理。真理就在那裡，即使實驗的結果是偽造的或人們對實驗的結果完全不予理會，真理也不會有任何改變。有些科學家曾試圖在實驗結果中造假，但是都毫無例外地被後人發現，還記得科學史上的冷核融合嗎？那些人的下場實在悲慘。

問題是商務人士並非科學家，他們對於自己的聲譽非常在乎。聲譽才是最重要的，真相則放在第二位。在商業世界裡，失敗會被人看不起。這裡的邏輯是，如果你犯錯，並且失敗了，沒有人會再信任你。為了建立信任，你必須有著毫無瑕疵的成功紀錄，這是你獲得升職的理由，也是你獲得融資的依據，為什麼你是老闆，而其他人卻不是。在商業世界裡，成功就是一切，但這卻是會扼殺創新的毒藥。

正是這些毒藥造成經理人不願進行創新。大多數的人天生就有創造力，在每家具有一定規模的大企業中，即使是在那些最保守和最古板的公司內部，都會有一些極具才能、富有創造力的人，他們有創意且願意創新，但卻並沒有這麼做，這不是沒有原因的。事實上，大多數企業的組織架構不會允許他們這麼做，員工因為失敗受到的懲罰會遠大於因為成功而獲得的報酬。在這樣的組織架構裡，任何一個理智又聰明的人都很明白，在突破性創新專案中冒險並不是職涯發展的一步好棋。

迷思

一開始就把事情做到完美，會為你帶來報酬

很多人認為從一開始就把事情做到完美是肯定會有報酬的，但問題是那些嘗試在一開始就把事情做到完美的團隊，會將注意力集中在風險較小且不那麼有創意的解決方案上。這麼做很合理，因為這是能確保他們做到完美的唯一方法。所以，如果你不想創新的話，就試試看從一開始把事情做到完美。

為了在企業的所有層級建立創新的氛圍，而不只是在研發實驗室內與科學家談論創新，你需要建立可以容許失敗且不以失敗為恥的組織架構。臉書鼓勵所有的員工奉行三個信念：(一)動作要快且要打破框架；(二)如果你沒有什麼好擔心的，又會怎麼做呢？(三)把人放在事情的核心位置。前

面兩個信念的設計目的是容許員工失敗，並且給予員工承擔風險的自由，而第三個信念則是整個社群網路的核心。這三個信念結合在一起，構成臉書的企業哲學，這個哲學也是臉書從一個學生宿舍裡的專案成為這個世界上最強大且最具創造力企業的背後動力。

只有把失敗放在創新行動的核心位置，坦然面對而不是掩飾失敗在創新過程中扮演的角色，才有可能把企業推向未來，並且為你的員工在可能會在取得重大突破的冒險中提供安全感。維吉尼亞大學（University of Virginia）達頓商學院的企管教授愛德華・赫斯（Edward D. Hess）是這麼說的：「失敗是創新過程中一個必要的組成部分，因為失敗會為我們帶來教訓、重複、適應，以及透過反覆的學習過程而建立的新概念與實體模型，幾乎所有的創新都源於在先前失敗中汲取的教訓。」

波士頓市長辦公室採用獨特的方式來處理這個問題，因為市政府與大多數私人企業相比甚至更趨避風險且行動遲緩，要讓市政府員工進行創新實在是一大挑戰。為了因應這個問題，市長辦公室建立新城市機制（New Urban Mechanics）團隊，這個團隊成員的唯一任務就是對他們的工作進行創新。換句話說，他們的工作就是承擔創新的風險與失敗後的責任。這些創新人員把所有的時間都用在幫助其他部門推出目標在解決難題的全新創新專案。

專案總監阮蘇珊（Susan Nguyen）解釋道：「如果專案成功了，部門會得到所有的榮譽；如果專案失敗了，我們要承擔所有的責任。」這就是重點，透過承擔所有失敗的責任，創新團隊給予其他部門失敗的許可，從而在保留正面因素的同時去除負面因素。透過為所有部門提供庇護，他們創造信任和安全的氛圍，對於鼓勵大膽嘗試與承擔風險是極為有利的。

◆屢敗屢戰的名人

讓我們來簡要回顧一些曾經歷多次失敗的知名人士：

- 哈蘭德．桑德斯（Harland Sanders）上校的炸雞祕方曾被拒絕超過一千次，但是他從未放棄，並在六十五歲時創立肯德基（Kentucky Fried Chicken, KFC）。
- 庫班沒有成為木匠、廚師及服務生，他成功地把Broadcast.com賣給雅虎，獲得數十億美元。庫班喜歡說：「我已經明白，無論失敗多少次都無關緊要，只要成功一次就夠了。我曾試著銷售奶粉，我有很多次就是一個傻瓜，但是卻從中吸取了教訓。」
- 雅莉安娜．赫芬頓（Arianna Huffington）所寫的第二本書曾被三十六家出版商拒絕，之後她創辦《赫芬頓郵報》（*Huffington Post*），這是美國最成功的線上新聞網站之一。
- 法蘭克．溫菲爾德．伍爾沃斯（Frank Winfield Woolworth）年輕時曾在一家布店裡工作，但是老闆卻不讓他接待顧客，因為「伍爾沃斯缺乏為顧客服務的足夠常識」。伍爾沃斯最後成立伍爾沃斯公司（F. W. Woolworth Company）。

- 盛田昭夫是索尼的共同創辦人，他推出的第一項產品是電鍋，不過他的電鍋會把米飯燒焦，幸運的是他並未就此放棄。
- 米爾頓．賀喜（Milton Hershey）先後創辦三家不同的糖果公司，但卻都失敗了，不過第四家公司卻表現出非凡的魔力。
- 蓋茲和艾倫最早創立的是Traf-O-Data公司，他們的產品沒有成功，公司也倒閉了。在此之後，他們成立了微軟。
- 當愛迪生還很小的時候，老師就說他實在是太笨了，根本學不會任何東西，並且建議他在不需要智力的領域裡找工作。也許愛迪生的一千零九十三項專利，正是用來證明他的老師是錯的一種方式。不過，他本人也不是不會犯錯的天才，在推出燈泡前，實際上經歷了九千多次實驗失敗。「我沒有失敗，我只是發現一萬種沒有作用的方式而已。」愛迪生是這麼說的。
- 弗雷德．史密斯（Fred Smith）在耶魯大學時想出一個商業經營概念，但是這個概念卻讓他的考試成績幾乎不及格。這個商業概念後來造就了聯邦快遞。
- 福特一開始成立的兩家汽車公司都失敗了，這讓他幾乎破產，但是第三家公司成為今天眾所皆知的公司。
- 羅蘭．赫西．梅西（Rowland Hussey Macy）最早開設四家零售布店，但是這些店最後都倒閉了。他汲取從四家店獲得的教訓，然後今天我們熟知的梅西百貨（Macy's）誕生了。

- 理查・布蘭森（Richard Branson）因為旗下的維珍銀河航太（Virgin Galactic）、維珍唱片（Virgin Records）及維珍航空（Virgin Airlines）而出名，但是很少有人談起他的多次失敗，包括維珍可樂（Virgin Cola）和維珍伏特加（Virgin Vodka）。
- 喬治・史坦布瑞納（George Steinbrenner）曾經擁有一支名為克利夫蘭風笛手隊（Cleveland Pipers）的小型籃球隊，這個球隊在他的帶領下最後破產了。但是三十年後，他卻帶領紐約洋基隊（New York Yankees）以六次進入世界大賽（World Series）的成績完成不可思議的回歸。紐約洋基隊成為美國職棒大聯盟（Major League Baseball）中最賺錢的球隊之一。
- 本田宗一郎曾到豐田汽車求職，但是卻被拒絕了。在沒有工作的情況下，他開始在家裡製造小型摩托車，然後賣給鄰居，這些就是最早的一批本田（Honda）摩托車。
- 華特・迪士尼（Walt Disney）曾經因為「缺乏想像力和沒有原創構想」而遭到編輯開除。雪上加霜的是，他成立的第一家動畫公司破產了，接下來就是我們都已經熟知的歷史。

如果你不能消除對失敗的恐懼，企業將局限在漸進式創新，在這種情形下，你的員工將只會改善現有的產品和服務，而不是創造出全新的產品和服務。漸進式創新很安全，相對來說幾乎沒有風險，企業在這方面通常也都做得不錯，但是無法抵擋市場遲早會出現的崩潰與顛覆，也無法創造出全新的市場，永遠無法大幅超越競爭對手。

第二十五章

每個員工的開口，都是創新源泉

◇◆◇

大企業推動創新會有很多的困擾。創新會涉及一些糟糕的設想，或者某些看起來很糟糕的設想。

——本．霍羅維茲（Ben Horowitz），
安霍創投共同創辦人

和新創企業相比，大企業中會瀰漫更多對失敗的恐懼。但是，創業者會更願意承擔風險，因為他們已經準備好要面對在成功路上可能會出現的多次失敗。在大企業裡，中階管理者因為有穩定且可預測的環境而獲得職涯發展。他們當初之所以會加入大企業，就是因為大企業能為他們提供一條安全、低風險的職涯之路，並且為他們的家庭提供生活保障。

要改變企業文化不可能一蹴而就，但是你可以採用下述這些實際的步驟來做到。首先，你需要建立包容的文化。不但需要接受失敗，還要包容那些愚笨的觀點、低級的錯誤、相互對立的思想，以及無謂的開

銷。無論團隊成員的觀點看起來可能有多瘋狂或不正統，提出這些觀點的人都不應該受到批評。並不是每個專案都應該被批准，你需要有嚴格的過濾和篩選流程，但是這個流程不應該對某些設想的提出者做出過度評判。有時候，表面上看起來讓人無法容忍的想法可能正是企業需要的。

讀一點歷史，你會注意到在歷史上有一些瘋狂、不切實際的想法卻在未來化為現實，這已經成為歷史發展的一種模式。伽利略．伽利萊（Galileo Galilei）因為宣稱地球不是平的，而被送到宗教法庭進行審判；英國發明家查理斯．巴貝奇（Charles Babbage）在憑空構想出第一台可程式化的計算設備後身無分文地死亡。當第一台商用電腦系統UNIVAC被發明後，很少有人能想像出個人電腦在未來發展的可能性，但正是那些身處加州的嬉皮士、業餘愛好者及駭客帶來個人電腦的革命。當理查．史多曼（Richard Stallman）到處宣揚開放原始碼軟體的好處時，大多數企業都認為這純粹是在發瘋。在那些正常人看來，怎麼可能會有企業把具有智慧財產權的程式碼拱手送人呢？因為那是企業的競爭優勢。當行動電話一開始出現時，又有誰能想到它會變成音樂播放器、相機及個人助理呢？

因此，當某個員工提出一個看似相當荒唐的主意時，你應該提醒自己，他們也許發現了什麼，那很可能是未經琢磨的鑽石。為了防止公司內部那些最極端的思想家被排擠，企業文化就需要能容許各種不同的意見與信仰體系。你必須教導員工不要批判各種差異，你需要讓那些擁有奇思異想但卻常常不願說出口的員工能更坦然地進行交流。如果你想要向前大幅躍進，那些古怪、格格不入的人也許正是你所需要的。

PayPal的創辦人和臉書的早期投資人提爾很喜歡詢問其他人道：「你有哪些重要的事實是無法獲得大多數人贊同的？」一提爾意識到不贊同你的人越多，你的想法潛力可能也就越大。他提出這樣一個觀點，往往只有怪胎才能發現機會，而我們卻視而不見，原因正好是那些怪胎的思維方式與眾不同，而且他們往往能從非常獨特的角度來觀察這個世界。

◆鼓勵團隊積極參與

在一次改善企業文化的嘗試中，Google企圖弄清楚到底是哪些因素讓團隊更具創新能力且更有效率。在二〇一二年，它推出亞里斯多德專案（Project Aristotle），該專案的目標是找出有些團隊的績效遠遠超出其他團隊的原因。Google的研究人員查閱近半個世紀的學術論文，其中有一項研究是由卡內基美隆大學（Carnegie Mellon University）、麻省理工學院及聯合學院（Union College）的心理學家進行的。在二〇〇八年，這些心理學家僱用六百九十九個人來參與一項關於什麼因素促使團隊能有更好表現的研究。其中有一項實驗要求參與者對一塊磚頭的用途進行腦力激盪，有些團隊想出數十種獨特的使用方法，而其他的團隊只給出幾種方法。令人驚訝的是，得到最佳結果的團隊並不是那些由最聰明的人所組成。一些在智力測驗中表現平平的團隊遠比那些極其聰明的人組成的團隊更加出色。為什麼會是這樣的結果呢？是哪些與個人能力無關的因素，能讓一些團隊比其他團隊更具有創造力和效率呢？

答案是團隊成員之間的相處方式，那些鼓勵所有人都積極參與的團隊得分更高，還有較高社交敏感度的團隊，就是團隊成員能夠根據其他人的語氣、措辭及非語言的暗示，來直接了解他人的感受，作為一個群體會表現得更出色。這兩個因素能將一個群體的智慧與生產力，提升到遠遠超越那些由更多經驗和更多才藝的個人所組成的團隊。

為了確認這個發現，Google對自己的一百八十個內部團隊也進行研究，並且發現，當團隊的成員覺得可以毫無顧忌地說出自己的想法時，這個團隊就會有最好的表現，這被心理學家稱為心理安全。人們所處的環境越能彼此開放、互相接受，他們之間的合作也會越好，雙方之間就越能產生團體意識。能夠做到團隊成員之間公開辯論、隨時打斷對方，並且能針對每件事情的各個方面進行討論的團隊就會有最高的得分。利用這個資料，Google開始著手建立包容的企業文化，在這樣的企業文化中，每個人都能積極參與，而不用擔心會遭到批評或失去現有的職位，這正是Google能成功創新的關鍵之一。

◆放下自以為是的上帝情節

提姆・哈福特（Tim Harford）是《金融時報》（*Financial Times*）的專欄作家和記者，他認為要建立創新文化，你的團隊就不應該有上帝情結。他的意思是，無論團隊成員多麼聰明或富有學識，都不應該自以為會有所有問題的正確答案。每個人都應該接受在大多數的時間裡，任何人都會犯錯的事實，直截了當地承認你不懂這些問題，往往是創新最好的開始，這樣團隊就能接受非正統的解決方案及新構想。

讓我們來看一看聯合利華（Unilever）是怎麼做的。這家公司是最大的洗衣精銷售商之一。在想對自己的生產過程進行創新時，有兩個選項：(一)僱用一個由世界上最聰明工程師所組成的團隊，然後讓這個團隊來設計新的噴嘴，把洗潔劑噴在乾燥床上；或(二)隨機做出十款不同的噴嘴，對每一款噴嘴做實驗，然後選出其中的最佳設計，接著在這個最佳設計的基礎上再做出十個改進型號，就這樣不斷地重複，直到最後得到最佳化設計為止。

大多數公司都會選擇第一個選項。為什麼不針對相關問題直接投入，並且得出正確的解決方案呢？如果需要解決的問題是如此複雜，導致最聰明的頭腦也無法給出完美的設計方案，在這樣的情形下，依靠蠻力進行試誤會遠比依賴聰明的頭腦更加有效。聯合利華就是這麼做的，在經過四十五個回合的試誤後，最終得到最佳化的噴嘴設計，這個設計是如此複雜且違反直覺，可以說沒有人能預見或設計出這樣的東西。為了創新，聯合利華不得不承認，與簡單地嘗試各種可能性直到獲得正確答案的方式相比，公司的工程師顯然做得還不夠好。這對大多數的企業來說，是企業文化上的重大變革。

◆創新文化的特徵

在最近幾年內，不同企業採用不同的方式來進行創新。微軟現在鼓勵自己的創新團隊不但要參與產品創新，還要參與商業模式及商業策略的創新。在做出這個改變後，微軟的團隊已經將企業導向之前被視為禁忌的方向，他們把免費的Office軟體版本帶入安卓和iOS這兩個平台。在企業文化發生改變前，這樣的做法會被視為異端邪說。微軟正在努力推動反對美國國家安全局和歐盟（European Union）監管機構在個人隱私及資訊揭露方面的一些做法。這種類型的策略創新，在以前是被認為是超乎想像的。

Autodesk是在3D設計和工程軟體領域有極強大實力的企業，目前這家企業也在推動建立創新的企業文化。它舉辦一系列的創新研討會，在研討會上並沒有訓練員工該如何想出新構思，而是更關注在如何應對員工已經形成的意見和想法。誰應該傾聽這些想法？這些想法應該透過什麼途徑被大家知曉？在評估這些想法時，應該使用什麼流程？目標是建立員工可以不受抑制地開創一些新方向，並且明白該如何在企業的支援下，一步步地將新想法轉變成實際專案的系統。

IBM前執行長路易斯·葛斯納（Louis Gerstner）曾協助將個人電腦轉變成為主流產品，他曾如此寫道：「當我還在IBM時，已經開始意識到企業文化並不是這個遊戲的某個方面，它就是遊戲本身。」

美國行銷協會（American Marketing Association）檢視十七個國家的七百五十九家企業，期望能找出是哪些因素導致一些企業展開創新，而另一些企業卻沒有。儘管創新受到諸如政府、當地的創新氛圍、勞動供給及資金等一系列因素的影響，但至今為止最重要的依然是企業內部文化。無論你在什麼產業或是員工的教育水準如何，只要環境允許，人們就會展開創新。

傑伊・拉奧（Jay Rao）和約瑟夫・溫特勞布（Joseph Weintraub）發表的一篇文章[5]，羅列創新文化的一系列基本特徵，以下就是他們建議的關注要點：

- **價值**——這並不是領導者口頭說說的東西，唯有他身體力行才能定義企業的價值。真正致力於創新的企業會在促進創造力、員工教育，以及推出新創業專案上進行投資。
- **行為**——領導者每天都在做什麼？他們是否願意顛覆自己當下的業務、消除各種官僚作風、克服障礙，並傾聽顧客的聲音呢？這些才是真正重要的。
- **氛圍**——企業是否能提供不會動輒得咎的氛圍來鼓勵學習、在員工中建立信任，並提倡獨立思考？
- **資源**——企業能動用的資源有哪些？包括系統、專案、資金及敢為人先的創新領袖。
- **流程**——企業是否已經建立創新漏斗，好的創意藉此可以向上提交、進行審查，並付諸實施？

• **成功**——企業對於所展開的工作能展現出什麼成績？在創新上有很多種不同類型、被人們認可的成功標準，包括來自顧客的外部認可、企業本身業務上的成功，以及個人的成功。

讓我們來看一下Adobe是如何將創新的企業文化付諸實踐的。Adobe的創意副總裁馬克・蘭德爾（Mark Randall）推出名為啟動盒（Kickbox）的專案，在這個專案中，他們會發放一個紅色盒子，專門設計來激發企業創新。每個盒子裡放了一張可以預支一千美元的信用卡。員工可以藉任何方式把這筆錢用於他們的創意，沒有人會對此提出質疑。啟動盒內還包含著一份六步驟指南，這份指南也幫助員工熟悉創新的流程：

一、定義你的動機。
二、詳細起草和描述你的創意，並且讓它與公司的目標一致。
三、用架構、計分卡及實際操作來評估你的創意。
四、驗證提出的問題與相應的解決方案。
五、蒐集相關資料來支持你的設想。
六、尋求資金的支持：到處走走，然後看看是否有人認可你的願景！

為了讓整個專案顯得更溫馨，每個紅色盒子裡還放了一張星巴克禮物卡和一塊巧克力。Adobe向員工發放一千個這樣的紅色盒子，隨後在全球舉辦各種研討會。以下列出這個專案獲得的部分成果：

- 收購Fotolia，這是一家圖庫公司。
- 建立Adobe KnowHow，Adobe的創意軟體使用者可以在這個網站上刊登教學影片。
- 開發出Memory Maker，現在Memory Maker已經被整合到Adobe Lightroom中作為該款軟體內建的影片同步功能。
- 呼吸專案（Project Breathe）的建立，這是Adobe為培養員工的專注力，並進行冥想訓練的內部專案。

Adobe甚至將啟動盒專案對外開放原始碼，這樣任何人都能在網路下載並免費使用。你可以試試看，當然在你下載的盒子裡肯定不會有預存一千美元的信用卡和一塊巧克力！

迷思 二〇%原則依然在發揮作用

二〇%原則是一個很受歡迎的概念，很多大企業都把它當成進行創新的萬靈丹。因為它是如此簡單，所以也就極為誘人，只需要那些執行長說：「讓我們給員工二〇%的時間來進行創新吧！」

這個概念並不是Google發明的，但是Google卻讓它變得非常有名，其基本設想是Google會給予員工工作時間的二〇%用於自己感興趣的創新專案上。

問題是，大多數的經理人希望員工能把百分之百的時間花費在完成自己的工作上，而不是去處理其他的專案。一個名叫克里斯．米姆斯（Chris Mims）的記者這麼寫道，Google的二〇%時間差不多已經「名存實亡」，這是因為員工想要從平常的工作中抽出時間已經非常困難了。梅麗莎．梅爾（Marissa Mayer）是Google前員工，她這麼說道：「我可以告訴你一個關於Google二〇%時間的醜陋小祕密，它實際上是一二〇%的時間。」

有誰想在晚上或週末加班而沒有薪水，這個迷思是失敗的，也是不再聽到Google談論這個原則的原因。

◆建立互信

互信是建構創新文化的核心概念。大多數人對企業的變革抱持著開放的態度，而且只要他們確信這種變革不會對自己帶來傷害，甚至會很願意承擔風險。你當然可以只是在口頭上說「應該重視失敗在創新中的作用」之類的話語，但是除非你能用實際行動來支持這個觀點，否則將無法在企業內部建立真正的互信，員工也不會積極參與。

互信不但對於那些參與創新的員工來說是不可或缺的，對整個企業來說也是必不可少的。如果某些創新會讓有些人或整個部門被淘汰呢？他們的職位會受到什麼影響？他們是被重新訓練後轉調，還是就這樣被裁撤呢？除非管理階層能夠真正面對這些問題，否則企業內部的互信是不可能建立的。讓我們面對這樣一個現實：創新也許對企業和股東是一件好事，但對所有員工而言卻不一定如此。

當你開始著手進行創新專案時，企業也許需要回答以下這些問題：

- 這個創新專案對員工會有什麼影響？
- 在這個過程中，誰會有發言權？
- 誰會是最終的決策者？

- 如果有必要的話，受到影響的員工會在重新訓練後轉調嗎？
- 企業願意提供的支持有哪些？
- 為什麼這件事對每個員工來說都是重要的？
- 企業可以做什麼才能讓這件事皆大歡喜？

真誠地回答這些問題是建立互信的第一步，當企業需要冒著巨大風險進行變革時，內部的互信是不可或缺的。

◆前瞻思維

建立具有前瞻思維、歡迎公開辯論，以及接受新事物的企業文化是創新的基礎。團體迷思及和其他人保持一致的欲望是創新的敵人。這個問題的根源依然可以追溯到史前社會，部落團結在一種聲音下，並形成整體來展開活動是維持部落生存的關鍵，每個人都按照自己想法做事的部落都已經被消滅了。結果是大多數人對於跟隨在他人的身後會感到輕鬆自在，相信大家都相信的東西會比挑戰普遍認同的真理容易許多。歷史給予無數這樣的例子，在中古世紀，大多數人都相信化石不過是一塊石頭，或是創世紀裡描寫的大洪水所造成，又或是因某種繁衍的力量而在泥土中自然生長出來，因為這就是中古世紀人們普遍相信的。甚至於在二十一世紀，大多數人也不會質疑自己的信仰體系，只會簡單地接受一種世界觀，並且把這種世界觀中所有內蘊的假設都當成無可爭辯的事實。

為了轉變企業員工的思考方式，你必須挑戰正統的觀念。奇異推動被稱為快速工作（FastWorks）的專案，在這個專案中，主管會被訓練承擔風險、持續學習，並且提出問題，企業的年度審核也被每天持續簽到和更新所取代。「這是整個組織的改變。」全球創新加速主任韋夫·高登斯坦（Viv Goldstein）如此說道。這個全球巨人甚至拆除總部辦公室內的隔牆，創造出更多開放的合作空間。奇異的執行長傑佛瑞·伊梅特（Jeffrey Immelt）竟然將餐廳改造成「創意休閒室」，裡面有吧台、白板及宜家家居的沙發。「這主要是為了營造一種氛圍，讓人能夠用不同的方式進行思考，並且願意承擔風險。」高登斯坦這麼說道：「這可以說是最令人難以置信的經歷，而我在奇異已經工作二十年了。」

用明亮的顏色重新粉刷辦公室、創造出更多的開放空間、增添時髦的家具和桌上足球是不錯的開始，不過改變企業的文化並不只是這些簡單的事，所涉及的已經超越對外宣稱創新是公司的第一要務，以及對員工的創意給予獎勵等這些簡單的行為。要改變企業的文化，首先是人們如何看待自己與他人，這就需要從包容開始。正是意識到了這一點，許多最具創造力的企業正在重新塑造企業文化。

「當一種創意行不通時，我們會很小心，絕對不會讓任何人來我們的辦公室說明原因。」紐約四季飯店（For Seasons Hotel）的經理山姆·安尼迪斯（Sam Ioannidis）這麼說道。為了改變企業文化，四季飯店停止使用像「失敗」和「錯誤」這類詞彙，而是使用小毛病這樣的用語。小毛病是可以修復或克服的，但是失敗或錯誤導致的結果往往比較持久，並且包含追究責任的含義。改用不同的辭彙來定調同樣的問題，對有些人來說似乎有些愚蠢，但是這涉及問題的核心。人們使用的語言夾帶著很多心理學上的包袱，如果你能成功地改變人們描述自己行為的方式，就能改變他們的思考方式，這在任何組織裡都將是強而有力的工具。

四季飯店在公司內推出一個創新專案，這個專案為三萬五千名員工提供形成基本設想、進行嘗試，並改善顧客體驗的工具和行為準則，其中包括一本創新手冊與一些影片。史黛西．奧利弗（Stacy Oliver）負責運作這個專案，認為沒有必要擁抱失敗，但必須接受失敗是日常工作和生活的一部分。

Google則是更進一步地慶祝失敗。亞斯卓．特勒（Astro Teller）是Google X實驗室的負責人，他不但在每一次失敗後會恭喜團隊，還常常給予那些早期就失敗的專案團隊獎金與額外的假期。「如果在專案早期就失敗了，這種失敗的代價還是很低的。」特勒這麼說道：「但是如果在專案即將結束時失敗，失敗的代價就太高昂了。」Google的目標是讓團隊盡可能在早期失敗，這樣一來就能轉而嘗試其他可能會成功的專案。如此節省的時間和金錢，以及空出來的人手就能支援一些新專案，並承擔更大的風險。

在接受《耶魯洞見》（*Yale Insights*）的一次訪談中，IDEO的總裁暨執行長提姆．布朗（Tim Brown）表示：「我認為任何想要創新或是正準備進行創新的組織，有幾樣東西必須到位。其一，可能也是最重要的東西是，有一種能讓員工思想開放的手段，擁有探尋的意識和好奇心是創新所必需的。」其二，「創造出能夠建立互信的空間，以及鼓勵承擔風險的氛圍。以我們對這個世界的實用主義觀點，會更傾向盡可能地降低與回避各種風險，但是如果你想要創新，就必須承擔風險。而你要承擔風險的話，又必須在企業內部建立某種程度的互信，這是因為人們如果因為失敗而受到懲罰，尤其是那種能從中汲取教訓的失敗，他們就絕對不會主動承擔任何風險，在這種情況下，你就無法獲得任何創新。」

艾瑞克・貝爾曼（Eric Berman）是臉書的前客戶夥伴，對上述兩點可以說是感同身受，他明確地表示，在臉書，除非你沒有付出足夠努力去嘗試，否則任何人都不會因為失敗而受到批評。

要建構創新的企業文化，光是允許失敗還遠遠不夠。合益集團（Hay Group）是一家全球管理諮詢公司，它針對全球的多家企業展開研究，並且從中發現被認為最具創新能力的前二十家企業的幾個共同重要特徵。首先，這些企業都會慶祝公司有所創新，相較之下，其他企業中卻只有四九％會這麼做。更重要的是，這二十家企業裡有九〇％宣稱，任何員工如果有了很好的創意，甚至可以略過中間的管理階層，直接向最高階層彙報，而不會產生任何負面的影響，但是在其他企業裡卻只有六三％會允許員工這麼做。

資料還顯示，名列前茅的幾家最佳企業會百分之百允許所有員工像領導者那樣說話和做事，而其他企業只有五四％會允許這麼做。九五％的最佳企業會把問題視為機會。另外，九〇％的最佳企業的

創新的企業文化(一)

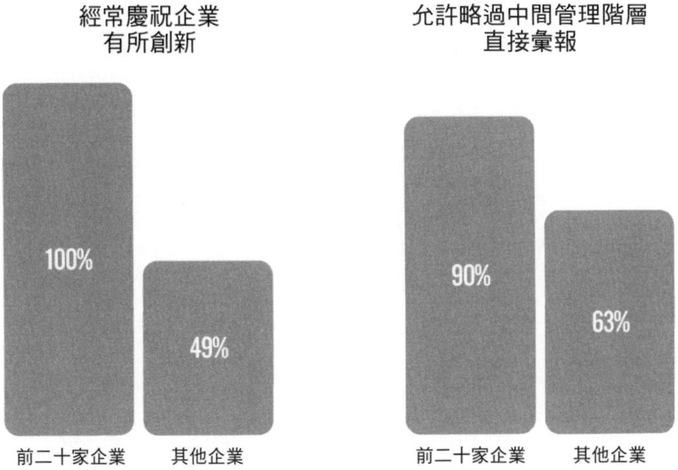

創新的企業文化(二)

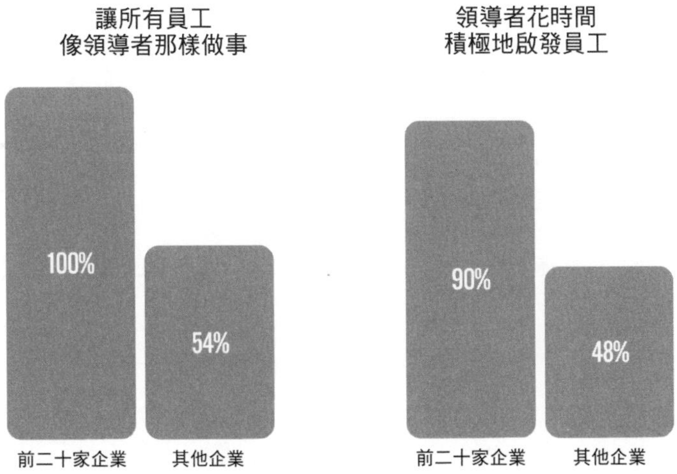

高階領導者會花時間積極地啟發員工，但可悲的是只有四八%的其他企業領導者會這麼做。

「很多企業會獎勵創新。」合益集團的領導力與人才實務主管瑞克・拉希（Rick Lash）這麼說道：「但是那些具有最佳領導力的企業會以一種自律的方式，來表現對於創新的鼓勵，它們的做法是建立有彈性的組織架構，在企業內部提倡合作，對成功予以慶祝與表彰，從挫折中汲取教訓，並在組織內部培養鼓勵創新熱情的文化。」

這裡的訊息是很明確的，想要打造包容、開放及易接觸的企業文化，想要鼓勵每個人挑戰現狀和提出新的想法，就需要創造一種氛圍，人們在這樣的氛圍裡會擁抱那些認為不可能就是可能的人。唯有當你能利用每個員工的獨特想法，企業才會擁有更多的可能，而其中的某些可能也許你永遠意想不到。只有這樣，你才能建立創新的社群，在這個社群裡，突破性想法會變成實際的專案，而大象會夢想成為展翅的雄鷹。

第二十六章
這個點子不可行，然後呢？

◇◆◇

我從每一次失敗中，都能學到一些東西。在我最早工作的兩家公司裡，參與設計的產品都徹底失敗了，但是現在我已經知道了原因。

——費戴爾，Nest共同創辦人

驅散恐懼的另一種方式是，把重點放在學習。讓我們假設你公司的某位經理耗費一年的時間、大量的資源及無數的資金，做出一個毫無用處的新產品，你怎麼可能會說對方沒有失敗呢？這個專案確實失敗了，公司也浪費了大量的時間和金錢，更糟糕的是所有人都知道這件事。這不就是失敗的定義嗎？你怎麼可能會認為這是一項小小的成功呢？公司在花費寶貴的金錢、時間與資源後，又獲得了什麼？

如果你從傳統的「投資報酬率」角度來看這件事，企業確實什麼也沒有得到。但是，如果你把目標從業務成長轉向學習成長，從這一次失敗中可以獲得很多的東西。每次一個專案的失敗，你依然會從中獲取一定的價值，就是你的經理和團隊在這個過程裡學到的東西。如果創新團隊能分析先前做過的一切，然後帶著關於顧客、市場、產品及流程等方面學習到的關鍵內容回到同事那裡，這就不是一次失敗，實際上才是真正向前邁出一步。

通常來說，從上一次的失敗中獲得的資料和對問題的深刻理解，將會導致下一次的徹底突破。你的團隊需要做的就是，不斷地把學到的所有東西與公司其他部門的同事分享。如果顧客不喜歡這個新產品的概念，就要弄清楚原因；如果產品無法以合理的成本製造出來，就需要設法明白在這項產品上還有哪些是需要做出改變的；如果他們在一個考慮不周的想法上花費太多的時間和金錢，就需要回顧原來的決策流程，並且找出到底是什麼地方出錯。

越是重大的失敗，能從中學到的也就越多。每向前一步，你都需要提醒團隊，最重要的是他們能從錯誤裡學到什麼。偉大的創新來自對問題的深刻理解，絕對不會就這樣神祕地突然出現在你的眼前，在真空中絕對不會產生頓悟。學習的過程遠比某個專案的成敗更重要，你的團隊需要密切關注這個過程，並且致力於將他們的發現用以訓練公司其他部門的成員。

推廣這類思考方式的一種簡單做法是，要求你的團隊每週都分享最新的失敗案例，並且向其他人解釋，以他們的觀點來看為什麼會發生。這樣一來，你就不再關注於失敗本身，而是更關注獲取知識的過程。你不能期望團隊總是會有問題的答案，甚至會有具體的教訓用來分享。有時候只要能提出正確的問題就已經足夠了，這個問題可能會在房間內某個人的身上引發創意的火花，並且導致神奇的頓悟。

當設定一個架構時，所有的學習過程都應該作為整體完成，而且關注的重點應該是針對業務的各個方面所提出的質疑。以下是你的團隊應該先回答的一些問題：

- 我們從中學到了什麼？
- 這會引導出什麼想法？
- 我們要蒐集哪些資料？
- 我們如何使用這些資料？
- 我們能導入外部資源提供幫助嗎？
- 公司裡還有誰應該在這個房間裡？
- 為什麼我們在這件事上花費這麼多的時間？
- 如果我們改變流程會怎麼樣？
- 真正的價值在哪裡？
- 我們所學的適用於其他的群體嗎？
- 我們該如何來總結對這個問題的關鍵洞見？
- 我們該如何針對這些問題與公司的其他部門進行溝通？

- 如果我們沿著這條路徑繼續走下去又會怎麼樣？
- 如果我們徹底改變現在的方向又會怎麼樣？
- 我們應該如何改善這個流程？
- 還有什麼問題是我們沒有詢問自己的？

失敗會有很多的原因，而其中絕大多數並不是員工的錯。員工通常不太可能故意犯錯，所以追究責任並不能解決問題，實際上反而會讓問題更加惡化。在這種情況下，更好的做法是正確辨識出到底哪裡出了問題，然後再提出適當的問題。讓我們看一看以下的情形，並且探究創新企業又會如何處理這些問題：

一、某個員工「故意」偏離規定的流程或操作慣例。

- 為什麼這個員工會不遵守規則？
- 這個員工希望從偏離規則中獲得什麼？
- 企業可以怎麼做來防止這樣的事情再度發生？

根據對醫院急症護理的研究，十個病人中會有一個病人因為醫療事故或制度缺失而死亡或受傷。山際醫療（Intermountain Healthcare）在猶他州和愛達荷州有二十三家醫院，每當有一個醫生偏離醫療規範，山際醫療就會針對這種偏離行為進行分析，以尋找改善整個流程的機會。有時候這樣的偏離會產生好結果，此時該資料就會被蒐集，並且分享給所有的醫生，最終推動對現有規範的修改或產生新的規範。在新的規範被執行後，山際醫療讓感染性社區肺炎的住院死亡率降低了二五%。

二、某個員工「不小心」偏離了標準規範。

- 為什麼員工沒有注意到自己偏離了標準規範？
- 這是不是一個常見的問題？
- 要防止類似的事情再次發生，組織又能做些什麼？

在一九七八年，當一架聯合航空的班機即將抵達目的地時，機長注意到飛機的起落架無法放下。為了避免硬著陸，他延後飛機的降落時間，並且竭力尋找是什麼地方發生問題。由於機長太急切地想要解決起落架這個被他認為是極其關鍵的問題，而忽略了一個更大的問題：飛機當時幾乎已經沒油了。當燃料耗盡後，飛機也隨之墜毀。要責怪這個機長很容易，不過人為疏失只是問題的一部分。聯合航空意識到追究責任並不能解決問題，需要做的是提出正確的問題，並且重新思考整個系統，以確保這類的事故不會再度發生。

三、某個員工無法恰當地完成自己的工作。

- 這個員工是否有能力來完成工作？
- 這個員工是否接受適當的訓練？
- 組織如何才能更好地挑選和訓練員工？
- 這個問題與工作環境有關嗎？
- 這是一個涉及與其他員工進行溝通或合作的問題嗎？

回顧當初數位用戶迴路第一次推出給消費者時，一家大型的電信公司在為顧客安裝這項服務時遇到了大麻煩，它對顧客的承諾中有七五%不能實現，還有超過一萬兩千筆訂單不得不延期交付。顧客極為憤怒，而客服人員根本無法處理排山倒海而來的電話，致使公司的品牌、士氣及商譽都受損。是什麼地方發生問題？是因為員工沒有接受適當的培訓嗎？他們是否缺乏相關的技能？在整個流程裡有什麼問題嗎？初期的試驗性專案是很順利的。

最後才發現，真正的原因是試驗性專案未能真正反應出現實情況。試驗性專案是在受到良好教育、精通技術的消費者社區內進行的，這些消費者擁有最新的電腦，而且電信公司還派出專家服務代表來安裝並提供支援。而在真實的世界裡，條件是截然不同的，正是這一點導致整個流程的崩潰。唯有當這家電信公司準確找出問題的根源，才能著手解決問題。在整個過程中，這家公司學到非常有價值的一課，任何試驗性專案都需要在真實、非理想化的條件下進行，否則獲得的資料就完全沒有意義。

四、一個有能力的員工遵循規定的流程，最終卻無法解決問題。

- 這個流程是否有誤？
- 這個流程是否不夠完整？
- 如何改善這個流程？

在皮克斯（Pixar）動畫工作室，無論什麼時候都會發生這樣的問題，公司裡的每個員工無論擔任什麼工作，都有權利質疑整個流程，並且對事情應該如何完成提出建議。你可以獲得額外的支援、開發新的工具，並提出更新產品的相關要求。只要最後幫助改善整個流程，並獲得完美的結果，就沒有什麼事情值得大驚小怪。

五、某個員工接受的任務對他來說實在是太困難了，以至他無法可靠地完成。

- 為什麼這項任務會如此困難？
- 為了完成這項任務，這個員工還缺乏哪些專業知識？
- 能否將該項任務分解成幾個部分，這樣一來會不會更容易一些？
- 這項任務是否應該外包給第三方？

當我在一家上市公司裡協助經營手機遊戲社群時，我注意到在不同手機上的品質保證測試流程非常複雜，而且有時還很難讓人理解。顯然是因為需要測試的手機類別實在太多了；此外，軟體問題涉及的因素也很多，這對任何品質保證測試人員來說，確實是太無能為力了。我的團隊為此提出的解決方案是，將品質保證的工作拆成幾個部分，然後將其中不同的部分交給團隊裡不同的成員完成。這麼做的結果是，品質保證測試流程的速度加快，錯誤也更少。

六、流程實在太複雜了，員工無法根據這個流程來處理相關問題。

- 能否簡化流程，讓流程的管理更加簡便？
- 流程中的哪些部分是沒有必要的？
- 為了避免再次出現錯誤，能不能重新設計這個流程？
- 大多數的問題是由流程裡的哪些部分引發的？

在Founders Space，我們會舉辦很多的活動，當活動很簡單時不會出現任何問題，但是如果想要舉辦更大規模、更複雜的活動時，沒有任何一個員工能夠知曉活動的所有細節。解決方案是將整個流程拆成幾個部分，針對活動的每個細節做出詳細的檢核清單，然後再進行確認的流程，以確保所有部分都能準時順利準備好。如果在活動開始時，投影機無法正常運作，或是啤酒還不冰，就會有些尷尬了。

七、由於不清楚未來會發生什麼，導致員工因為這種不確定性做出的決定產生不好的結果。

- 是什麼導致了這種不確定性？
- 能否減少或消除這種不確定性？

- 如何才能讓員工更清楚地獲知未來會發生什麼？
- 組織是否能利用第三方的幫助來解決這個問題？

當二〇〇八年金融危機發生時，矽谷知名創投公司之一的紅杉資本，發表一份名為「安息吧：美好的時光」（RIP: Good Times）的差勁PowerPoint。這是針對其投資組合公司的執行長，並解釋他們應該如何裁員、減少開支，為最壞的情況做好準備。在有人外流後，這份PowerPoint就像野火般在矽谷蔓延。在我的新創企業裡，員工開始擔心他們的未來。這是不是意味著他們會被裁員？我們的公司會不會關門大吉？他們應該尋找新工作，還是要先完成眼前的專案？

我們的管理團隊不得不投入很多精力來降低焦慮並消除不確定性，盡最大的努力來解釋當時的情形，並且安撫員工的恐懼心理，與此同時，我們也在不斷強調實現發展目標的重要性。如果當時忽視這個問題，只會讓事情變得更糟。

八、在測試一項新產品或新服務設想的實驗過程中，你終於意識到這個設想根本就行不通。

- 我們能從這個實驗裡學到什麼？
- 針對這項新產品或服務的實驗能告訴我們什麼？

- 應該放棄還是修改這項新產品或服務嗎？
- 能不能對這項新產品或服務做出改變，並且產生正面的結果？

當Venmo在二〇〇九年剛剛成立時，目標是讓使用者用簡訊發送喜歡樂團的名字，而使用者就能得到一首可以該樂團的MP3歌曲。從這個嘗試中，該公司了解到這並不是什麼大生意，最初的設想完全是錯誤的。這時候它開始提出一些連自己都很難回答的問題：應該繼續努力，還是要放棄這個想法？利用相同的架構，還能做出其他的產品嗎？這些問題讓它最終推出一個能簡化朋友間互相支付的應用程式，這一次他們的想法成功了。PayPal於二〇一二年收購Venmo，現在它已經是全世界成長速度最快的支付應用程式之一，每季在它的平台上需要處理超過二十億美元的付款服務。

九、一次目的在於獲取知識或資料的探索性實驗失敗了。

- 這個實驗為什麼會失敗？
- 我們能不能設計一個新的、更好的實驗？
- 是否有其他的方式來獲取資料或相關知識？
- 我們能從這次實驗中學到什麼？

在禮來（Eli Lilly）是這樣處理這類失敗的：他們透過舉辦「失敗派對」來慶祝一項科學實驗並未獲得預期的結果。這種做法有助於消除因為失敗而帶來的恥辱感，並且將人們關注的焦點轉移到這一次實驗是如何巧妙進行的，以及人們能從中學到什麼。這也讓科學家要重新分配到一些新的專案中變得更容易。每個人都想要有一場派對，所以失敗並沒有被刻意地延遲，他們會儘早也盡可能多地舉辦這樣的慶祝派對，從而為公司節省金錢與資源。

第二十七章
那些無法起飛的大象

◇◆◇

創業是非常困難和痛苦的，我想我大概不會建議那些無法處理極端壓力的人創業。

——納瓦爾・拉維康特（Naval Ravikant），AngelList 的共同創辦人

所有快樂的公司都很相似，但是每家不快樂的公司都有各自的原因。這句話是列夫・托爾斯泰（Leo Tolstory）說的嗎？或是唐納・川普（Donald Trump）說的？無論是誰說的都沒關係。這裡的重點是，與成功相比，我們可以從失敗中學到更多的東西。失敗越是引人注目，能學到的東西也就越多。所以接下來我會分析一些失敗的新創企業案例，看一看從每個案例中都能學到什麼。

◆ Homejoy：矽谷寵兒的商業模式缺陷

Homejoy是矽谷的寵兒。從表面上來看，它的創意非常誘人，堪稱家事服務業中的Uber。你需要有人幫忙清掃家裡嗎？Homejoy在網路上進行群眾募資，確保會享有最佳體驗，而且收費低於產業平均水準，它宣稱可以透過有效的規模化來做到這一切。

據估計，這個全球市場約四千億美元的規模，而且這家大膽的新創企業毫無壓力地從頂尖創業投資公司取得三千八百萬美元的融資，參與投資的創業投資公司，包括Google Ventures和PayPal的創辦人馬克斯・列夫琴（Max Levchin）。那麼是什麼地方出了問題？又怎麼可能會出現問題呢？

如果你觀察一下該公司的商業模式，事情就會變得清晰。在取得創業投資後，它開始全力快速擴張，提供優惠的交易條件，並且對開發新使用者的成本進行補貼。想不想要只花十九美元就讓你家變得乾乾淨淨？Homejoy會用這個價格來幫你做好這件事，因為它相信顧客終身價值超過進行促銷的花費。

但是在早期，這個商業模式的問題就已經顯現了。顧客並沒有足夠的黏著性，原因是服務品質很差。那些清潔人員的服務品質大多低於平均標準，而Homejoy又沒有在人員審核上真正做好把關。Homejoy從一開始就沒有弄清楚的是，好的家事服務人員要找到一份工作是很容易的。事實上，市場有很大的需求。口碑傳播是很快的，在從事這份工作一段時間後，他們往往不得不停止接受新的顧客。因此，他們為什麼還要在Homejoy上登記註冊，並且把他們辛苦賺的錢和你分享呢？

所以，Homejoy能夠派遣的清潔人員就只剩下一些新手和在工作上偷懶怠惰的人。新手根本就不知道他們該做什麼，而那些在工作上怠惰的人又根本不會獲得使用者再次推薦。Homejoy當時過於專注擴張和進入新市場，所以從來沒有真正思考該如何吸引更好的家事服務人員，後果就是顧客怨聲載道。所以，你絕不應該經營在雙邊市場上都無法加值的企業。

儘管有上述這些問題，Homejoy在當時卻像野草一樣不斷成長，它在六個月內擴張進入三十個城市，包括倫敦、巴黎及柏林。「每次你進入新市場時，就好像推出一家新創企業。」Homejoy當時的執行長阿朵拉・張（Adora Cheung）這麼說道。Uber正走向全球，為什麼Homejoy就不行呢？兩者的區別是Homejoy的模式在當時就已經崩潰了。

家庭清潔人員並不像計程車司機，清潔人員在工作結束後不會消失，好的家庭清潔人員會和同一個顧客維持多年的關係，但是Homejoy卻要從中拿走二五%的費用，因此那些清潔人員為什麼還要卑躬屈膝地使用你的產品呢？很多最佳的清潔人員確實會使用Homejoy平台來尋找新的顧客，但是他們在找到顧客後就會放棄這個平台，並且在Homejoy的系統外收取報酬，他們把這稱為平台的漏洞，而Homejoy未經周密考慮的收費架構對此則完全無能為力。

Homejoy前員工聲稱只有一五%至二〇%的顧客會在一個月內再次下單，Homejoy則聲稱在有些市場的比例為三〇%至四〇%。無論是哪一個資料都不足以阻止公司在現金上的損失。到了最後，使用者的減少、平台的漏洞、糟糕的服務，以及快速的擴張，混合在一起就成為致命的毒藥。公司在燒了數千萬美元後，卻從未真正考慮該如何處理商業模式上的缺陷。這對所有的創新者都是一個教訓：你可以對商業模式創新進行實驗，但是要確保事情做得合情合理，畢竟二加二並不等於十。

◆Cherry：失敗的定價策略

特拉維斯．范德詹登（Travis VanderZanden）放棄他在Yammer的管理工作，他在這個職位上可以從股票選擇權中獲得七位數的收益。他放棄的是一大筆錢，但是如果你有夢想，就應該去追求。他的夢想是使用者只需要在手機上按一個按鍵，他們的車子就能在一小時內被洗得乾乾淨淨。他甚至還開發出一種專利方法，可以不用水來洗車，因此在任何地方都可以完成洗車服務。更妙的是，美國洗車市場有一百九十六億四千萬美元的商機。

范德詹登自己投入五十萬美元，隨後又取得四百五十萬美元的融資，這筆創業投資是由沙丘路上一家著名的創業投資公司夏斯塔創投（Shasta Ventures）領投。他有了一個很好的開始，但是很快就不得不面對現實。有太多的事情是范德詹登一開始根本沒有考慮到的。首先，每次洗車的收費是三十美元，這是很高的價格，相對於絕大多數免下車洗車店只收費十美元，甚至還有更便宜的選擇。但是，他又必須收取這麼高昂的費用，因為派遣人員到顧客的家或辦公室的成本是很高的，而那些加油站的自動洗車店幾乎不需要任何人力成本。

第二個問題是，人們並不需要經常洗車。也許你有潔癖，會每週洗一次車，但是大多數人可能一個月或更久才會洗一次車。在這一個月內，一般來說你至少會去加油站一次，而在那裡洗車只要十美元或更少的費用。另外，在那裡洗車更方便，你只要開車通過自動洗車機就好了，不需要調出Cherry這個應用程式，然後再預約洗車。

上述兩點就足以讓范德詹登短暫而美好的前景破滅了。可惜的是，他最後不得不結束新創企業。如果他能花費更多的時間與第一線的顧客進行交流，我們就可能會告訴他三十美元太貴了。

◆ Rewinery：抓不住市場兩端

Rewinery是由喬安娜・科利爾（Joana Kollier）和保羅・勒納（Paulo Lerner）這兩個巴西人建立的。Rewinery的使命是，讓你無論在家中、飯店、公園或其他地方都能享受到醉人的酒！你只需要按一個按鍵，在一個小時內就會有一瓶酒出現在你的眼前。他們提供某些酒的價格低到只要五美元，這已經足以與當地的雜貨店和工廠直營店競爭了，而其他優質的酒也依然享有折扣。為什麼這家令人耳目一新的新創企業卻還是失敗了呢？

我相信大多數人並不會像想像中那樣經常買酒。我自己就不常買酒，而當我確實想要喝酒時，通常會先買一瓶來啜飲，如果我確實喜歡這種酒，就會買一整箱，這樣就夠我喝上一段時間了。至於那些真正的酒品鑑賞家，家裡總會存放大量的酒，很少出現短缺的情況，因此不會需要這樣的服務。另外，他們對於要喝什麼酒是極為挑剔的，價格並不是他們考慮的主因，找到另一瓶好的酒才是最重要的。

至於對我們這些非鑑賞家來說，價格則會更敏感。在當地的零售店，如BevMo裡，你會有足夠討價還價的餘地！Rewinery的問題是隨需快遞酒的費用很高，因此如果以低階市場為主，將沒有任何利潤，而高階市場又不需要它的服務。這就讓它根本沒有生意可做。

再見了，Rewinery！這家企業永遠也無法起飛。

◆Turntable.fm：無法提供持久價值

比利．查森（Billy Chasen）和塞思．戈爾茲坦（Seth Goldstein）在二〇一〇年推出了Stickybits，在這款行動應用程式中，各種品牌可以將二維條碼放在產品上，使用者透過掃描二維條碼贏得報酬。這個創意非常引人注目，他們很快就取得七位數的融資，並且吸引媒體的注意。但是，它最終卻未能起飛，使用者對此似乎漠不關心，所以查森和戈爾茲坦將公司轉往另一個完全不同的方向。受到他們熱愛音樂的啟發，推出了Turntable.fm，這是一個以音樂為社群媒介的服務網站，在這個網站上，所有的使用者可以用自己的化身彼此交流，而虛擬ＤＪ則會在一旁為使用者播放各種音樂。

在一開始的三個月，Turntable.fm吸引超過三十六萬名使用者，並從一些知名創業投資公司及音樂界名人那裡取得七百萬美元的資金，其中知名創業投資公司包括First Round Capital、Polaris Venture Partners、Lowercase Ventures，而音樂界的名人則包括艾希頓・庫奇（Ashton Kutcher）、吉米・法倫（Jimmy Fallon）、女神卡卡（Lady Gaga）、肯伊・威斯特（Kanye West）、特洛伊・卡特（Troy Carter）和蓋・歐賽瑞（Guy Oseary）。媒體狂熱地宣傳著他們的商業概念，並且將其稱為線上音樂的「下一個大事件」，以及對Pandora的真正威脅。

可悲的是，開始的瘋狂並不一定意味著結局的完美。在初始的喧囂後，使用者開始感覺厭倦，並且逐漸轉向其他的網站。其根本性的缺陷是Turntable.fm沒有為顧客提供足夠的價值，它很新奇，但並不是使用者會持續使用的產品。

這個平台的利用率偏低，而在虛擬環境中和其他使用者的化身進行聊天並沒有帶來足夠的黏著性，它不像精心製作的遊戲或電影。另外，人們還不習慣在虛擬空間裡聽音樂。對大多數人來說，音樂只是一種背景體驗。我們會在開車時、運動時及工作時傾聽音樂，但是不會花費大量的時間來討論並從事與音樂本身相關的事，這並不是很常見的社會行為，更何況它還需要使用者投入全部的精力。「人們在幾週後就會感到厭倦。」查森坦承道：「Turntable.fm耗費人們太多的時間，這幾乎像是一個遊戲，因此你在工作中很難想到要使用這個平台。」

尼爾．艾歐（Nir Eyal）是一個習慣設計的研究人員，他相信當使用者感知到某件產品的用途，並且經常使用該產品時，使用該項產品的習慣就建立了。Spotify和Pandora能做到這一點，是因為無論我們在什麼地方，它們都允許使用者很容易接觸到可供選擇的龐大音樂庫，而Turntable.fm只有很少的用途及娛樂價值。

這個故事的寓意是，即便女神卡卡和矽谷早期的超級天使投資人克里斯．薩卡（Chris Sacca）都很喜歡你，也不意味著你一定就能做出什麼。如果無法留住顧客，這個世界對你的萬千寵愛、手上的大把金錢及早期的成功經歷都無法拯救你。新奇的事物在最初幾個月內常常能衝上巔峰，但是也會很快衰退，因為它們往往無法為顧客提供任何持久的價值。有些企業也許能一躍而上，但是真正飛翔在空中才是最艱難的事。

◆Theranos：可行性是首要考量

在你的技術被驗證確實可行前就對外宣布已經成功，這可能很有誘惑力，但是絕對不要犯下這樣的錯誤。Theranos那個毫無經驗的創辦人就做出這樣的傻事。身為史丹佛大學畢業生的她在十九歲時就創立了這家公司，該公司是基於一個極具吸引力的基本構想而建立的，就是只用一滴血來進行醫療診斷檢測，整個過程不但毫無痛苦，還非常便宜。

很多矽谷的頂尖創業投資公司為她的故事傾倒，並且把這家不成熟的新創企業估價一路推上九十億美元。這裡有一個骯髒的小祕密是，Theranos把大多數的檢測外包給第三方，而結果卻不像宣稱的那麼光彩奪目。可悲的是，沃爾格林（Walgreens）據說在還沒有實際驗證Theranos獨有的愛迪生手指穿刺檢測技術之前，就已經在亞利桑那州與加州的四十一所健檢中心（Wellness Centers）部署相關的產品。

直到食品藥物管理局採取嚴厲的措施，表示奈米容器是一種「未經驗證的醫療器材」時，人們才對此予以關注。Theranos捲入訴訟的旋渦中，還可能面臨潛在的犯罪指控，這對所有的股東和創辦人都不是什麼好事。因此請記住，調整企業的發展方向並不是犯罪的行為，在矽谷更是如此，但是誤導投資人與社會大眾就涉及犯罪。這種行為會讓你坐牢，至少會損毀你的名聲。如果你的技術無法像承諾得那樣行得通，只要承認這個事實就好了，你還可以延後產品的發表，並且尋找其他的選項，絕對不要像Theranos做出那樣的蠢事。

◆e租寶：你的創意不該用在記帳方式

在中國，P2P借貸新創企業引發非常嚴重的問題。e租寶在當時是金融科技領域的寵兒之一，但是卻編造類似七十六億美元的龐氏騙局。它向接近一百萬投資人提供的投資產品絕大部分都是子虛烏有的，隨後又大肆揮霍這些投資款項，用以購買禮品與發放工資，同時掩蓋犯罪證據。

最終中國政府逮捕了二十一個人，並且公布新的法規來規範這個產業。這裡得到的教訓是，無論多麼具有誘惑力，絕對不要編造事實。有創意的產品是一回事，但是有創意的會計記帳方式就完全是另一回事了。你們應該將對於未來的願景落實在某種形式的現實之上，一旦發現目前的設想行不通，就應該停下來，並且坦誠地公諸於世。這麼做不但是一件正確的事，也是一件很聰明的事。

◆Quirky：放眼眾多小機會，最終失去機會

Quirky是一系列因為錯誤而導致悲劇的又一個案例。我非常喜歡Quirky這家新創企業。當我第一次聽到這家充滿生機的小公司時，就愛上它的商業概念，我真希望這個概念是由自己提出來的。它賦予那些個人發明家將夢想中的創意帶到現實的機會，並且透過合作努力幫助他們把自己的發明推向市場。在這個概念裡最迷人的地方是，任何人都可以參與其中，並且貢獻自己的才能，而且參與者還可以對最佳創意進行投票。Quirky將會承擔其中最困難的工作，並且向所有的關鍵參與者提供產品的專利使用費。

Quirky抓住全球發明家和業餘愛好者的想像力，創投資金對此也像是發瘋一樣，對這家新創企業投入一億八千五百美元，投資人包括所有投資界的明星，像是安霍創投、Kleiner Perkins、

Lowercase Capital、RRE Ventures及奇異創投（GE Ventures），而媒體也把這家企業當成某種時尚加以報導。Quirky的創辦人班・考夫曼（Ben Kaufman）出現在日舞影展（Sundance Film Festival）的一部紀錄短片《今夜秀》（*The Tonight Show*），以及美國幾乎所有的技術與商業出版品上。

隨後各種創意像雪崩一樣地湧入Quirky，所有創意都來自一些野心勃勃的發明者，在這些創意裡就有專門為寵物狗設計的腳踏式自動飲水機、裝飾性糕點表面模具，以及有相應應用程式的智慧存錢桶。由網路社群票選出最佳的創意，而Quirky則負責從專利到行銷和配銷等其他事項。Quirky因為那些簡單與富有獨創性的發明而獲得早期的成功，這些發明包括Aros智慧空調、Pivot Power電源延長線、Nimbus智慧鬧鐘，以及Cordies整線文鎮。

在僅僅六年內，Quirky就向市場推出超過四百款不同創意的產品。在公司資金與資源的支持下，成功地讓產品進入全美各地主要的零售商店，並且同時在網路上銷售。有那麼多的事情要做，還有那麼多的產品，Quirky又怎麼會失敗呢？

理由很簡單，因為它想做的事情實在太多了。如果你觀察一下大多數的成功企業，特別是成功的新創企業，就會發現它們都只專注在某個很狹窄的領域。蘋果在進行自我創新時並沒有推出一百項產品，一開始只推出iPod，而且只有在iPod成功後才推出iPhone。其他如GoPro只有英雄系列（Hero）運動攝影機、Nest則專注於自動溫控器，而Fitbit則致力於推動可穿戴式運動追蹤器。

另一方面，Quirky卻整天忙於推出各種產品，讓它根本無法專注其中任何一件產品，讓該產品得以脫穎而出。Aros智慧空調有這樣的潛力，但是公司卻從未真正花費力氣來尋找產品的瑕疵，並讓它變得更加完美，而要開發出一款突破性產品需要進行多次的重複，並且注重產品的細節。另外，Quirky的很多產品在上市時從未想過要打出全壘打，更像是穩固的一壘或二壘安打。在橡皮筋上裝上鉤子是一個不錯的主意，但是這種產品絕對不可能成為下一個十億美元的生意。

成功的新創企業往往專注於大機會，而不是數量眾多的小機會。即便眾多微小的成功能加在一起，這種加總也幾乎無法與一次大的成功相提並論，更何況每一次微小的成功還會消耗大量的時間與資源。Quirky陷入不斷燒錢的循環，卻未能真正推出一款足以引起轟動的產品，來抵銷不斷升高的成本。在你的產品結構裡增加更多的產品並不會帶來更多的好處，事實上這樣的做法反而有害。所以，這個策略性錯誤就像是雪球一樣越滾越大，造成Quirky在發展早期就逐漸被壓垮了。

換句話說，更多頭大象並不一定意味著成功的可能性也越大，應該是要選擇一個確定的方向，並且確保在這個方向上有充足的資源能讓企業真正飛翔。如果你想讓一頭笨重的大象飛離地面，就需要集中資源在重心的部位，施加向上的推力。

◆ Useractive：淪陷的團隊

我要對你們說一個我始終銘記在心的故事，作為這一小節的總結。斯科特・格雷（Scott Gray）是一個連續創業家，也是Founders Space最具特色的講師之一，他用最不取巧的方式，就是透過犯錯學到所有創業過程中的經驗和教訓。格雷犯下最讓他痛苦的錯誤，發生在他的第一家新創企業。

當時，格雷還在伊利諾大學（University of Illinois）香檳分校讀書。這所大學作為教育科技與網路發展的主要推動者，曾有一段極為輝煌的歷史。PLATO系統是世界上利用電腦展開教育的第一次嘗試；Telnet是透過網路來控制伺服器的第一種方法；Mosaic是世界上第一個網路瀏覽器，而這一切都是在這所大學裡開發的。

Useractive是微積分與軟體Mathematica教師連結計畫的衍生。當時格雷和妻子特莉西婭（Tricia）設計並建立一套系統，這套系統允許學生可以藉由網路瀏覽器來建立電腦程式，同時開發線上電腦程式設計課程與客製化學習管理系統，這些就是Useractive的原型。

在從原來的專案中正式獨立後，Useractive開始賺錢，並且獲得持續而穩定的成長。格雷在這時候犯下極為糟糕的錯誤。他注意到一些競爭對手獲得大筆融資，並且開始擴張業務。由於擔心無法與這樣的對手抗衡，他決定向外尋找創投資金的幫助。沒過多久，當地的一家創業投資公司給他一個很明確的報價，唯一可能對他不利的條件是，投資方有權派遣一個有經驗的執行長來掌控全局。

這個條件對這些創辦人而言還是很合理的，他們之中並沒有人擁有足夠的經驗可以讓公司快速成長。但是，蜜月期並沒有持續很長的時間。按照格雷的說法，那個執行長把大部分時間都花費在建立銷售預測模型上，並沒有真正花費力氣銷售任何產品，同時對方還在公司內增加四倍的員工。

隨著公司燒錢速度的逐漸上升，他們與執行長之間關係也變得越來越緊張。雪上加霜的是，正當Useractive即將與埃森哲（Accenture）達成一筆價值兩百萬美元的交易時，由於這位執行長的過失，這筆交易也因此泡湯了。

隨著公司開支的成長超過銷售收入，Useractive不得不回頭求助那家創業投資公司，爭取更多的資金投入。格雷試圖說服投資人開除那個執行長，但是對方卻拒絕了。唯一剩下的其他選項是不再導入資金，然後解僱那個執行長。創辦人在當時依然有能力做到這一點，格雷與特莉西婭強烈地感覺這應該是他們的最佳選擇，但不幸的是，這麼做就意味著要裁撤七五%的員工，而其他共同創辦人對此感到難以接受，因此他們最後還是選擇接受那家創業投資公司的資金，並且留下那個執行長。

一年後，他們燒完了第二輪融資，並且再次回到原點，這一次格雷並不打算就這麼坐以待斃了，他已經和歐萊禮媒體（O'Reilly Media）形成特殊關係。歐萊禮媒體既是一家出版商，也是教育課程的供應商，同時現在已經是Useractive營業收入的主要來源。格雷想辦法取得歐萊禮媒體對Useractive的一份收購要約，他把這份要約直接帶到投資人的面前，但前提條件是：解僱那個執行長。在看到已經沒有任何選擇餘地的情況下，那家創業投資公司同意這個條件，格雷終於把Useractive拿回來了！

但是，即使已經走到了這一步，事情也沒有像格雷計畫得那樣一帆風順。按照格雷的說法，公司的律師是那個執行長最好的朋友，還在不斷地扯後腿。最後，收購得以順利完成，所有事情再次步上正軌。格雷和團隊讓他們的夢想得以存活：Useractive現在已經是歐萊禮媒體的一部分，而且會有一個光明的未來。只是在這裡還有另一個問題，在完成收購交易所花費的六個月內，歐萊禮媒體進行企業重組，而剛剛完成收購的Useractive因為沒有預算而不得不全靠自己了，但這又是另一個故事了！

重點是如果你的團隊出了問題，無論你的企業有多少創意，最終都將無濟於事。選擇投資人就像結婚一樣，你一定要確信能忍受自己的配偶，因為離婚永遠不是一件容易的事。

第二十八章
排除反對的路障

◇◆◇

一個馬上就能強力執行的好計畫，會比一個下週才能到手的完美計畫來得好。

——喬治．巴頓（George S. Patton）將軍，美軍指揮官

任何組織的創新團隊都會遇到各種路障，以及無法輕易繞開的阻礙。也許你的行銷部門會這麼說：「我們也很想幫忙，但是我們現在正忙著處理全年最重要的行銷活動，你們過一段時間再來吧！」當你的創新團隊再次找上行銷部門時，對方可能會拒絕承諾提供足夠的資源，甚至還可能會扯後腿。這時候，你的創新團隊就被卡住了，已經無法繼續向前。你又該如何處理這樣的情況呢？

實際上有很多可能的解決方案。你可以從行銷部門抽調一些人手進入創新團隊，或是允許創新團隊僱用外部顧問公司和行銷公司。但問題是，這類解決方法會讓行銷部門感到不安，行銷部門經理可能並不想

讓公司的品牌被第三方使用，或許還想對整個過程保留一定的控制權。然而，如果他們不願意為創新團隊承諾提供足夠的資源，就應該放棄控制權。但是這絕不容易，也不會皆大歡喜。在這件事情上肯定會引發一些企業內部的政治鬥爭，當經理人看到他們的領域被侵犯、權利被削弱時，就會非常不安。

我曾為一家大型上市公司工作，也因此得以見識政治在企業中扮演的角色。公司的行銷部門當時沉迷於保護和控制企業的品牌，以及與媒體的所有溝通，而我所在的小組當時只是想要走得更快一些。我們的辦公室和公司總部並不在同一個地方，我們當時正在開發行動應用，包括遊戲與媒體應用。這是一個競爭非常激烈、瞬息萬變的市場，所以必須儘快讓產品進入市場，還需要用主動出擊的方式來進行市場推廣，實際上競爭對手也是這麼做的。因此，我們需要行銷部門的支援，這就不可避免地與他們的關係緊張。

平心而論，行銷部門確實有一定的道理。我們是一些牛仔，所有人在加入這家公司前都是一些新創企業的員工，因此已經習慣按照自己的方式做事。所以自然而然地，有些主管擔心我們可能會對媒體說些什麼，而我們所說的事情有可能會影響公司的股價或打亂執行長的計畫。另外，還有一些法律問題需要考慮，這畢竟是一家上市公司，我們所說的東西可能會構成股東起訴公司的依據，因此企業對行銷部門和公關部門進行嚴格控制並不是毫無道理的。

對我們進行嚴格約束是可以理解的，不過這麼做確實也對這個小組造成不少難題。公司要求我們的每件事情都要預先申請，獲得批准，包括從應用程式的名稱，直到行銷資料、公司商標的使用、每一次的新聞發表會，以及我們能夠對記者說的話。在有這麼多約束的情況下，要如何和那些緊追我們腳步的數千家新創企業競爭呢？我們如何在創新產品上承擔必要的風險？們又如何能期望在行動平台上將各種可能性推演到極致？當時的感受就好像是我們在進行百米衝刺時，腳踝上卻綁著鐵鍊和鐵球。

最終，我們最野心勃勃、最具創新的專案——一個社交約會的應用程式未能正式發表。他們否決該專案的理由是不喜歡那個名稱，還認為這個專案太過性感了。這個專案和Tinder很類似，但是它出現在iPhone上市之前，當時還處在翻蓋式手機的時代。我們永遠也不會知道這個專案是否會成功，當時如果能被允許進行一些嘗試就太好了，我們可以從中學習到很多東西，並且開發其他創新產品。但是，由於企業內部政治鬥爭的結果，幾個主要的主管和我都離開了這家公司，並且建立各自的新創企業。我的前公司不但損失了這個創新專案，還失去一些最具衝勁又堅定不移的員工。

那麼你又如何避免犯下這樣的錯誤呢？首先，你需要向公司內的每個部門和員工都清楚地表明，你的創新團隊是截然不同的，他們沒有必要遵守和其他人一樣的規則。如果有任何部門無法提供幫助，他們完全可以到其他地方尋求協助，可以僱用公司外部的人才、尋找第三方公司，甚至還可以和競爭對手合作。換句話說，他們應該被允許去做任何想做的事，無論那樣會付出什麼代價。

創新團隊應該被視為在一家組織內部獨立自治的新創企業。如果他們明天需要一台電腦，完全沒有必要經過漫長的採購流程，應該可以直接拿出自己的信用卡，並且立刻上網購買；如果他們需要在下個月就準備好原型機，應該被允許繞過設計工程部門；如果公司的工廠還沒有準備好接受小批量的訂單，他們還應該可以自行僱用任何可以做到準時交貨且最佳價格的人來做這件事。

◆攸關生死的八個規則

這裡是能夠幫助你去除障礙的八個簡單規則，包括一些已經在前面幾章分享的想法和觀點。

一、將創新放在優先的位置

圍繞特定任務創造出緊張的氛圍，這樣一來，每個人都會知道這是一件非常重要的事，你不是搭上這輛創新的列車，就是不要擋路。

二、形成聯盟

在現有各事業單位的經理與創新團隊成員之間建立夥伴關係。如果你想在公司內獲得創新的成果，就不能把創新團隊的成員與企業的其他部門完全隔離，每個人都應該參與其中。為此，你可以把創新專案的歸屬權和相應的榮譽與各事業單位的負責人分享。

三、建構願景

沒有關於全新未來的願景，你的團隊就沒有努力的目標。願景必須清晰明瞭且令人信服，只有這樣才能圍繞著這個願景建立任務和使命，並且展開任何必要的策略性方案。

四、招募志願者

你會很驚訝地發現，儘管有些人並沒有獲得相應的報酬，但他們還是會做出非常出色的成果。志願者往往能與核心創新團隊一樣做出貢獻。最好的志願者常常來自於公司內部，他們之所以願意這麼做，是因為相信你的願景和使命。這個願景就是企業的未來，他們希望在這個願景實現的過程中成為參與者。你應該為這些志願者開闢出一條與創新團隊共同合作的路徑，幫助創新團隊成員繞過路障、找到額外的資源，並且解決相應的問題。

五、建立新路徑

大企業有嚴格的管理流程和清晰的上下關係並不是毫無理由的，公司管理階層的工作就是讓企業核心事業單位的業績表現最佳化，他們絕對不會為了一個微小、未經驗證的專案，而損害公司數百萬或數十億美元的營業收入，因此他們肯定會逼迫創新團隊遵循企業固定的流程。你必須授權創新團隊可以自行尋找其他的途徑來達成目標，他們必須有能力闖出一條新路、選擇捷徑，並且穿越禁區，否則企業運作的齒輪只會把他們碾碎。

六、設定可實現的目標

創新是漫長、曲折及痛苦的旅程。想要成功地走到終點，就必須讓你的團隊在整個旅途中設立一連串較小的里程碑，你可以用這些里程碑來衡量創新進展，並且分享過程裡的教訓。讓你的團隊做一些短距離的衝刺、提出一些設想，並且加以測試。每到達一個里程碑，你的團隊就應該與公司內所有主管分享發現。每一次成功和失敗都應該被視為一次集體學習的機會，並且加以慶賀。

七、不要放棄

有些方案在剛開始時會得到積極回應，但是幾個月後往往就後繼無力，因為大多數主管在回去後依然會按照習以為常的方式來處理業務。那些創新者也許會喋喋不休地提醒大家，但是如果沒有管理階層在背後支持，他們就會被排擠到一旁，然後被人徹底遺忘，或是再次退回到現有的專案中。絕對不要讓這樣的事情發生，從執行長直到最基層的員工，每個人都必須參與創新的過程。

八、擁抱變革

上述這些原則需要你對企業做出突破性變革。如果你想讓大象能夠真正地飛起來，就需要準備好推翻企業長期以來的傳統，改寫那些早已固定的流程，而在這個過程中會讓很多人寢食難安，這就是創新遊戲的本質。

◆內部創業的精神

有些大企業將這八個原則進行實際應用。萬事達卡（Mastercard）有一萬名以上的員工和九十五億美元的年營收，在它推出的育成平台——萬事達卡實驗室（Mastercard Labs）上，已經育成一些像ShopThis!這樣的創業計畫。ShopThis!是一個能讓消費者直接從一本數位雜誌的頁面上購買產品的平台，它在剛開始時只是一個九人的團隊，被告知如果專案有可能會失敗的話，就最好儘快發生。「這就像是一家新創企業。」菲力浦．霍諾維奇（Phillip Honovich）這麼說道。他年僅二十五歲，從學校畢業後就加入萬事達卡。ShopThis!只是由萬事達卡所推出的數十家微型公司裡的一家，萬事達卡期望透過這些微型企業來幫助重新建構商業和支付的未來。

萬事達卡還與惠而浦合作推出一款智慧型手機應用程式，這個應用程式可以讓使用者進行支付，並且遠端監控在自助洗衣店內正在清洗衣服的狀況，所以你沒有必要坐在那裡等候衣服洗完。

通常來說，像這類新專案想要獲得批准需要好幾週的時間，但是透過去除障礙，這款應用程式在不到一週就完成從構想到批准的整個流程。

萬事達卡並沒有在推出萬事達卡實驗室後就止步不前。它在公司內展開創業競賽，並且對脫穎而出的頂尖內部創業團隊給予最高二十五萬美元的獎勵，透過這樣的形式，他們把萬事達卡實驗室又向上提升一個層次。「這不只是金錢上的獎勵。」萬事達卡創新長蓋瑞・里昂（Garry Lyons）說道：「這是在鼓勵我們的員工做一些有意思的事，而且在這個過程中還可以獲得公司的品牌商譽與網路資源的支援，這就像是在我們的圍牆內建立自己的公司。」

萬事達卡和惠而浦並不孤單，美國運通（American Express）、可口可樂（Coca-Cola）、奇異、大都會人壽（MetLife）、Mondelēz International、泰科、IBM及思科系統（Cisco Systems），這些企業都在疏通產品管道，並且給予內部創業者嘗試的機會。和之前的做法不同的是，它們並沒有簡單地尋求從母公司中剝離出一家新的實體，目標是將內部創業的精神注入企業的各個層面，不但感染只有二十幾歲的年輕人，還要影響那些經驗豐富的經理人與古老傳統的衛道者。

例如，奇異已經資助超過五百個由員工發起的專案，並且嘗試在九十天的短期衝刺中，讓團隊落實和開發這些專案。當專案失敗時，經理人就可以從中學到教訓並重新開始。喬安娜・威靈頓（Johanna Wellington）是奇異的一個研究機構的領導者，她就碰到一個試圖將固態氧化物燃料電池商業化的專案，這個專案如果能成功，就可以把天然氣轉換成電力。「我們擁有和新創企業一樣的彈性，」威靈頓說道：「而從長遠看來，這個專案可能會對我們的利潤產生重大影響。」

奇普・布蘭肯希普（Chip Blankenship）是奇異家電（GE Appliances）的執行長，他對內部團隊發出這樣的挑戰：「你們將對顧客所能看到的每一部分做出改變。你們不會有很多的錢，團隊也會很小，在三個月後就要提交原型產品，在十一或十二個月後，必須拿出可生產的產品。」這麼做的目的是，要讓這個團隊的運作就好像是在巨人體內的一家精實新創企業。到目前為止，成果讓人印象深刻。奇異家電的產品開發成本下降了五〇％，團隊的行動速度比之前快了一倍，而且銷售金額也加倍成長。

奇異還僱用超過五百個教練來培訓主管承擔風險、擁抱失敗，並且像創業者那樣進行思考，甚至把核心員工送入內部創業團隊裡，與他們一起工作並觀察這家企業內的另一半是如何存活的。泰科也把教育放在首位，邀請知名的創業者和創業投資人對內部團隊授課。

在可口可樂，員工與外部創業者合作開發新的產品和服務，其中的一個例子是Wonolo，這是一家用Uber模式來為企業提供臨時員工的平台，和Wonolo的合作讓各家商店都能依需求對可口可樂系列產品及時補貨。「這是一種新的工作方式，最終所有的大型企業都會採用這種方式。」可口可樂的創新副總裁大衛・巴特勒（David Butler）表示。

如果那些大企業想招募和留下最好的人才，就必須做出改變。當你詢問大多數的千禧世代，其中絕大多數的人會回答他們更願意為新創企業工作。他們渴望自由，以及從一無所有到創造出某項新東西時伴隨的挑戰與責任。萬事達卡已經接受這項挑戰，並且以讓人眼花繚亂的速度招募最年輕的這一代。現在萬事達卡年輕員工的人數已經占公司員工總人數的三八%，而在二〇一〇年這個數值還只有一〇%。

有一件事是絕大多數大企業無法做到的，就是獲得股權。經營一個純粹的內部創業計畫，沒有人會在最後成為億萬富翁，這就是為什麼像思科系統這樣的企業正在試驗「內部育成」模式，因為利用這種模式就可以獲得最好的創意，並且像一家創業投資公司那樣對專案進行投資，然後把這個專案從公司中剝離，讓它完全依靠自己的力量進入市場。如果某個專案在市場上真正成長了，公司就有權在將來再次收購回來。這種做法能讓內部創業者轉變成為普通的創業者，並且賦予他們真正新創企業具有的自由與組織架構。然而，這樣一來，企業也需要準備好面對因為嫉妒而引起的麻煩，因為並不是每個員工都有機會參與這樣的專案。

◆不要在負面評價和言論面前妥協

在真正走出這一步之前，還是要謹慎一些。在一家組織架構完善的大型企業裡，突然冒出一大群剛剛畢業的學生，他們就像是獨立的新創企業創辦人那樣在你的企業內四處行動，聽起來好像很不錯。但是，每當有人試圖改變現狀時，特別是如果那個人不過只是一個有些自以為是、取得企管碩士學位的二十幾歲年輕人時，企業內部就會湧現出負面的言論與評價。對此，你必須小心謹慎，因為那些看起來更像是被激怒和有些嫉妒的人可能是企業的高階管理者。

人們天生就有一種領地意識，並且希望對自己領域內的事物具有一定的控制權。大多數人最不想要看到的就是一個外來者，特別是年輕人，在我們的面前做出改變、提出要求，並且弄亂早就仔細準備好的計畫。但這正是你的創新團隊將要做的，因為新創企業要做的就是這樣的事。

在很多組織裡對變革的抗拒是如此強烈，以致於完全麻木了。按照科特國際（Kotter International）的說法，這就是七〇%新的、大規模的策略計畫無法達成目標的原因。創新計畫又是所有變革中最具威脅的，因為通常建議的是某種徹底的變革。就算只有一絲機會，在你的企業中自然生成的抗體就會乘虛而入，消滅這些帶來變革的因素，因為他們將這些變革因素視為具有傳染性的細菌，所以必須在擴散之前就予以清除。

有很多種方法可以防止這種情況發生，我們會在之後對此予以詳細闡述，但是在此就從最基本的地方著手：從負面情緒開始。你必須先面對的是人們會如何看待變革本身。變革可以被視為正面的，也可以是負面的。這就像是你會用什麼方式來描述只有半杯牛奶的杯子，你可以說杯子有一半是滿的，也可以說杯子有一半是空的。但是，在你的企業裡不應該有說杯子一半是空著的人。每個人都應該知道悲觀情緒會扼殺創新，而企業不該容忍這樣的情緒。

與其他事物相比，負面的態度和情緒更擅長扼殺創新團隊的生命力。因此，第一步要做的是讓整家公司意識到哪些語言會扼殺企業的進步，並且明確要求員工必須注意日常表達方式。這裡有一些需要盡可能回避的語句，當然你還可以列出更多類似的表達形式：

- 這是不可能的。
- 我們不能這樣做。
- 這個想法太愚蠢了。
- 我們幫不上忙。
- 我們沒有時間。
- 這違反了我們的政策。
- 你肯定是在開玩笑。
- 這太荒謬了。
- 我們沒有預算。
- 這不符合規定。
- 這不是他們想要找的東西。
- 這種東西永遠也不會獲得批准。
- 你是在胡思亂想。

- 這不是我們的責任。
- 這麼做我們永遠也無法賺錢。
- 在這裡不是這樣做事的。

在歷史上並不缺乏各種反對者的例子，實際上在反對者中有很多人都是聰明人，只不過他們未能看到事物的全貌。無論你自認有多麼聰明，永遠不要自以為能夠預測未來。如果以下這些人都無法預見下一波社會變革的海嘯，你也同樣無法做到：

- 愛迪生曾說過一句名言：「留聲機沒有任何商業價值。」
- 諾貝爾物理學獎得主羅伯特·密立根（Robert Milliken）曾說：「人類絕不可能有能力釋放原子的力量。」
- 西聯匯款（Western Union）的總裁威廉·奧頓（William Orton）曾說：「這種『電話』有著太多的缺點，不太可能被真正當成正式的通訊工具。」
- 華納兄弟影業（Warner Bros. Pictures）的創辦人哈利·華納（Harry Warner）曾大聲宣稱：「又有誰會想聽演員說話呢？」
- 二十世紀福斯（20th Century Fox）的共同創辦人達爾·柴納克（Darryl Zanuck）曾說：「六

個月後，電視機將不得不從已經進入的市場中退出，因為人們很快就會厭倦每晚都盯著一個木箱看。」

- IBM的董事長湯瑪斯・華生（Thomas Watson）曾經這麼評論道：「整個世界只需要五台電腦就夠了。」
- 數位設備公司（Digital Equipment Company）的總裁肯・奧爾森（Ken Olsen）這麼說過：「沒有理由會有人想在家裡擁有一台電腦。」
- 乙太網路的共同發明人梅特卡夫曾說：「我預測網路會很快就會成為引人注目的超級巨星，但是到了一九九六年網路就會發生災難性的崩潰。」
- 克里夫・斯多（Clifford Stoll）是一個作家和電腦極客，曾說：「事實上沒有什麼線上的資料庫能取代每天的報紙、沒有一張光碟能取代一個有能力的教師，也沒有什麼電腦網路能改變政府運作的方式。」
- 微軟的執行長史蒂夫・鮑爾默（Steve Ballmer）曾說：「iPhone沒有任何機會獲得可觀的市場占有率。」
- YouTube的共同創辦人陳士駿曾對公司的長期生存能力感到憂心，他說：「只是沒有那麼多我想要看的影片。」

那麼你又要如何才能避免那些非常聰明的人來阻擋你前進的道路呢？首先，不要聽他們在說什麼，每個人都會被自己的偏見蒙蔽，這是人性的一部分。你越聰明，就越有理由相信你是正確的，而其他人是錯誤的。聰明人並不一定總是能看清在周圍實際上發生了什麼事。與反對者戰鬥的唯一方式是，確保你的創新團隊是由樂觀積極的思考者所帶領。研究表明，樂觀人士往往更容易成功，因為他們會面對挑戰。當機會沒有偏向他們時，他們會比以往任何時候都更想要獲勝。

迷思

創新可以預先計畫

人們說，生活是當你還在做其他計畫時，它就已經發生了，而創新則是當你扔掉計畫並開始尋找一些新的東西時才會發生。對於創新，你無法做出任何計畫。就其本質而言，創新是發現一些未知的東西。甚至你根本就不知道自己在尋找什麼。大多數偉大的創新是你在偶然的情形下碰上的，它們會出現在你探索的過程中，而且你幾乎不可能知道它會在什麼時候出現、需要多久，或是需要哪些資源。你知道的也只是手上現在有一些假設需要進行測試、微調、改變，接著再測試，直到你找出什麼才是真正可行的。

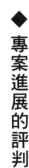

◆專案進展的評判

人們經常用成熟企業的標準來評判創新團隊，並且用以下這樣的問題來對他們提出質疑：

- 為什麼你們的進度慢了？
- 你們怎麼會超出預算？
- 我們什麼時候才能看到獲利？
- 為什麼你們需要這些資源？
- 你們能不能按我們的方式來做？
- 你們遵循什麼流程？

對於現有的產品線提出這些問題是理所當然的，但是對於全新、未經測試的業務來說，這些問題沒有任何意義。創新意味著嘗試，而這需要一套不同的標準和問題。專案的進展應該由創新團隊是否有能力進行有效的實驗來衡量，這個實驗將能證明或否定他們的假設。如果你不能為創新團隊設立一套平行的架構與獨特的評估流程，他們注定會失敗，因為他們的道路從一開始就已經被堵住了。

法務部門同樣也可能成為路障，比如那些被稱為協議殺手的公司內部法務人員，光是他們就能徹底抹殺創新團隊進入市場的機會。我已經看過很多次這樣的事情了。這是一種很微妙的情形，因為就算是執行長也常常不太願意推翻企業法律顧問的意見。法務部門的人將一份合約擱置幾個月的時間並不罕見，他們會要求針對一些條款反覆談判，這些條款對於大規模生產某件產品可能是非常重要的，但是對一個實驗性專案來說，可能根本就無所謂。以新創企業的時間尺度來衡量，幾個月的時間相當於幾年。確實，在協議中肯定會存在關於債務、補償、商標、專利、政府限制、現有規定，以及一大堆其他的問題，但是這些實際上並不重要，畢竟絕大多數的新創企業每天都伴隨著各種風險，而最大的風險就是消耗完手上的時間與金錢。新創企業通常不會被起訴，至少在它們剛剛起步時，沒有人會起訴它們。

如果有典型的企業律師參與，YouTube、FanDuel及Airbnb這樣的企業就永遠也不會出現了，這是因為在它們的商業模式裡有太多的法律問題。不過，法律的邊緣常常是創新最肥沃的土壤，如果你拒絕讓創新團隊涉足這個領域，很可能會錯過下一波浪潮，而新創企業的所有成長都來自於此。

為了解決這個棘手的問題，你的創新團隊應該盡可能避開企業內部的法務人員，那些人工作的主要動力就是維護母公司的利益，並確保自己不被開除。因此，你的團隊應該接觸可信賴、曾經和新創企業合作的第三方法律公司。從專案推動的第一天起，就讓合適的律師參與是非常有必要的。最有經驗、服務於新創企業的法務公司都在矽谷，但是就算在這些機構的內部，你依然需要尋找勇於做出決斷的律師。你需要的是這麼一個律師，他能從一堆法律術語中找到一條路，並且告訴你：

「這裡有風險，但是值得一試，那裡的風險太大並不值得。」這樣的律師實在太少了，但正是這樣的律師讓新創企業勇於拓展社會的法律邊界，從而開拓出全新的市場。

現在關於新聞媒體或品牌議題又該如何處理呢？與新聞媒體溝通，你也許想要預先設定一些規則。讓行銷部門對創新團隊的所有成員進行培訓，輔導他們該說些什麼、怎麼說及不該說什麼，然後你就可以放手讓他們去做自己的事。至於品牌問題，你可以讓創新團隊推出子品牌、網頁及其他原料，所有這些應該與公司的主要產品和服務區分。運用一些創造性思維並和其他部門展開合作，你可以用大家都滿意的方式來解決大多數的問題。

突破性創新需要在企業中出現突破性變革。你也許可以讓創新團隊成為服務母公司的子公司的一部分。這家子公司的架構可以類似育成中心，目的是導入創新團隊的成員，並且以最有效的方式為他們提供支援。子公司的使命應該是疏通所有的路徑，並且幫助創新團隊與組織的其他部門一起和諧工作。事實上，你還必須做好準備要與一些新創企業展開競爭，而能做好這一點的唯一方式就是對組織架構進行某種形式調整，並且讓創新團隊的行為更像是一家真正的新創企業。

新創企業通常沒有任何限制，它們會不斷回避各種危險，在遇到死胡同時會馬上掉頭改變方向，還會翻越或是從下方穿越各種障礙。如果你能給予創新團隊這樣的自由，他們就能獲得成長的機會，而這正是邁向成功的第一步。但是，如果你無法做到這一點，他們就會遭受挫折，並且失去向前的衝勁。

第二十九章

照顧各方利益，讓支持有如排山倒海

◇◆◇

天才贏得一場比賽，但是團隊合作與智慧能贏得冠軍。

——喬丹，籃球明星

我曾花很多時間與一些跨國公司的管理階層探討他們的策略，還經常聽他們說已經把創新當作公司的首要任務：公司裡的每個人都不會置身事外、每位經理都已經接到指令要推動創新，並且都已經承諾會做出改變。在聽到這樣的說法後，我通常會提出這樣的問題：那些經理是否依然需要完成他們的營業收入目標？「當然！」他們回應道：「他們必須完成各自的營業收入目標，這一點並沒有改變。」

問題是這兩項指令是相互矛盾的。如果我是他們公司的經理，而你告訴我，我必須完成營業收入目標，但是同時還必須推動創新，我又應該怎麼做呢？我會先確保達成營業收入目標，因為這是一個很明確的目標，而這個目標有著明確的定義與邊界，我的獎金和將來的升遷可能就與這個目標的達成率密切相關。我之前就曾完成這樣的目標，所以很清楚需要做什麼。另一方面，創新的定義則是有些含糊不清。「創新」是什麼意思？我可能根本就不知道創新是什麼。成功的可能性又有多大？我甚至無法對創新進行量化。你又該如何對創新進行評價呢？我對此毫無概念，但是我知道如果未能達到營業收入目標，我的獎金就會減少，甚至可能會因此被排除在升遷名單之外。

如果我是精明的經理人，就會對創新口惠而實不至，這樣一來，上面的管理階層會很高興，但是同時我會繼續把大量的資源用於完成營業收入目標。我可能會對創新專案象徵性地分配一些資源，但是會先確保這些專案都不會危害我達成營業收入目標。結果是上面的管理階層可能會相信創新正在發生，而且所有人都已經參與其中，但是實際上不會出現任何變化。

當你的創新團隊需要獲得企業內不同部門的資源時，這個問題就變得更尖銳了。那些部門經理會有什麼好處？為什麼他們要把寶貴的團隊成員分配給一個甚至不屬於自己部門的專案？他們難道不應該關注自己的問題嗎？公司的核心業務又會受到什麼影響？另外，部門經理的資源實際上也非常有限。又有誰認識那些創新團隊的成員？他們並不是企業的高階管理者，只是一些有著瘋狂想法、年輕的專案經理，而且那些想法還不一定行得通。

如果上述理由還不夠的話，人的自尊心也可以加入。為什麼這些傲慢自負的創新團隊可以提出各種要求？假如他們很幸運又在最後成功了呢？他們肯定會讓公司的其他部門看起來就像是應該滅絕的史前動物，甚至可能會獲得升遷，騎到所有人的頭上。我們幫助他們又能得到什麼？他們只會偷走所有的榮耀！

還能再列出一長串可能會出現的心理不平衡。處理這種事情的唯一方法，就是將這些都納入創新的架構中。首先，應該告訴現有事業單位的經理，培養創新對他們同樣有好處的原因，他們必須明白自己也有隨時失去工作的危險。這些創新專案是公司的未來，沒有其他的選擇。這些專案並不是出於個人喜好，而是公司業務向前發展必須要做的事。

正如波士頓市長辦公室所做的那樣，對於涉及他們部門、任何成功的創新專案，那些部門經理也應該被給予相應的榮譽。事實上，創新團隊不應該被視為超級明星，而是應該看成把創新帶給整家公司的推動者。成功的榮耀應該平等地讓所有參與者一同分享。沒有任何個人或團隊可以聲稱那個專案是他們的，否則將會在企業內部造成相互嫉妒和本位主義，而這正是創新的大敵。簡而言之，你需要對創新領導者、創新部門及其他事業單位的利益進行協調。

要做到這一點，一個可行的方法是為每個專案設立創新委員會來監督並指導創新團隊，以確保該專案能夠正常進行。創新委員會必須由各重要事業單位的成員組成，而這些重要事業單位之間能否順利合作，將會直接關係到該創新專案能否成功。如果該創新專案獲得成功，創新委員會成員和相關部門就能獲得榮譽；但是如果專案失敗了，則要由創新團隊來承擔相應的責任。總之，創新團隊的職責是從失敗中獲取經驗，會對任何失敗專案做出分析，並在組織內分享他們獲得的重要教訓。任何成功的專案都是集體努力的成果，並由所有涉及的事業單位共同分享榮耀。

創新委員會也可以使用其他的名稱，如跨功能團隊或指導團隊。你為它取什麼名字都無關緊要，建立這個團隊的目標是要達成以下七個目的：

- 在組織內分享對於創新專案的所有權。
- 促進水平的協調與合作。
- 包含各個層級和功能部門的員工，而不只是高階管理者。
- 創立能夠監督執行情況的策略指導團隊。
- 拆除阻塞跨部門之間道路的障礙。
- 從所有主要的利害關係人那裡獲得資源和支持。
- 與現有的事業單位共享成功的榮耀。

迷思

專案開始得越早，結束得也就越早

當涉及創新時，這種說法就不一定正確了，這和你開車上班完全不同。創新走的並不是一條直線的道路，更像是在淘金。你可以很快就完成一個專案，但是最後得到的只是黃鐵礦。這時候專案也許已經結束了，但是你卻並沒有獲得什麼突破性創新。所以，專案開始的日期遠遠沒有過程來得重要，如果你把過程弄對了，構想出一件可行產品的機會就會大增，而在專案上花費的時間就會相應地減少。

◆重新定義考核指標

在利益協調的過程中，另一個關鍵的因素是重新定義你的考核指標。你不能依賴評估核心業務時所使用的相同考核指標，那些考核指標對於新的專案是不適用的。新的方案不可能在同樣層次上與成熟的產品和服務競爭，而如果對新專案採取不合適的考核指標，就會對所有參與者產生負面影響。如果你使用平衡計分卡（Balanced Score Card）或等值的策略績效管理工具，就需要對這種工具進行重新調整，以納入為創新專案特別設計的考核指標裡，包括一些替代指標，像是將收益替代為學習、將市場占有率改為專案里程碑等，比方說：

創新流程

- 專案是否已經建立合適的里程碑？
- 相對於這些里程碑，專案目前的進度如何？
- 創新團隊是否已經提出有意義的假設？
- 創新團隊是否已經開始進行實驗來驗證這些假設？
- 創新團隊從失敗和成功中學到了什麼？
- 創新團隊是否有效地與公司的其他部門分享所獲得的教訓？

你可以針對上述指標進行調整和改變，以適用於你的企業，但關鍵是不要把營業收入與效率也包括在考核指標中，這是因為大多數的創新專案還沒有達到可以產生可觀的營業收入，或是需要擔心相關的效率。當準備好要擴大規模時，你再考慮這些問題也不遲。在創新階段，關注的焦點應該是進行恰當的實驗，並從每一步中都能汲取教訓。如果這些東西能夠被總結成為像營業收入和節省成本等這類簡單的數字，當然很不錯，但在大多數的情況下，你不可能做到這一點。相反地，創新團隊需要的是更主觀的考核指標，利用這個指標，有經驗的創新人士，甚至也許是外部的顧問，都能對專案的進展做出評估並給予回饋，同時確保專案能正常進行。

在建立考核指標之後，你就需要處理個人獎勵這件事，包括如何對個人績效做出評估、獎金發放的方式，以及個人升遷該如何考量等。提供創新團隊很大一筆錢會是一個錯誤，他們得到的總獎勵應該和公司的其他部門沒有太大的區別，否則員工之間就會滋生怨恨，並且導致對創新專案有意無意的破壞與反對。你應該避免這種形式的矛盾發生，企業中每個人都需要感覺到是在同一個團隊中工作，並且被平等對待，否則就會發生利益衝突。

這是最基本的群體心理學，但是你會很驚訝地發現，居然會有那麼多的企業都在犯同樣的錯誤，這些企業都認為它們應該給創新團隊一筆很大的獎金，或是將獲得的榮耀全部歸屬於創新團隊。如果你想要獎勵創新團隊，請確保在創新過程中與創新團隊進行合作，並且幫助和促進創新專案推動的那些事業單位也能獲得同樣的獎勵，這是讓在同一輛車上的每個人都能朝著同一個方向努力的唯一方法。

總之，為了反映在企業內部導入的創新專案，你需要調整整個評估制度。為了做到這一點，你必須回答以下這些問題：

- 創新專案會如何影響原有的事業單位？

- 創新專案對企業短期和長期的目標有哪些影響？
- 創新專案會需要哪些資源？
- 這些創新專案將會如何影響關鍵事業單位的營業收入／效率？
- 創新專案對其他部門會有哪些影響？
- 我們該如何調整績效考核指標，以精確反映創新專案的實際情況？
- 這麼做對現有的獎勵和報酬方式會有什麼影響？
- 我們如何才能減輕可能產生的影響，並協調各方的利益？

最後，你還需要達成以下四點，絕對不能忽略其中任何一點。

一、創新應該從企業高層開始，公司的執行長和高階管理階層必須全員參與。你應該對管理階層設立創新關鍵績效指標（Key Performance Indicator, KPI），這個指標將推動管理階層對企業的長期創新做出重要的承諾。例如用來評估實驗比率的ＫＰＩ，就是評估一個團隊在特定時間內可以驗證多少假說。

二、你的高階管理者應該將二五％至五〇％的時間用於計畫與落實企業的下一步目標，這才是他們的首要工作，而那些向他們彙報的經理可以負責日常營運。

三、公司裡的每個人都必須理解不進行創新會付出什麼代價，如果你的公司不進行創新，競爭對手肯定會這麼做。這對企業現有的市場和營業收入又意味著什麼呢？在五年或十年後，還有哪些市場會留給你的公司？

四、在創新專案上的投資，必須直接與創新專案想要填補的成長缺口相關。

正如你所看到的，創新並不是執行長說一句：「創新是我們目前的首要工作」這麼簡單。那不過是口頭說說而已。真正困難的是，如何重新設想組織架構，並提出能被所有利害關係人接受的新管理體系。大多數的創新因為做到了這一點而成功，也是因為未能做到這一點而失敗。

創新想要成功，最好是從一開始就讓所有人都參與。只有重新反思整個管理體系，並徹底協調各方的利益關係，你才能真正做到這一點。你絕對不能依賴員工的激情或善意，而是必須對企業的每個部分都做出仔細、經過周密思考的結構性轉變。唯有透過這種方式，你才能確保每個人的利益和動機都能保持一致，確保創新專案能逐漸成長，並最終重塑整家企業。

第六部

飆速疾馳：永遠走在前方的六個心法

第三十章

點子剛想到就過時的時代，你該怎麼辦？

◇◆◇

動作要快。與一些龐大的競爭對手相比，速度才是你的主要優勢之一。

——山姆．亞特曼（Sam Altman），Y Combinator 總裁

對任何創業者來說，速度都是非常重要的問題。如果你想讓宏偉夢想在很短的時間內就能起飛，就需要跑得很快。當今世界技術的發展日新月異，新創企業面對的業態在每六個月就會發生變化。今天被視為理所當然的事情，到了明天卻不一定正確。我曾經看過有些新創企業在幾個月內就因為技術落後而被淘汰出局。對大企業而言，情況可能更糟。如果你的創新團隊在測試原型之前，不得不花費半年的時間來打通各個關節，可能到了那個時候，腳下的整個市場已經發生轉變，正在建造的東西可能已經沒有任何意義了。

高速運作的新創企業不會有這樣的問題，它們的動作很快，可以在幾個月內，而不是幾年，就完成從概念到產品發布的整個過程。你的團隊也需要能做到同樣的事。他們應該是鬥志高昂、沒有任何心理負擔，並且不受任何束縛。因為等待許可而被迫停在那裡，或是因為一大堆的書面文件而不得不被拖慢腳步，這樣的事情不應該發生在他們身上。如果他們想要獲得可以脫離跑道的速度，衝向天空的話，你就必須幫助他們掃除前進路上的各種官僚障礙。

不要愚弄了自己，甚至認為速度是只有精實新創企業才能負擔的奢侈品。對所有企業來說，速度都是極為重要的。擁有健全的配銷網路、行銷實力及占據主導地位的市場占有率，對於當今所有的企業而言都已經不太夠用了。在這個充滿顛覆性技術的新世界，你的創新團隊參與的是一場攸關生死存亡的競賽。無論他們正在做什麼，你可以確信的是，此時還有六、七家有著相同創意的公司也在做同樣的事，而且其中有些公司已經為它的創新團隊掃除了所有的障礙。

「我們不互相責難、不爭辯，我們只展開行動。」臉書的前客戶夥伴貝爾曼這麼說道。沃爾瑪的資訊長羅林．福特（Rollin Ford）回應了這個說法，表示：「現在外面已經很少有什麼祕密了，唯一剩下的競爭優勢就只有速度。企業需要不斷擁抱創新和新的技術模式，最終誰能比其他人更快地從A點跑到B點才是最重要的。」

請記住，時間會影響企業的各個層面。技術永遠不會停滯不前，始終不斷地進化。只需要一項新技術就可以在一夕之間徹底改變你所在的產業。同時，產品的生命週期也在不斷縮短。以前一項產品還能在市場上維持數年，但是如今在更新、更好的版本出現前，一項產品往往只能維持數個月。在軟體業，時間還可能縮短到只有幾天。那些積極的新創企業每天都會推出軟體的新版本，目的只是想要在競爭中走在前方。百思買（Best Buy）的資訊長納維爾．羅伯茲（Neville Roberts）總結大多數企業高階主管感受時，這麼說：「我們有很多的營業收入來自於創新，但是其他人很快就會複製我們的做法，我們不得不儘快創新。」

一家企業如果總是能在其他人之前，在市場上推出新產品和服務，這家企業就會被視為市場的領導者，而不是追隨者。領導者對品牌的影響力可能會是非常巨大的，人們想從產品的創新者那裡購買產品，而不是從模仿者的手中購買。如果一家企業想在擁擠的市場裡鶴立雞群，把自己塑造成創新者是極有價值的。你可以詢問任何一個行銷專業人員，他會告訴你，人們想要的是真貨，而不想買到假貨。這就意味著，無論是誰如果被視為某項產品的創新者，就會獲得很大的市場優勢，而其他人則會被視為模仿者。贏得顧客才是最關鍵的，而成為市場上的第一人會帶給你的公司某種心理優勢。與我相對應的，成立MTV音樂頻道、Nickelodeon、VH1及Comedy Central原創團隊一員的馬克．羅森索（Mark Rosenthal）喜歡說的名言是：「為它命名，它就是你的了！」

沃爾瑪的資訊長福特這麼說道：「每天你醒來後必須說的第一句話是『我們有沒有錯過什麼？』你要做的就是比別人跑得更快。」那麼又要如何才能讓創新團隊跑得和新創企業一樣快呢？大企業有一項不利的因素，就是大多數的員工並不想太過努力地工作，或是承擔太大的風險。這正是為什麼他們會選擇一個穩定的企業職位，而不是加入一家新創企業或自己外出闖蕩。新創企業則完全不同，它們的文化是背水一戰，從最基層的助理到公司的執行長，每個人都必須參與其中。

要在大企業裡注入那種只有在新創企業中才能找到的緊迫感與動機並不是一件容易的事，在新創企業裡，普通的員工甚至可能在一夕之間成為百萬富翁。只要看一下Google就能明白了，Google在成立時，公司的行政助理、廚師及塗鴉藝術家都拿到股票選擇權，現在這些人都成為富翁了。而在一家已經成熟的企業裡，你想要讓員工喝下這種能讓人盲從的迷魂湯是非常困難的。你只要比較一下這兩件事就會明白：加入一家新創企業後，每個人都可能成為富翁；加入一家大企業，只能讓高階管理者變得富裕。這也是我們每天在媒體上看到的故事。

新創企業還有一項優勢，就是創辦團隊。創辦團隊的成員都持有公司大量的股權，如果企業最終未能獲得成功，他們就無法獲得相應的報酬，所以都有超強的動力。儘管實際上企業內的所有東西都是為他們準備的，但是他們常常缺乏穩定的收入來源，也因此會盡一切可能地加快向市場推出產品的速度，並藉此獲得融資。而在另一方面，那些大企業的經理人卻並未承受同樣的壓力，他們只要不犯下大錯就會有穩定的收入，所以與速度相比，小心謹慎才是更重要的。

如果你是一家大企業的經理，能做些什麼事呢？你如何才能像一家新創企業那樣快速行動？你要做的第一件事，就是找出問題的根源，然後開始設計解決方案。讓我們從最基本的事情做起，首先你的創新團隊應該只接受那些在面臨挑戰時會為之瘋狂的傢伙，而不應該是那些只追求高薪或獎金的人。在你的團隊裡絕對不可以有偷懶的人，更不可以有想要不勞而獲的人，而必須是那些無論前方是否有障礙，都覺得有責任要把事情做好的那種人。你絕對不想要那些總是在尋找藉口的人，或是拖拖拉拉的人，你需要的應該是那些能夠自我激勵的人。

一旦擁有具備合適ＤＮＡ的團隊，你就需要在企業內建立快車道，在這條快車道上不應該有任何減速丘或限速。讓每個人都能以自己的方式動起來，他們等待上級批准的時間不應該超過幾天。如果在合理的時間範圍內，既沒有獲得上級批准，也沒有被拒絕，就應該視為放行的綠燈。創新團隊應該被免除其他部門必須處理的日常文書工作。創新團隊的領導者應該被授權能用自己的信用卡來購買任何需要的東西，並且知道可以在事後核銷，而且絕對不會有人質疑。擁有一些能讓你信任的領導者是非常重要的事。

你還必須給予創新團隊一定的豁免權，不管是觸怒某人，還是打破什麼規則。如果他們需要和競爭對手交易，就應該有權利這樣做；如果他們需要以兩倍的價格來僱用一家外部設計公司，那是他們的選擇；如果他們惹惱媒體，也不會被開除。換句話說，這是一條沒有速限的高速公路，他們想開多快就可以多快，想要怎麼開就可以怎麼開，而不用擔心會收到罰單。

◆讓所有人都一起參與

快車道是重要的，但是你也不能把創新團隊和公司的其他部門完全隔離，這樣會形成某種心理隔閡，其他部門的員工會因此感到他們沒有必要快速行動或參與其中。你應該要做的是，讓整個企業都能加快速度，而不只是創新團隊。所以，你需要向員工明確表示，每個人都需要參與創新，而且應該加快日常工作的步伐，同時還需要授權創新團隊在遇到障礙時可以自行決斷。

外包是加快業務工作進行的另一種方式。如果你在某件事情上並不是動作最快和最好的，無論那件事是設計、行銷，還是製造，都可以外包給一家能做得最快也最好的企業。你應該放棄那些動作緩慢、缺乏競爭力的部門，並集中資源在能做到最好的部門。那種「非內部發明」症候群就像是在高速公路上設置交通號誌，結果就是讓所有的東西都暫時停下來，並且造成交通堵塞。在今天這個世界上，某件東西是在什麼地方發明的並不重要，只要保留住核心智慧財產權就夠了，其他東西不過是某種公平博弈罷了。想要進行有效的業務外包，你需要建立強而有力的生態支援系統，並且為自己找到值得信賴的合作夥伴。這可能需要時間，但是從長期來看，此舉一定會帶來回報。

透過採取這些措施，你就能加快企業的速度，並在更平等的競爭場域上讓內部創新團隊與新創企業展開競爭。這可能不是一件簡單的事，但是如果想讓你的企業在二十一世紀依然保有競爭力，改變你的企業文化與管理流程就是必需的。

◆了解市場

了解市場一定會為你帶來回報。電機電子工程師學會（Institute of Electrical and Electronics Engineers Society, IEEE）針對正在研發的六百九十二項新產品進行一項研究，他們發現在陌生、正在形成及快速變化的市場中，有一個基於時間、強調速度的策略是非常關鍵的，但是在一個熟悉、現存及穩定的市場裡，速度就不是那麼重要了。這並不是說如果在穩定的市場中就沒有必要加快速度，你永遠不應該自滿。這裡的重點是，在快速變化的市場中，你的動作必須加快；而在現有的成熟市場裡，你可以花更多的時間來讓產品更加完善、提高品質、降低成本等。

在一個有著網路效應的市場中，成為第一甚至更加重要。例如，臉書、eBay和Airbnb都仰賴網路效應，也就是吸引越多使用者，這家企業就越有價值，也讓競爭者越難取而代之。一旦某家新創企業取得市場主導地位，並且產生了網路效應，這些早期的行動者很快就能成為市場的壟斷者。只要看一下Google，它有那麼多出色的人才和實力，並且竭力想要開發出自己的社群網路，但是至今卻都未能追上臉書。誰又能在Airbnb、Snapchat或eBay的市場中挑戰這幾家企業呢？只有一款全新又極為出眾的產品才有那麼一絲取代的機會，而這樣的產品並不會經常出現。一旦網路效應開始發揮作用，通常遊戲就已經結束了。

迷思 有技術就能成為贏家

可惜的是，卓越的技術並不能保證讓你成為贏家。技術只是複雜方程式中的一個環節，在這個方程式中還包括行銷、配銷、公共關係、使用者經驗、顧客回饋，以及其他因素。就算你有這個世界上最好的技術，市場占有率依然可能會輸給那些精明的競爭對手，因為他們會在其他的領域做得比你更好。讓我們再回頭看一看微軟和蘋果這兩家公司早期的故事，當時安裝Windows系統的個人電腦比麥金塔電腦的體驗差上很多，即使賈伯斯這個無庸置疑的創新神童也無法力挽狂瀾，甚至到了最後，身為公司執行長的他還被逐出自己的公司。

◆它們沒有笑到最後

讓我們先退一步，並且承認在市場中成為第一並不能保證獲得成功，你依然要做正確的事，否則其他人就會來偷走你的乳酪。歷史已經告訴我們，很多市場是後進者占據主導地位。如果你無法做到某些事，以下就是你能學到的一些深刻教訓。

有些人還會記得Betamax，這是索尼專屬的錄影帶格式，也是一個率先進入市場的先進技術，最終卻失敗的經典案例。這又是怎麼發生的呢？Betamax比競爭對手VHS有更好的圖像品質，而且背後還有索尼這個消費性電子產品巨人的支持，但是它卻有一個致命的弱點，就是錄影時間受到限制，只能錄製一個小時，而VHS則允許錄製更長的時間。因為所有人都想在錄影機上觀看好萊塢的電影，VHS最後勝出了。又有誰能想到這一點呢？Betamax最終向市場提供允許錄製更長時間的錄影帶，但卻為時已晚。

雅達利（Atari）是另一個飛得很高卻最終墜落的例子。在雅達利推出世界上首款街機遊戲《乒》（*Pong*）後，電玩遊戲業才算是真正在這個世界上誕生。它比任天堂（Nintendo）早了整整六年的時間，在當時利用雅達利二六〇〇遊戲主機牢牢操控整個市場。那麼任天堂這個只有一件仿製產品的新手又是如何推翻雅達利的統治呢？實際上，任天堂並沒有做到這一點，雅達利是切腹自盡的。它搞砸了雅達利五二〇〇遊戲主機的推出，雅達利五二〇〇的訂價實在是高得離譜，而且產品設計也很差。接下來就是一九八三年的電玩遊戲崩盤年，這是一場導致雅達利在現金上大失血的嚴重衰退。當任天堂帶著俗稱的紅白機（NES）出場時，雅達利的內部正處於一片混亂之中。市場開啟大門，任天堂乘虛而入。

網景則是我們所知又一個未能存活的超級巨星。在一九九〇年代中期，網景占據瀏覽器市場九〇%的占有率，這真是太令人難以置信了。但是，網景的名聲並沒有延續很長的時間，到了一九九八年，其市場占有率已經下降到七〇%，像一塊石頭墜落般不斷下降，所以管理階層最後不得不將公司賣給美國線上（AOL），而網景也從此像是掉入黑洞一樣徹底消失了。為什麼網景會這樣莫名其妙凋零呢？這有一部分可以歸咎於微軟的激進戰術，就是在Windows作業系統中內嵌自己的IE瀏覽器，而當時Windows作業系統已經占據八〇%的市場占有率，而且人們通常會傾向於選擇系統預設的瀏覽器。網景真正的問題是，未能及時改變自己的策略，並且進一步進行創新，所以在最後才會被微軟超越。

還有一些在早期就倒下的企業，是那些趕上第一波浪潮的搜尋引擎，其中包括WebCrawler、Lycos、Excite、Infoseek及數十家新創企業。這些企業都比Google早出現，卻沒有一家最終能成功。原因很簡單，因為Google比它們做得更好，Google確實能產生有明確意義的搜尋結果，而不只是一大堆恰好包含搜尋項目的網站。

在iPod推出之前，市面上有無數種MP3播放器，這些播放器實際上都差強人意，直到賈伯斯重新改寫遊戲規則。從硬體到瀏覽曲目，再到購買音樂，蘋果的iPod創造全新的生態系統。iPod的設計非常漂亮、易於使用，還很酷，蘋果藉由創新把其他人都趕出了這個市場。

早在《魔獸世界》（*World of Warcraft*）或其他大型線上遊戲推出前，《無盡的任務》（*EverQuest*）這款遊戲是所有玩家眼中的王者，擁有超過四十五萬付費玩家。為什麼它會像恐龍一樣被這個時代淘汰呢？如果你玩過這款遊戲，就會知道其中的原因了。遊戲很精彩，但是實在太難了，玩家要升級到最高層次需要投入大量的時間，等級越高，就越痛苦。你不是選擇自己的生活，就是選擇玩《無盡的任務》，沒有折中的路可走。這讓很多玩家感到非常挫折，所以當《魔獸世界》這款遊戲提供另一個更簡單、更有成就感的選擇時，玩家們就果斷放棄了《無盡的任務》。這個故事告訴你的是，必須盡力了解顧客。

TiVo是第一家將DVR推向市場的企業，DVR能讓所有人都進行某種意義上的時間調整，是把他們從電視節目表的獨裁下解放的全新發明。TiVo成功抓住這個世界的想像力，並且獲得爆炸性成長。但是，那些大型的有線電視營運商並沒有坐視不理，他們在有線電視機上盒中也加入同樣的功能，並且提供免費服務。沒過多久，人們就徹底遺忘了TiVo。這裡的教訓是，如果競爭對手可以做到免費提供你的產品，你就無法與對方競爭。

另一個令人傷心的故事是關於Palm的。有誰還記得Palm？它可以說是iPhone出現前的iPhone。Palm Pilot是以個人數位助理（Personal Dgital Assistant, PDA）這項革命性產品出現在市場的，這項產品贏得美國人的心，但卻犯下一些重大錯誤。當智慧型手機開始興起時，Palm搞砸了，它推出一款名為Treo的產品，這款產品可以被視為最早期的智慧型手機之一，它有彩色的觸控式螢幕，內建網路瀏覽器，但是Treo和其他競爭產品相比卻顯得過於笨重。沒有人想要在到處閒晃時，手上還拿著一塊磚頭，消費者更傾向於那些輕便的手機。隨後不久，蘋果就推出了iPhone，而Treo則立刻變成明日黃花，現在沒有一個二十歲以下的年輕人還記得Palm。其中的教訓是，你的產品絕不能做老二。

Friendster這家企業原本有機會擁有整個世界，它是第一家大型社群網站，當時在幾個月內就吸引超過三百萬的使用者。它比MySpace還要早整整一年的時間，比臉書則是早了兩年出現。在已經擁有網路效應的情況下，Friendster又是怎麼失敗的呢？儘管已經投入大量的創投資金及一個新的管理團隊，網站速度卻依然非常緩慢，還經常當機。另外，公司尚未準備好進行業務擴張，所以當使用者有了另一個選擇時就馬上轉移了。由此可見，顧客對痛點的忍受門檻是很低的。

MySpace興盛了一段時間，當時正好有很多使用者陸續離開Friendster，但是MySpace卻未能繼續創新。MySpace的網頁很快就從令人著迷變得讓人噁心。網頁的使用者介面很糟糕，頁面上雜亂地放著一些不斷閃爍的文字和圖片，讓人感覺使用的只是一項廉價又劣質的產品。當人們注意到臉書確實能理解顧客的需求，還知道該如何建立社群時，就放棄了MySpace。接下來的故事都已經是歷史了。這個例子告訴你，即便你是第一個進入市場的人，也不可能用極度低劣的產品來贏得整個市場。

上述這些不過是創新者和市場領導者未能把握手上的好牌，而讓其他人偷走市場的一些例子。速度是至關重要的，但是在一家成功的新創企業裡，這並不是唯一的要素。

◆成為市場的領導者，而不是追隨者

儘管有這些後進者高調偷走市場的案例，但是速度依然在矽谷新創企業的成功過程中發揮極為關鍵的作用。從上述的案例裡，你可以看到每個率先進入市場的創新者都取得一定的市場占有率，並且獲得早期的成功，但他們或是未能繼續創新，或是在業務策略與產品上存在某個致命的缺陷。如果沒有諸如此類的缺點，你想要擊敗他們就會非常困難。如果你想要賭一把，選擇跑在最前面的那匹馬依然可能會為你帶來報酬。

速度是如此重要，所以每當我觀察一家新創企業時，都會在心裡盤算這家新創企業的機會之窗又能打開多久的時間。如果它們無法在這段時間內有發展的跡象，一般來說這家企業的遊戲也該結束了。其中的一個例子是Survios這家我曾輔導從事虛擬實境的新創企業。創辦人出身於我的母校南加州大學，這所大學正是Oculus獲得虛擬實境開放原始碼軟體的地方，而Survios的創辦團隊還曾與Oculus的共同創辦人拉吉共事。他們已準備好要用先進的虛擬實境設備，把虛擬實境提升到全新的層次。

創辦團隊從洛杉磯過來與我會面，我對他們的商業計畫書做了評估，然後介紹他們認識一些人。在之後一個月內，他們就已經從沙丘路上頂尖的創業投資公司那裡取得數百萬美元的融資。這是一個很好的開始，但是在虛擬實境專案上的競爭已經非常激烈了。在他們拿到融資後的一年，索尼、三星、微軟、HTC及其他一些大企業都推出自己的虛擬實境設備。

創辦團隊很快就已經清楚沒有獲勝的機會。儘管他們的技術更好，但進入市場的時機和配銷通路才是關鍵。隨著新的虛擬實境設備機會之窗快速縮小，他們調整方向，並且把所有的精力都集中到開發虛擬實境的應用程式上。這個創辦團隊非常聰明，他們意識到如果無法贏得虛擬實境硬體的戰爭，參與這一場競爭就毫無意義，更好的選擇是把精力集中在他們能領先的比賽上。

他們之後製作了一些早期的虛擬實境遊戲，包括*Zombies on the Holodeck*，並且在每個遊戲專案上都獲得大量的經驗。Survios的共同創辦人詹姆斯．艾利夫（James Iliff）曾在不同的場合告訴我，他們不只是在開發遊戲，還打算為虛擬實境創造出全新的語言。他們相信虛擬實境與其他任何媒體都截然不同，光是將現有的遊戲轉換成為虛擬實境遊戲還不夠。當他們推出*Raw Data*這款遊戲後，所有努力都得到了回報，這款遊戲在美國立刻成為最暢銷的虛擬實境遊戲。在這個遊戲中，你會被帶入另一個世界，在這個世界裡有一家邪惡公司正祕密地偷盜人類的大腦，並且將偷來的大腦安裝在半機械人身上以賺取利潤。和大多數虛擬實境遊戲不同的是，這款遊戲在感覺上並不像是那種展示版，完全能讓你身臨其境，並且體驗到那種強烈折磨人的情緒。

另一個例子是Sidecar，這是一家汽車共乘的新創企業。在這個例子中，我想告訴你的是，為什麼你應該成為市場的領導者而不是追隨者。用任何人的標準來衡量，布蘭森都是一個精明的傢伙，他投資了這家公司，並且大膽地宣稱：「這個產業現在還處於早期，正如很多其他的大宗商品業務一樣，這個產業還有很大的空間來讓創新者提升顧客經驗。」問題是Uber和Lyft已經遠遠跑在Sidecar前方，它們已經抓住大眾的想像力，處於領先的位置。在一個用技術來創業的世界裡，市場上的老三和老四通常沒有任何生存空間。布蘭森完全錯了，僅僅過了十五個月，Sidecar的共同創辦人暨執行長蘇尼爾・保羅（Sunil Paul）就對外宣布，企業已經在競爭中失敗，並且倒閉了。這絕對不是布蘭森宣稱的「大宗商品業務」。

與一個突然爆發的後進者超越市場領導者這樣的故事相比，Sidecar的故事更為常見。無論什麼時候，當一項新的創新抓住矽谷的目光時，我們都能看到數十家模仿這項創新的企業跳入這個競爭場域裡。所有人都會聲稱自己的產品更好，但是到了最後，大多數都無法超越市場領導者，並且在一到兩年的時間內消失，一般來說，那些市場領導者都能活著堅持到最後。因此，如果其他條件都相同的話，速度就意味著一切。

第三十一章 毫不猶豫地一次次歸零重來

◇◆◇

真正衡量成功的標準是，你能擠在二十四小時內進行的實驗數量。

——愛迪生

我們在前面談到了速度，而新創企業需要加快行動速度的真正理由是為了增加產品重複開發循環的次數，只有經過多次的重複，你才有可能獲得真正的進步。讓產品很快就進入市場，並不代表它一定能夠成功。大多數新產品會失敗，而且會死得很慘。在矽谷，九〇%有幸獲得天使投資和種子期投資的新創企業都未能走到下一輪融資，更不用說是成為一家有活力的企業了。真正重要的並不是你的產品進入市場的速度，而是你學習的速度。只有學習到這個市場真正的需要，才能推出成功的產品。

快速進行重複的一個很好的例子是，我自己的第二家新創企業。我和另外三個極為出色的共同創辦人一起成立名為Spiderdance的公司，公司的名字來自於當我們彼此碰撞出像蜘蛛網一樣不斷延伸的創意時，在這張網上跳起的狂野舞蹈。我們的一個創意是想辦法先取得即將完成的大型多人遊戲引擎，並藉此推出一項全新的業務。當時還是網路興盛時期，幾乎所有的遊戲與應用程式都是單人模式，和朋友一起在線上進行即時對抗並不常見，但我們認為這是遊戲的未來。

我說服合作夥伴讓我在矽谷尋找那些遊戲開發商，和他們洽談，看他們是否願意在我們的平台上進行開發。我當時堅信那些遊戲開發商會湧向我們的平台，並且和我們分享營業收入。他們為什麼不這麼做呢？對遊戲開發商而言，如果他們能夠簡單使用我們的平台，為什麼還要花費一年或更多的時間來建立自己的大型多人遊戲引擎呢？這麼做毫無意義。

事實上我卻錯得很離譜，在當時像Steam及類似的一些平台尚未真正流行。大多數的遊戲開發商還都患有「非內部發明」症候群，已經習慣什麼事情都自己來，並不想要依賴其他人的程式碼，而那些願意使用我們平台的遊戲開發商卻只願意答應很小比例的營業收入分成。這個令人警醒的經歷確實讓我上了一課，只是因為某樣東西說得通並不意味著這樣東西就真正可行。

六週後，我已經知道所有需要知道的東西，現在該嘗試一些新東西了。幸運的是，在我的合作夥伴中有一個是編寫程式的大師，另一個則是非常出色的設計師，他們已經完成那個遊戲引擎。我們一起推出自己的應用程式，這款應用程式名為Jabberchat，是一個將聊天與休閒遊戲組合在一起的平台，在當時還是一個全新的概念。

Jabberchat立刻爆紅。數十家網站把它嵌入自己的網頁，SXSW則授予它「最佳線上遊戲」的稱號。我們太興奮了，我們成功了，這只花了幾個月的時間。我們用自己的方式慶祝成功。

然而，就在我們真正享受成功之前，現實呈現在眼前。我們沒有和使用Jabberchat的網站收取費用，所以並沒有營業收入，也沒有得到任何融資。我們還很年輕、沒有經驗，又必須養活自己。這意味著我們需要一個商業模式，但不幸的是沒有人會花錢來玩以聊天為基礎的遊戲。所以，我們開始四處尋找，之前就曾聽說有些公司正在建立線上的廣告網站，而且這是廣告進入網路的首度嘗試，相信這正是我們需要的商業模式。

我們聯繫其中一家早期的網路廣告代理商，並在幾週內就完成在應用程式中刊登橫幅廣告的工作，接著就坐等著錢是不是會大量湧入。一個月後，當第一張支票送來時，我們的希望破滅了。所有的廣告收入還不到二十五美元，甚至不夠我們在晚上叫外送披薩和啤酒的錢，更不用說要靠這些錢讓公司成長了。事實上，網路廣告的浪潮尚未到來，我們所處的階段還是太早了。

現在是時候再次按下重新啟動的按鈕了。最初的兩次方向調整並未出現什麼問題，但是在第三次的調整過程中，我們開始感受到資金的壓力。流逝的每一天都意味著銀行帳戶的錢正在不斷減少。我們開始問自己，會有人為了使用我們的產品而付費嗎？就在這時候，我們聽到有小道消息表示MTV音樂頻道正在準備互動的電視表演節目，但是缺少互動的平台，這才是真正老天賜予我們的機會。我的合夥人曾是最早的線上電視遊戲節目NetWits創造者之一，對方肯定會把Spiderdance

視為互動電視平台。我們幾個都是急性子，所以馬上找到ＭＴＶ互動（MTV Interactive）副總裁的電話號碼，並且不斷在對方的語音信箱中留言。

我們相信他肯定會回撥電話給我們，他必須打這通電話，他們是這個世界上最大的媒體維亞康姆（Viacom），而我們是Spiderdance！你知道最後發生了什麼事嗎？什麼也沒有發生。對方根本就沒有打電話給我們，甚至沒有任何人打電話來。

就在這段時間，我的共同創辦人崔西·富勒頓（Tracy Fullerton）受邀在消費性電子展（Consumer Electronics Show, CES）的專家研討會上發表演說。她是天才的演說家，藉著研討會的機會大談特談我們如何打造互動電視的未來。

果然，在研討會演說結束後，從觀眾席那裡有一個人跑來。「我想和你談談。」他喘著氣說道：「你們的產品正是我們需要的，我們正在尋找這樣的產品！」對方的名字是瑞克·霍爾茲曼（Rick Holzman），正是ＭＴＶ互動的副總裁。

「我知道。」富勒頓回應道：「我們在你的語音信箱裡留了言。」

這正是我們想要踏入那個圈子的門票，我們找到了第一個顧客，而且對方還願意簽下一筆六位數的大訂單。更讓我們驚喜的是，ＭＴＶ正在建立截至目前為止最大的互動電視節目。直到當時，幾乎所有的互動電視節目還只是在小範圍內的實驗，最多也只有數千個使用者參與節目的互動。這些節目大多受限於機上盒的功能，而且他們從未想過這種形式的電視節目有一天也可以成為主流。

MTV正在製作的這個全新節目從本質上就是互動設計，稱為《網路騷動》（*WebRIOT*），是一個音樂遊戲節目，觀眾可以利用個人電腦和其他的網路瀏覽器進行即時線上參與。得分最高的玩家還可以贏得獎勵，而且他們的名字還會出現在電視實況轉播的螢幕上。

這項業務真正步上正軌！透過不斷嘗試各種不同的創意，對每一種創意進行快速測試，並且確定產品和市場的配適度，我們成功進入全新的市場。在Founders Space，我也是以這樣的眼光來看待那些新創企業。它們之中的大多數根本就不知道自己是否走在正確的軌道上，直到事情就這麼奇蹟般地發生。很多新創企業因為意外而偶然發現，它們當時可能正在探究或觀察發生在使用者或顧客身上的某些特別事情，但是還有一些其他的新創企業，就像我們這樣，只是果斷地抓住一次機會。

Spiderdance的故事還沒有結束，但是我們已經可以從中總結出相關的經驗與教訓了。這樣的創新過程是新創企業每天都會經歷的，為了加快這個學習和發現的過程，你需要關注重複的速度。每一次重複都是團隊測試設想，並且發現哪些設想可行與否的機會。藉由壓縮每一次的重複開發週期，你就能在競爭對手之前想出自己的正確解決方案。因此，當我們提及速度時，並不是在談論你的團隊能以多快的速度達成某個里程碑，像是推出原型、alpha版、beta版等。如果你尚未獲得對自己業務的深刻理解，上述所談的這些都毫無意義。只有深入剖析自己的業務，並且真正理解顧客想要從你的產品裡獲得什麼，才有可能獲得呈指數成長的報酬。

LinkedIn的共同創辦人霍夫曼有一句名言：「如果你沒有對產品的第一個版本感到困窘的話，

推出該產品的時間就太晚了。」霍夫曼這句話的意思是，推出一項難看的產品，並且儘早開始你的學習過程，遠比花費時間開發出一件漂亮的產品來得重要。這是因為你的產品甚至很有可能和顧客想要的東西毫無關係，因此把產品做得完美，實際上是在浪費時間。真正重要的是，你的產品進行重複開發的速度，而且只有當你把產品送到顧客的手中，才有可能開始重複開發的過程。

調查、展示及原型只能讓你對顧客想要什麼有大致的概念，任何人都會有自己的想法，但是當你親眼看到顧客在現實中是如何使用產品時，真正的學習過程也就開始了。網飛的首席設計師是這麼說的：「這樣的事情我們已經做過很多次了，我並沒有在開玩笑。我們事先絕對不會假設有某種東西是可行的，而且在沒有進行任何實際測試的情況下，我們也不會做任何預測，因為預測會讓我們戴上有色眼鏡。所以，我們會繼續不斷重複做這些事，把可行的東西加以保留，把不可行的東西淘汰。我們發現大約有九〇%以上的東西都是不可行的。」這就是為什麼網飛是世界上最具創新能力的企業之一，他們知道要如何進行重複開發，正是這一點讓它從DVD租賃企業成長為世界領先的媒體公司之一，還擁有自己的配銷通路和內容。

當梅爾還在Google擔任搜尋產品和使用者經驗副總裁時，她曾說：「在Google工具列的beta版期間，我們在一週內就做出幾個主要功能（如自訂按鈕、共用書籤）的原型。事實上，在腦力激盪階段，我們當時曾嘗試超過beta版五倍以上數量的主要功能，其中有很多在經過一週做出原型後就被我們放棄了。由於每五至十個創意裡只會有一個創意是可行的，我們對創意應該用多快的速度來加以驗證進行限制，採取這個策略讓我們能以更快的速度來嘗試更多的創意，這又進一步提升了我們成功的機率。」

你可能會認為用這麼快的速度進行重複開發，會讓團隊感到挫折，但是事實上情況正好相反。花費數個月讓一項功能更精進，但是最終卻發現這項功能和顧客需求並沒有什麼關係時，這樣的情形才更讓人受挫。當你壓縮重複開發週期時，這種做法實際上是讓你的團隊得以解脫，讓他們有時間進行測試。在人的心態發生轉變後，你的團隊就會更開放地嘗試在一般情況下不會嘗試的東西。他們可以很隨意地拋出一樣東西，然後看一看會有什麼結果。這樣一來，就會建構更寬鬆和具有適應性的開發流程，在這個流程下，團隊更關心的是學到了什麼，而不是做出了什麼。

在矽谷，快速地失敗已經成為廣泛接受的標準。我喜歡對參加育成課程的新創企業這麼說：「你需要推動失敗的出現！」這意味著你要盡力尋找證據，來證明這個產品或服務是不可行的。把你的產品或服務放到真實的場景裡，進行嚴格測試，並且盡力讓它暴露出相關的缺陷。如果你能讓它出現漏洞，就能學到一些東西；如果你不能讓它出現漏洞，可以繼續測試！

唯有具備這樣的心態，你才有可能做到快速地重複開發。如果團隊想要一次搞定所有的事，就需要花費更多的時間來仔細想清楚所有的細節。但可悲的是，他們通常會和那些隨意拋出產品或服務來看看會發生什麼的團隊一樣，依然會經歷多次的失敗。對某樣東西力求精美並不會增加成功的機會，大多數東西不是可行，就是不可行，只有顧客才能告訴你那樣東西到底行不行。

迷思

創新本身就是解決方案

創新更多的是關於如何清楚地理解真正的問題，而不只是想出一個新的解決方案。很多創新者都會落入的陷阱是，他們會對一個沒有人在乎的問題提出解決方案。我總是能看到一些這樣的新創企業，它們會以一個非常吸引人的概念起步，但是最終卻將所有的時間花在搜尋根本就不存在的顧客上。愛因斯坦說過的一句話，正好說出一個創新者在面對問題時應該抱持的態度，「如果我有一個小時來解決問題，我會花五十五分鐘來思考這個問題，然後再花五分鐘的時間來求解。」

反對重複開發的那些人喜歡開會，他們在會議上可以針對產品功能的優缺點進行辯論，儘管與會者都會有自己的看法，但問題是他們並沒有真實的資料，而且真正做出決策的人往往是那些在會議上長篇大論發言並大聲爭辯的人。這樣開會的後果是，有很多好創意甚至可能未經測試就已經被埋沒了，同時，人們的情感也會因此受傷，有些團隊的成員甚至可能不再貢獻自己的想法，因為在會議上真正主導的那些人已經讓他們淪為旁聽者。所以，如果在團隊裡有任何人提出某些很有意思的想法，與其在會議上爭辯，還不如馬上對顧客進行測試。設計一個快速實驗的成本很低，並且面對顧客，就能蒐集到盡可能多的資料。肖恩．拉德（Sean Rad）是Adly的創辦人，他對此精闢地總結道：「資料勝過個人情感。」

快速重複開發還有一個額外的好處，就是能讓顧客成為設計上的合作夥伴。藉由做出改變、徵求回饋，並把他們的回饋意見整合到開發過程中，就可以把最專注的顧客轉變成為合作者。這不僅可以促使更好產品出現，還可以改變顧客看待自己扮演角色的眼光，他們可以貢獻自己的創意、指出產品的缺陷，並把整個專案當作自己的專案。在你真正意識到之前，你的顧客就已經成為產品最佳宣傳者和推銷者。

這樣做還降低了專案的整體風險。在進行測試前，企業在某個專案上花費的時間越多，風險也就越大。隨著每一天過去，在某個創意上投入的開發資金和資源會越來越多，但是沒有經過測試，你只有很少或根本沒有任何證據來證明這個專案會帶來任何報酬。藉由壓縮重複開發的週期，實際上是把風險排除在這個方程式之外。

每個重複開發週期都是一次機會，它能讓你接觸到目前在企業中還無人能夠理解的現實。由於技術不斷進步、商業模式的改變、新興的社會趨勢，以及重塑業態的新法規，這些新的現實也在持續揭露。然而，整個市場卻可能正朝著另一個方向轉變，如果不能儘早發現，最終將不得不退出這個市場。

第三十二章 隨時隨地手中都握著方向盤

◇◆◇

永遠不要放棄。今天很殘酷，明天更殘酷，後天很美好。

——馬雲，阿里巴巴創辦人

如果你進行夠多的嘗試，對各種創意也進行實驗，還否決了其中的大多數，在某一個時間點上，你就會注意到突然有什麼事情發生了。你並不知道這件事是怎麼發生的，以及為什麼會發生，但是這項正在出現的新東西確實是可行的，而且是以你從未想過的方式出現。真正的創新很少會沿著直線前進，而會是一次曲折、迂迴、「茫然迷失的」、雲霄飛車式的冒險。你永遠也無法知道前進的方向，直到你突然發現已經到了那裡。

◆Sun Basket：不要害怕果斷放棄

讓我從一家曾經非常關心的新創公司開始談起，這家新創企業是由我的朋友和以前的事業夥伴亞當・紮巴（Adam Zbar）與布拉克斯頓・伍德翰（Braxton Woodham）創立。他們都非常聰明又有韌性，在一開始時，基本設想是做出一個以位置為基礎的購物應用程式，這個應用程式可以把網路購物者與當地的商店加以媒合。從表面上來看，好像是很不錯的主意，而且他們也取得種子期的融資，但是這個想法根本就無法起飛，因為顧客和那些商店老闆並不需要這樣的產品。

和那些出色的創業者一樣，他們放棄了這個想法，然後開始調整方向。這一次推出了Lasso這項酒和乳酪隨需配送的服務。他們的時機把握得很好，所以很容易就取得更多的種子期資金。但是，想讓這項業務真正起飛卻遇到很多困難。隨需配送的市場空間變得越來越擁擠，而且他們發現自己受到其他公司的擠壓。他們只是利基者，並沒有Instacart、亞馬遜及GrubHub這些公司的巨大力量。

紮巴從之前的創業經歷中就已經學到了，如果你的核心商業模式不可行，就應該果斷地放棄，因為你沒有任何辦法可以拯救這個模式，無論你再怎麼努力嘗試，它都已經完了。所以，在苦苦掙扎好幾個月後，他們就放棄了這項業務，並且重新啟動。事不過三，是不是確實如此呢？

即使依然是同一家新創企業，而且銀行帳戶的錢也已經不多了，但他們還是推出一個全新的創意。這一次的創意叫做Sun Basket，是一項提供調理食品快遞的服務。賣點是他們瞄準的特殊飲食，如舊時器時代飲食、素食飲食及無麩質飲食。與其在當地超市裡一一尋找符合你飲食食譜的特別產品，像是無麩質食品，顧客可以直接訂購調理食品配送服務，讓所有食物直接送到家門口。

Sun Basket不但迎合了不斷成長、對特殊飲食有需求的趨勢，還解決了許多食品雜貨購買者的真正痛點。就像變魔術一樣，他們的全新創意很快就成為不斷茁壯的業務。紮巴這個業務開發的狂熱份子簽下一筆又一筆的合約，同時取得兩千八百萬美元以上的創投資金。在我撰寫本書時，他們顯然已經邁向正軌。他們是否已經脫離險境了呢？永遠無法得知，但是看起來公司在不久的將來可能會首度公開發行。這個故事的重點是，當你茫然迷失時，放棄那些行不通的主意是非常重要的，但是絕對不要放棄進行各種嘗試。就算你覺得自己好像在走回頭路，還是應該繼續堅持闖出一條新的道路，直到找到出口為止。

◆Slack：過時的概念可能也是養分

當巴特菲德、卡泰麗娜・費克（Caterina Fake）和他們的溫哥華開發人員在Glitch專案中開發線上遊戲時，想到一個能讓玩家分享照片的創意。你可能從未聽過他們的遊戲，因為那個遊戲幾乎沒有什麼影響力。遊戲的名字就叫做《永不停止的遊戲》（*Game Neverending*），儘管這個遊戲只吸引了一些小眾的玩家，但他們還是注意到照片分享的功能有著相當大的潛力，所以就把這個功能獨立出來，做成產品。他們將社群與照片分享放在一起的做法引發轟動，把這個產品稱為Flickr，而且沒過多久，雅虎就收購了這家公司。

「人們有時候會忘記Flickr最早是在什麼時候推出的。」巴特菲德說道：「臉書是在Flickr被雅虎收購的一年後，才增加了照片分享功能。」到了二〇〇八年，巴特菲德離開雅虎，並且重新回來進行遊戲開發。這一次他開發的遊戲名稱叫做*Glitch*，是一個非暴力的大型多人線上遊戲，玩家在遊戲中需要和不同的宗教派系競爭，以爭奪並吸收對方教派的信徒。然而，這個怪異卻很有創意的遊戲再次成為一枚無法炸響的啞彈。相反地，很多遊戲玩家更喜歡像是Zynga推出的*FarmVille*這類遊戲。*Glitch*在二〇一二年年底關閉伺服器，巴特菲德對此相當鬱悶。在遣散團隊中的大部分成員後，他和留下來的成員開始集思廣益。他們想要拯救這家公司，但是應該做些什麼呢？

就在這時候，他們想起在開發Flickr時，是如何利用網路中繼通訊（Internet Relay Chat, IRC）來建構使用者之間溝通對話的功能。網路中繼通訊是一種舊式的聊天工具，在開發Flickr的那些日子裡，他們是如此痴迷，因此為了網路中繼通訊增添非常多的功能，讓彼此之間的合作可以變得更好。巴特菲德和他的同伴決定再次回頭開發網路中繼通訊這個過時的工具，還從最基層開始重新建構全新的通訊平台來完成想讓它做的所有事情。Slack就是這樣被構思出來的，而且現在也成為矽谷最熱門的獨角獸之一。我很迫切地想要看到巴特菲德接下來又會做出什麼遊戲！

◆ Soylent：自己是最好的實驗品

當他的新創企業被接受進入Y Combinator這家育成中心時，羅伯・萊因哈特（Rob Rhinehart）非常興奮，他們的使命就是為開發中國家建立無線網路。然而，這個專案很快就行不通，而他的新創企業也很快就燒光取得的融資。在共同創辦人跳槽後，萊因哈特和兩個室友也開始參與不同的專案。萊因哈特不想把時間浪費在吃飯這件事上，所以用一大盆水混合各種從亞馬遜購買來的營養品，每當他覺得飢餓時，就會喝下這種混合液，他很快就開始靠著這種混合液過活。

三十天後，萊因哈特無論是臉色，還是感覺都非常好，所以他在部落格上發表自己的經歷，Soylent就這樣爆紅了。萊因哈特現在領導一家從事營養品的新創企業。這個故事想要告訴你的是，你永遠也不會知道下一個偉大的創意會從何而來！

◆ Pinterest：挖掘使用者行為

保羅・喜亞拉（Paul Sciarra）和班・席柏曼（Ben Silbermann）辭去工作，一起建立名為Cold Brew Labs的新創企業。喜亞拉離開了Radius Capital，而席柏曼則向Google提出辭呈，這是他們走向致富之路的起點！他們的產品名稱是Tote，這是一個在iPhone上使用的應用程式，可以從各種線上產品目錄中擷取資料產生超級目錄，提供那些在移動中的購物者使用。他們很快就從FirstMark Capital獲得融資，並且忙得不可開交，只是他們的賽馬卻從未離開賽道大門。

Tote很快就失去方向，這個產品可以說是徹底失敗了。在二〇〇九年，大多數人在購物時還不會想到要使用應用程式，更何況當時的應用程式速度很慢，不是那麼好用，當然其中的主要原因還是出在App Store本身的問題。但是，席柏曼卻注意到有些使用者把產品目錄中的圖片發送給自己，並且加以保留。這是他們之前根本就沒想過的使用者行為，因此做了更深入的挖掘。

他們決定圍繞著這種行為開發新產品，首先建立新的網頁，並且在Tote的平台上進行重複開發，他們想要看一看這麼做是否可能吸引到更多的使用者。新產品允許使用者把看中的圖片放進購物車，並且能對圖片加以組織。席柏曼並沒有把這種做法稱為購物服務、產品目錄，或是其他東西。他刻意維持這種模糊化，這樣一來，人們無論是出於什麼目的都可以使用這項產品。

席柏曼告訴董事會，這種做法並不是在調整公司的業務方向，不過是在原有概念的基礎上進行重複開發而已。他們沒有什麼大願景或計畫，只是在對平台進行微調，以適應使用者的需求。不論那是什麼，使用者看起來很喜歡這項產品。這時候他們才徹底放棄Tote這個名稱，並且用Pinterest取而代之。隨著企業的成長像曲棍球棒那樣直線向上，Pinterest取得大筆融資，並成為自臉書以來最熱門的社群網路之一。這裡的教訓是，如果你能仔細觀察顧客，他們就會為你帶來豐厚的報酬。

迷思 創新來自頓悟

我們都喜歡頓悟的故事。例如，蘋果掉在牛頓的頭上，然後突然間靈感湧現，他想到了萬有引力。這聽起來很奇妙，但是實際上牛頓的思想發展經歷一段很長的時間，其中還涉及對物理學理論更深層的理解。蘋果只是一個很好的比喻，用來說明他的思想是如何在現實世界裡得以表現的，而且這個說法還能激發大眾的想像力。

大多數科學家和發明家會告訴你，他們最好的一些想法是逐漸演化而來的，而且只有經過不斷重複的測試與實驗，他們才會真正相信這個想法是正確的。幾乎不可能會出現某一個想法在頓悟後，就已經完全成形這樣的事，否則我們的生活就太過神奇了。

◆ Groupon：聆聽身旁的黃金建議

還在芝加哥大學（University of Chicago）攻讀公共政策學位時，梅森就已經在經營名為Policy Tree的網站，他還兼職為艾瑞克．萊夫科夫斯基（Eric Lefkofsky）的成功創業者建立資料庫。梅森實際上就住在萊夫科夫斯基的辦公室裡。身為曾經的社會運動份子，梅森把注意力轉向建立名為Point

的新網站，這個網站能讓一群人聚集在一起來解決問題。他當時並沒有什麼賺取數百萬美元的願景，也沒有什麼商業計畫書，這不過是一個關注公共事務的網站而已。

因為很喜歡梅森，萊夫科夫斯基很願意為這個網站提供建議和指導。過了一段時間後，萊夫科夫斯基注意到，儘管大多數人只是利用這個網站來籌組一些社會運動，但是有那麼一群使用者卻在利用這個網站為自己省錢，他們利用這個網站從零售商或批發商那裡獲得團購折扣，所以萊夫科夫斯基建議為那些團購者建立一個獨立的網站。

梅森和其他人認為這並不是他們的核心使命，以前也曾有人提過這樣的想法，只是他們不打算走這條路，不過萊夫科夫斯基卻不想要輕易就此放棄。接著，完美風暴襲擊了美國，二〇〇八年九月，雷曼兄弟（Lehman Brothers）申請破產，並讓矽谷在創業投資上狠狠踩下剎車。因此，梅森與萊夫科夫斯基決定裁撤部分員工。

就在這時候，梅森接受了這個想法，他願意測試一下看看團購能否為他們產生急需的收入。他決定先關注當地的企業，並且讓這些企業能對線上買家所組成的團體給予一定的優惠。這個概念立刻就引發轟動，媒體和大眾都非常喜歡這個創意。這時候Point消失了，被團購網站Groupon取而代之，並且一路快速衝向首度公開發行。我藉由這個故事想要告訴你的是，你應該讓聰明人圍繞在身邊，並且傾聽他們的建議。如果當初萊夫科夫斯基沒有注意到這個黃金機會，並且不斷提出相關建議，梅森很有可能永遠無法讓大象起飛。

◆Yelp：從推薦醫生到推薦商家

傑瑞米．史塔普曼（Jeremy Stoppelman）感到非常沮喪，因為他發現，要在網路上找到對醫生的好建議實在太難了，那麼向朋友諮詢會不會更簡單呢？他和羅素．西蒙斯（Russell Simmons）一起建立一個自動化系統，這個系統可以將推薦醫生的請求透過電子郵件自動發送給朋友。接著，他們從PayPal的共同創辦人列夫琴那裡取得一百萬美元的融資。

儘管有了現金的挹注，他們的新創企業卻沒有顯現出任何起飛的跡象，使用者並不喜歡從朋友那裡獲得相關的推薦。然而，讓史塔普曼感到驚訝的是，一些使用者開始針對當地某些企業撰寫評論，只是因為他們對那些企業感到不快，而這正好是他們在尋找的關鍵契機。於是，他們把這項服務命名為Ｙｅｌｐ，而現在這個網站每個月已經有超過一億五千萬的使用者和一億則線上評論。這個故事證明了，使用者在發現商機上通常會比你做得更好，讓顧客來告訴你企業的價值所在吧！

◆Shopify：從內部創業開始的巔峰

Shopify是因為要解決一個企業內部問題而誕生一家企業的好例子。二〇〇四年，托比亞斯．盧克（Tobias Lütke）和史考特．雷克（Scott Lake）急需為新滑雪板業務建立一家網路商店，但是他們卻沒有找到理想的網路店鋪，因此盧克決定自行建立網站。最後的結果讓他們非常滿意，所以決定也能為其他的小型企業提供建立網路商店的服務。目前在他們的平台上，Shopify已經有了遍布在一百五十個國家、超過二十七萬五千家商店，並且累計超過一百七十億美元的總銷售金額。這裡的教訓是，沒有什麼能比得上自己解決一個有非常深刻理解的問題，很多成功的創業者都是從試用自己的產品開始的。

◆星巴克：相信你的迷戀

因為霍華・舒茲（Howard Schultz）愛上了歐洲的咖啡，所以他從一九七一年起就開始在美國銷售高品質的義式濃縮咖啡機和咖啡豆。當他在一九八三年造訪義大利時，他再次受到啟發，並且開始在美國開設歐式咖啡館。他把這些咖啡館命名為星巴克，美國人也正是從那時候開始迷戀優質的咖啡，每天早上再也不喝劣質咖啡了。正是舒茲的願景讓星巴克出現在幾乎每個國家的每一條大街上，所以你應該相信自己的直覺，如果你喜歡什麼東西，其他人很有可能也會喜歡。

◆任天堂：投入前，你需要不同的嘗試

在《超級瑪利歐》（*Super Mario*）和《大金剛》（*Donkey Kong*）這兩個經典遊戲推出前，任天堂從撲克牌到真空吸塵器，嘗試做過各種買賣，甚至還經營一家汽車租賃公司與連鎖愛情賓館。直到一九六六年，任天堂才開始全力投入電玩遊戲主機產業。有時候，在你真正找對方向之前，不得不嘗試很多不同的東西。

◆雅芳：從試用開始的商機

大衛．麥康奈爾（David H. McConnell）是一個旅遊類書籍的銷售商，他喜歡做的事是，無論誰買了書，他都會贈送一瓶試用的香水。在他敲了很多顧客家的大門後，他意識到香水比書籍更受歡迎。所以，他僱用一群婦女開始銷售自有品牌的香水，他把這家公司命名為雅芳（Avon），瀰漫的就是成功的甜蜜香味！今天雅芳已經有了六百萬名以上的銷售代表，以及一百億美元的銷售收入。麥康奈爾學到的是，你免費送出去的東西或許就是顧客需要的東西。

◆Twitch：從直播到遊戲實況的聚焦

賈斯汀．肯恩（Justin Kan）和艾密特．席爾（Emmett Shear）既是小時候的玩伴，也是耶魯大學的同學。他們剛開始根本就不知道該做什麼，只是有著很多瘋狂的想法，其中之一就是把肯恩的生活變成為實境節目，在這個節目中，肯恩每天二十四小時都會在頭上綁著一台攝影機。我現在還記得在舊金山的街道上看到肯恩頭上戴著一台很難看的攝影機正到處閒逛。這談不上是一項業務，但是Y Combinator的共同創辦人格拉漢姆卻看上這個團隊，並且決定投資五萬美元。

「我們根本不知道自己當時在做什麼。」肯恩說道：「這對所有人來說都是顯而易見的。」但是，媒體喜歡他們的做法，他們把肯恩塑造成明星，而且直播很快就成為最新的時尚。Justin.tv轉型成一個網站，透過這個網站，任何人都可以進行實況轉播。到了二〇一〇年，他們已經有了每個月三千一百萬的不重複到訪人數。差不多在同一時間，他們注意到遊戲玩家在使用Justin.tv轉播遊戲和競賽，這正是他們「靈光一現」的時刻。隨著串流媒體遊戲市場的成長，他們獨立出一個專門為遊戲服務的網站，後來又把這個網站改名為Twitch。到了二〇一四年，Twitch已經有了五千萬的訪客，而亞馬遜在這時候突然進入，並且以九億七千萬美元的價格收購它。

Justin.tv這個網站已經關閉了，但是它的創辦人卻帶著財富離開，而Twitch依然活在亞馬遜的世界裡。

這一系列的重複開發實在是太驚人了，所以絕對不要停止創新，保持下去，直到某一天有人就會給你一大筆根本無法拒絕的金錢！

第三十三章

創新需要多元化，別只看到明星員工

◇◆◇

這個世界並不會因為人的智商而受限，但是每個人都會受限於自己的勇氣和創造力。

——特勒，科學家和作家

如果你想讓誰「不同凡想」，這些人首先要與眾不同。正是那些有著不被他人認可的想法和觀點的人，才能激發改變。他們是所有變革的催化劑，能激發你的團隊向前邁出一步，並走出自己的舒適圈。你也許只考慮讓明星員工——你的頂尖科學家、銷售明星、精明的行銷人員，以及最出色的策略家，進入創新團隊，但是他們之中有些人也許並不是最好的創新者，或許會沉迷於慣性思維，從而錯失各種可能性。換句話說，不要在挑選創新團隊成員時只局限在那些表現出色的員工身上，應該把他們混合在一起，讓最好的人才與組織中的其他員工一起工作。

那個坐在角落裡、戴著耳機、從來不和其他人交談的法蘭克，可能對業務有著深刻的洞見，或者他看待事物的角度和方式是其他人不具備的。至於那個穿著奇裝異服、有著非常激進的想法，名叫瑪麗·珍（Mary Jane）的怪人，也許和法蘭克是同一類人，她可能就是讓其他團隊成員能放下戒心、身心放鬆，並且發揮出創造力的催化劑。當你建立這些創新團隊時，要將整個過程對全公司開放，而不是只局限在某個封閉小組內會是非常明智的決定。在公司內舉行一場競賽，讓從財務長到門口警衛在內的所有人都有機會提出自己的創意，並透過競爭成為創新者。你也許還可以將創意過程加以民主化，讓公司裡的每個人都有權投票決定什麼才是最佳創意。這樣一來，你就能奠定正確的基調，激勵整家企業，並讓整家公司都應該參與創新過程變得明確。

你也許會對誰轉變了整個企業感到驚訝。久多良木健原本只是索尼的一個基層員工，他當時花費很多時間來擺弄女兒的任天堂遊戲主機，只是想讓這台遊戲主機變得對使用者更友善且性能更強大。當他的專案開始受到關注時，索尼的幾個高階經理對此感到非常惱怒，他們認為遊戲主機是在浪費公司的時間與資源，對索尼來說，遊戲主機絕對不是未來。儘管有這些反對的意見，但久多良木健的次要專案卻在最後成功推出索尼PlayStation，這也是迄今為止，世界上最成功的消費性電子產品之一。

迷思 人們喜歡新的想法

不幸的是，所有人都不喜歡新的想法，特別是那些手上握有權力的人更是如此。只要看看可憐的伽利略，就會明白這一點了。在人類歷史的發展進程中，那些握有能夠顛覆傳統觀念新思想的人不是被囚禁，就是被燒死在火刑柱上，要不然就是被釘上十字架，還有其他無數種不同的迫害方式。就本性而言，人類是非常保守的，我們喜歡熟知的東西，相信那些在過去成功的做法。大多數人對於安全感與可預見性的渴求會超越一切，所以他們會安於現狀，即便這種做法對本身有害依然如此。

問題是一些激進的新思想往往會威脅到現有的權力結構，你無法在不挑戰既得利益的情況下獲得思想上的突破。而且正如我們所知的，個人自身的利益每一次都會壓倒創新，人們會抗拒任何能威脅到他們的職位與錢包的變革。正因為如此，最好的創意並不一定總是在一開始就能勝出。甚至像是在手術前對手術器械進行消毒這樣明顯有益的想法，也要花費好幾年的時間，才最終克服那些來自受過良好教育醫生的阻力，即使當時已經有足夠的證據表明這種做法可以挽救生命。

讓新思想能夠為人們所接受的關鍵是，要把它們打扮得對現有的秩序沒有任何威脅，還要對所有的利害關係人強調新思想能夠為他們帶來好處。光有一個偉大的創意還不夠，你還必須讓人們能夠接受，並為它爭取相關的支持。這是一種政治遊戲。但不幸的是，很多具有創造力的思想家與發明家對於這種出現在辦公室或政府機構內的政治並不適應。正如伽利略，儘管他和當時的教皇是非常親密的朋友，但他還是激怒了教皇，並讓教皇最終把他交給宗教法庭。即便你是一個天才，也並不意味著你在所有方面都非常出色。

◆正確的創新團隊組成

當你選擇創新者時，特別是涉及同事與共事者時，有些特定事項是必須加以考慮的。對創新者而言，相較於一個人受到的教育、智商或個人動機等因素，更重要的應該是他的個性特徵，正是這一點預示著某人是否有能力打破從眾心理的壁壘。具有強烈好奇心的人更容易成為最佳探索者。當你能把好奇心、推動某人創造一樣東西的激情、對新體驗抱持的開放心態，以及絕不墨守成規的思想等結合在一起，就能很快找到理想的創新者。

但是，你的團隊不能只選擇某一種人。你絕對不會想要所有人的想法和做法都很類似，由同一類型的人所組成的團隊。你需要的團隊成員應該有著不同的視野、想法及背景，唯有如此才能建立有活力的團隊。以下就是在任何團隊裡都應該具備的一些團隊成員的類型與特質。

機會主義者

機會主義者總是在尋找某種可以獲得巨大報酬的事物或機會，他們會在較早時就發現市場上的機會，並且毫不猶豫地投入。他們喜歡面對新的挑戰，特別是如果這個挑戰意味著他們有機會超越其他人。你可以找到這個世界上最聰明的人，但是他們卻可能會對於近在眼前的機會視而不見。另一方面，機會主義者對於任何可能會出現的機會極為敏感，還會毫不猶豫地把這樣的機會轉化為金錢。

領域專家

儘管圍繞著創新者有著各式各樣的神話，例如創辦人高中輟學，之後改變了整個世界等，但是實際上大多數的創辦人都受過高等教育，具備理解問題的關鍵能力，以及實現各種可能性的專業知識和基礎訓練。創新必定是建立在對這個世界的某一部分是如何運作的深刻理解之上，包括理解複雜的商業流程、技術及社會發展趨勢。創新者如果想要弄清楚實際上發生了什麼事，以及辨識出什麼才是需要加以改變的東西，就需要在一些關鍵領域具有一定的知識深度。他們是否擁有常春藤名校的學位，還是他們自學成才，這些實際上都不重要，重要的是他們必須能夠弄清楚正在做的東西。

促進者

在你的團隊裡，至少應該有有一個情緒智商（Emotional Intelligence, EQ）很高的人，這一點是非常重要的。你需要這樣一個人和組織其他部門打交道。創新需要合作，而你的創新團隊需要其他人的參與，已經建立強大人際關係網路的人就是很好的人選。創新永遠不能單打獨鬥，如果你在合適的時間能找到合適的人，事情就會截然不同。管理專家瓊．卡然巴哈（Jon Katzenbach）是這麼總結的：「在一個創新團隊裡，你無法將一個創新者從他個人的關係網路中分離出來。」而且一個專案的成功可能還常常取決於他的個人關係，讓某個在組織內部具有影響力的人加入創新團隊，可能會改變整個方程式。

說故事的人

如果你的團隊正在做的是真正的創新，就需要有人能夠和組織的其他部門進行正式溝通。讓人能夠信賴你的最強大和最有效方式就是說故事。創業投資公司常常會基於新創企業所說的故事，而決定是否進行投資。在你的團隊中必須有這麼一個人，他不僅能把故事說得讓人信服，還能讓其他人接受你的願景！

推動者

在團隊裡，你還需要有一個無情的推動者。推動者的個性是，絕對不會接受「不」作為問題的答案。當事情無可避免地發生問題時，無論這個問題有多麼困難，這個人都會盡全力想出辦法解決。當所有的事情都令人絕望時，推動者甚至會在這時候加倍下注、衝在最前方，並且更努力地嘗試，因為這就是推動者應該要做的事。這樣的個人格特質在團隊中實際上是無可替代的，正是這一點區分了真正的創業者與辦公室裡那些混日子的傀儡。

組織者

你的團隊裡必須有人能關注細節。一個無組織的團隊絕對不會有任何進展，只會表現得一團糟。你需要有人能夠蒐集問題的所有碎片，並且把它們拼湊在一起。一般來說，這個人應該是專案經理，他會制訂計畫、安排所有人進行工作，並且確保沒有東西被遺漏，他在這些方面必須是一個專家。

◆外來者

不要自以為是地認為，在創新團隊中的所有成員都應該來自於組織內部，團隊裡增加一個外來者常常是團隊本身的需求。一個沒有受到你的企業文化影響，並且深深捲入某種辦公室政治的外來顧問，常常能把團隊帶到他們根本想像不到的地方。在你的團隊中，如果還有一個不以挑動他人進行投機冒險為恥的煽動者，這個人往往也能將團隊引領到全新的方向。你可以試著找到這樣一個人，這個人將具有團隊裡其他成員欠缺的經驗和知識。企業顧問、經驗豐富的創業者，以及在特定領域具有高深專業知識的研究人員，常常都是很好的選擇對象。你選擇怎麼樣的人，取決於團隊會有哪些迫在眉睫的需求。

◆全心投入

最重要的是，你需要所有的核心團隊成員都能全心投入。團隊中可以有部分人員兼職，但是核心團隊成員必須百分之百地投入。除非創辦人是全職且已經辭去原來的工作，否則大多數有經驗的創業投資公司不會對那家新創企業融資。Updata Partners的創業投資人卡特・格里芬（Carter Griffin）表示，創業者「必須全心地站在他們提出方案的背後，並且成為試著避免失敗的人。那些無法做到全心投入的人通常是不會成功的。」這一點對於在大型企業內部的創新團隊來說也是一樣的，每個人都必須做到專注，並且全心投入，以確保專案能獲得成功，沒有回頭路！

當你發現團隊成員之間可以好好一起工作，還可以做出非常出色的成果，這時候你就應該退出了。如果你找到成功的方程式，就不應該再對這個方程式做出任意改變。讓他們繼續待在同一個團隊裡，他們想要待多久就待多久。要產生某種魔術般的結果是很困難的，但是如果你確實做到了，就應該保護並加以培養。能夠產生這種結果的團隊成員組合是很少見的，幾乎可以說是無法複製。

我可以告訴你的是，當你能看到創意的火花飛濺時，就會知道事情已經成功了；但是如果你沒有看到，還是重新洗牌吧！

第三十四章
在自己身上實踐創新

◇◆◇

一開始他們忽視你，接著他們嘲笑你，再接著他們開始反對你，然後你就贏了。

——聖雄甘地（Mahatma Mohandas Gandhi），印度獨立運動領導者

創新不是去做那些其他人也在做的事，你要做的是截然不同的事。你應該解放創新團隊成員，告訴他們，他們的工作並不是去做那些人們期待的事，或是他們已經習慣的事，甚至於也不是他們所擅長的事。他們應該打破限制、犯下一些錯誤、遊走於邊緣，並且化不可能為可能。

突破自己所在的群體，並選擇走自己的路是一件困難的事，與眾不同也很困難，但創新卻是更加困難的。你需要完全改變你和你的團隊看待這個世界的方式，但是這必須從自身開始。花一些時間寫下在很平常的某一天裡你會做的事，你可能會注意到其中存

在某種特定模式，實際上是在不斷重複地做著同樣的事。你每天會走進同一間辦公室、與相同的人交談、吃同樣的食物、閱讀同一類型的書籍、看相同類型的表演等。你應該停止這種永無休止的重複，打破原有的生活模式，試著做一些與眾不同的事！

你的目標不應該是那種漸進式改良，而是應該學會如何徹底重塑自己體驗這個世界的方式。在我的人生中，如果說有一件事情是我已經弄清楚的話，就是那些獲得偉大成就的人不但在不斷重塑這個世界，還在不斷重塑自己。他們絕對不會讓自己變得死氣沉沉，也絕對不會接受人的自我是恆久不變的觀念。他們始終相信，如果他們想做，肯定就能做到，並且能做得更好。他們不斷地挑戰自我，這讓他們能用一種全新的角度來觀察整個世界，而且對所有的事物還都抱持著強烈的好奇心。

如果你想知道我在說的是什麼，請看一下老羅斯福（Teddy Roosevelt）的故事。光是憑藉著自身的意志，他一次又一次地重塑自己，而他在這個過程中也重塑了美國。他原本是一個體弱多病的孩子，但是最後卻成為無所畏懼的戰爭英雄、雄辯的演說家、出色的政治家、社會改革者及探索世界的冒險家，更不用說他還成為美國總統。他的成就包括撰寫三十多部作品、打破幾乎無所不能的托拉斯壟斷、規範鐵路運輸、保護勞工權益、通過食品和藥品安全法規、保障巴拿馬運河，以及建立國家公園體系等。

老羅斯福是真正的創新者，他毫不畏懼任何新的創意，不斷挑戰權威與被大眾廣為接受的信念。他不安於現狀，堅信會有更好的世界，他展望這樣一個世界，並且將這個世界帶到眾人的面前。以下引用的詩句對此做出很好的總結：

批評者的言論並不能說明什麼；那個指出強人如何蹣跚前行或是能在哪些地方做得更好的人也不過是在空談罷了。榮耀只屬於那個真正站在舞台上的人，他的臉上滿是泥土、汗水和血跡，他勇敢地奮鬥，他一次又一次地犯錯與失敗，他擁有前所未有的狂熱，還有偉大的奉獻，他投身於一個崇高的事業。若是有幸，到了最後，他的偉大成就會為他奏響勝利的凱歌；若是不幸，他失敗了，至少他在面對失敗時無所畏懼、毫不退縮。在他的殿堂裡，永遠不會有那些對勝利和失敗完全無知的怯懦靈魂。

我對你提出的挑戰是，你能不能做到毫無畏懼。看清楚自己的優勢和弱點，無論事情看起來會有多麼困難或不可能，你都應該要求自己走出的每一步都能做得比上一步更好。不要害怕失敗，我知道有很多人在年輕時會非常害羞與焦慮，但是把他們放在眾目睽睽之下，必須展現自我的舞台時，他們就能成功克服對自身前途極為有害的羞怯，他們之中有些人現在已經成為政治家、演說家及執行長。所以，你完全有可能重新建構大腦中的神經連結。有很多研究已經指出，人類的大腦具有不可思議的可塑性。人類具有的這種能力不但可以改變思維，還可以改變生理反應、心理及個性，甚至還可以改變人的基本人格特質，無論是某個人的怯懦傾向或暴力傾向，並且能重新塑造回應周圍世界的方式。

這些和創新又有什麼關係呢？一個簡單的事實是，創新是從我們的頭腦開始的。為了能進行真正的創新，我們需要擴展自己的思維。創新意味著你能想出一些這個世界從未看過或嘗試過的東西，這顯然並不容易。在思想中超越普通人能夠想像的範圍，是很少一些人與生俱來的天賦，也是某種需要好好培養的東西。正如運動員為馬拉松比賽或奧運比賽進行訓練一樣，你也可以訓練自己的頭腦成為世界級的創新機器。

在訓練自己之前，你需要明白新的創意絕對不是無中生有，它們來自透過聯想，把所有你曾學到與曾經歷的事情組合在一起，然後再經過你的意識加工。愛因斯坦把這稱為組合遊戲（combinatorial play），是一個將已有想法拿過來，然後用一種新方式加以組合，並且想像結果的過程。你可以對某個主題進行深入思考，同時在思想實驗中對新的概念進行自由組合與試驗，透過這種方式，你可以不斷地練習，這就是這個世界上很多最偉大的思想家做出思維突破的方式。

這裡有些商業導向的思想實驗範例。盡其所能地摧毀你的想法，而不是想像如何讓你的想法成功。偉大的創新者經常是從各方面打擊自身的夢想起步。在你的汽球上戳洞並讓它墜地會怎麼樣？你的目標就是盡快讓你的企業失敗。如果你終將失敗，現在就在腦海中失敗遠比未來在實際上失敗好得多。

接下來想像有一個超級競爭者出現了，對方的目標就是將你的企業蠶食鯨吞。那麼他會怎麼做？他會怎麼創造更佳的產品，破壞你的商業模式，爭奪你的顧客，侵蝕你的競爭力，並且在任何品類上都把你比下去？

再來，構思如何發展與擴張你的市場。你如何讓成長率從兩倍、三倍進展成四倍？你會開創新的商品嗎？瞄準另一個客群？進行擴點？讓顧客獲得進階服務？還有什麼其他成長手段可以運用？

最後，想像企業在十年後的樣貌。它是否還和顧客切身相關？是否仍具有意義？你該如何維持生意？

◆善用「知識借鑑」，解決各種問題

不是只有愛因斯坦才能從這個過程中獲得好處，大多數的創新來自於將舊思想從某一個領域簡單地應用於另一個領域。成功的創業者通常是率先發現這些想法，並想像如何改變它們。例如，LinkedIn的概念就是把書面的履歷與社群網路結合在一起；eBay擷取傳統的拍賣概念，並在網路環境裡進行複製；Groupon將優惠券與團購的概念加以結合；Craigslist在網路上模仿報紙的分類廣告；電子郵件則是來自於在某人的桌上留下一張便條這個簡單的概念。如果你仔細觀察任何主要的創新，就可以發現這些創新都源於人們已經在做和正在思考的東西。

針對這個過程有一個名稱是為知識借鑑（knowledge brokering），在這個過程中，你可以把某個領域裡的概念拿到全新的背景裡加以應用。很多公司已經把這個過程加以系統化，不斷地挖掘老舊的概念，並應用於解決新問題。矽谷著名的設計和顧問公司IDEO利用這個方法，已經創造出世界上一些最具代表性的產品，它鼓勵設計師持續探索與擺弄那些普通的產品和原料，就算它們在當下沒有任何直接的用處。IDEO已經意識到這些知識對創新是非常必要的，它們是啟發設計靈感的原料，甚至創造出一個由很多盒子組成的系統，用來儲存員工蒐集的各種小工具、電子產品、玩具及稀奇古怪的東西。

愛迪生曾說：「想要發明出什麼東西，你需要有好的想像力和一大堆的垃圾。」這就是為什麼擴展視野是非常重要的，你需要在大腦中填充很多有用的垃圾。馬斯克就一直在運用這個策略，他不斷地閱讀，當他還很小的時候，就通讀整本《大英百科全書》（*Encyclopedia Britannica*），因為當時他的家裡已經沒有其他書可讀了。每當馬斯克深入一個新的專案，像是他正在設想要如何把人類送上火星，就會閱讀可能和這個專案相關的所有書籍。他會讓自己沉浸在各種資訊裡，並且藉此打造創意的基礎，這樣一來，他就可以建構一張通向未來的路線圖。

身為創業者的你不應該只閱讀那些商業書籍。我很喜歡商業書籍，但還是會確保自己閱讀從科學期刊，到古典文學、奇幻小說、詩歌、歷史及哲學等各類書籍。為什麼我會這麼做？因為從不同來源去發現和學習新的事物，可以迫使我從多種角度來看待這個世界。閱讀蘇美人的愛情詩篇或鳥類學歷史等這類書籍是不是在浪費時間呢？當然不是。正是那些在我們正常交往範圍外的思想才是最有價值的，因為那些正是我們之前從未接觸過的思想。這些思想會迫使思想開明、激發出新的創意，並形成我們進行創新的建構模組。

當我讀到一個認知音樂學家是如何分析和理解音樂時，對於我該如何理解商業這個概念產生了衝擊，我不由自主地把這些音樂學理論應用在正想辦法解決的商業問題中。同樣的事情也發生在我深入閱讀天文學、量子生物學、宗教研究、營養基因學、中古世紀歷史，以及無數其他課題時，從表面上來看，這些課題和我的工作毫無關係，但事實上我總是在尋找一些自己了解很少或完全一無所知課題方面的新書，因為這是創新最肥沃的土壤。

有學者分析那些最具有創意的研究論文後，發現這些論文中的大多數只是挪用一些舊有的概念，將之運用到新的領域。把心理學的概念導入企業管理後，就形成了產業和組織心理學；計算社會科學是把統計學、大數據、電腦科學及社會學結合在一起，藉此用來理解各種社會現象，以及隨著時間發展而形成的各種趨勢；重組模因論是借用重組ＤＮＡ的概念，來研究如何用模因這個概念來解釋一些社會學現象；認知經濟學則是把認知科學、計量經濟學，以及關於理性思維的理論和決策論組合在一起，期望設計出關於大規模經濟行為的全新模式。

我經常出差，而旅行中的一大樂趣是觀察世界各地的人們如何相互溝通、合作及解決問題。這些經歷讓我得以用全新的方式，來重新思考自己在社會中、我的公司，還有個人本身的角色。當我並不只是為了開會而走向會議室時；當我給自己時間和自由來探索、漫步街頭、與普通人交談並學習他們文化時；當我將對書本中某種文化的理解與自己的直覺感受融合時；以及展開事業的新思維和新方法開始變得清晰時，我開啟的正是人生中的最佳體驗。

這個世界上最偉大的思想家常常從其他文化中獲取最好的思想，隨後又將其改造成為自己的東西。古希臘哲學家畢達哥拉斯（Pythagoras）從古埃及借鑑了各種思想；克洛德．莫內（Claude Monet）和梵谷受到日本藝術的啟發；但丁（Dante）的《神曲》（*Divine Comedy*）中則融入一些像是伊本．阿拉比（Ibn Arabi）等伊斯蘭學者的宗教著作中的內容。

當我們沉浸在自己的文化時，常常會對很多事情視而不見，還會把很多事情認為是理所當然的；然而，當我們踏足另一種文化時，就有機會以全新的眼光來看待生活。只要設想一下，如果沒有馬可．波羅（Marco Polo）、斐迪南．麥哲倫（Ferdinand Magellan）、路易斯與克拉克（Lewis & Clark）、湯瑪斯．庫克（Thomas Cook）、玄奘、伊本．巴圖塔（Ibn Battuta）等人，這個世界又會怎麼樣。超越在自己的文化中的行為習慣，可以幫助我們建立新的連結，還能夠看到在其他的情形下會被我們忽視的東西。

歷史是另一個有價值的創意來源。你是否知道，人類歷史上最偉大的創新者之一是成吉思汗？在西方，把他視為殘暴的野蠻人，因為他從亞洲、中東到歐洲一路燒殺劫掠。但這不是故事的全部，實際上他是非常傑出的人，他不斷實驗各種新創意，並建立重塑整個世界的持久帝國。他被逐出氏族，地位低下，而獲得成功的唯一途徑是統一所有的蒙古人。為了達成這個目標，他消除階級差異，並且建立菁英政治體系。藉由將弱點轉化成優勢，成吉思汗為一個全球性帝國奠定基礎。

成吉思汗又對兵法進行創新，他讓閃電戰、偽裝撤退及圍攻戰的理論更加完善，甚至還發展心理戰來恐嚇敵人，造成對方士氣低落。另外，他還吸收西征路上遇到的工匠、學者、宗教和各種發明，並且把這些人整合到蒙古的社會結構中。運用獲得的知識與人才，他才能發展並管理不斷擴大的帝國。蒙古人最後不但統治中原，還統治龐大的中亞、俄羅斯、中東、印度及部分歐洲地區。這絕對不是一個野蠻人能取得的成就，而是一個創新天才留下的遺產。

像成吉思汗一樣，你需要走出自己的舒適圈，擁抱未知並挑戰極限。嘗試一下跳傘，就算你非常害怕。你只有去做了，才知道會有什麼感覺。如果你從來沒有去過劇院，就去買一張門票到現場體驗一下。去找能租借一輛賽車給你的賽車場，然後繞著賽車場轉圈吧！如果你從未參加過駭客馬拉松，現在就去吧！建立團隊的體驗是讓人不可思議的。你會很驚訝地發現，在幾個小時內，彼此就能從完全的陌生人成為親密朋友與合作夥伴。任何管理書籍都無法教會你比上述羅列的更多東西，因為你自己就親身參與其中。

如果你每天晚上十一點上床，就可以試試熬夜，一邊喝咖啡，一邊坐下來，隨手寫下出現在腦海裡的任何東西，你可能會對想出來的那些東西感到非常震驚。到曠野中徒步旅行兩週；寫一首詩；去一家禪修院，你在那裡可以花幾天的時間來安靜地進入禪定，然後再看看這樣的修行會如何改變你的思維。尋找那些與你的觀點對立的思想，與那些當地的藝術家閒聊、參觀他們的展覽會，然後把他們拉進你自己的專案裡，或是簡單地閱讀一本之前絕對不會拿起來的書。

有無數種的方式可以讓你在全新的體驗面前敞開心扉，在面對這些非凡的體驗時，你只需要打破慣例，做一些截然不同的事，只有這樣你才能做到與眾不同，並且「不同凡想」。因此，只有一個多樣化的團隊還不夠，你還需要讓思維多樣化。你需要的是，讓許多新鮮、截然不同的創意在腦海中來回激盪。這些創意如何才能組合在一起，並建構出新的思想才是創新的關鍵。我們的大腦是一台進行組合的機器，它可以從我們的經驗中抽取素材，並且用一種全新方式加以拼湊，直到我們能獲得某種可行的東西為止。

對所有的事情進行質疑，並且詢問自己這麼一個問題：為什麼事情本來就是這樣的？你還應該對各種反對意見抱持開放的態度。事實上，你應該尋找並接受那些在直覺上認為是不切實際的東西，看看能否從中發現一些事情的真相，我們絕不應該盲目地相信自己對各種事物的印象。至於那些抱持反對意見的人，也許他們的一些觀點被我們忽略或過濾了。畢竟這個世界是在我們的頭腦中建構起來的，我們所知道的東西正是我們相信的東西，但是在外面還有許多我們無法看到的真理。人們曾經以為電腦只有在科學研究中才能獲得應用，真空管就已經是解決方案了，而鍵盤則是完全沒有用處的東西，但是看看今天這個世界，變化實在太大了。

如果無法看到事情的內在，並進行自我挑戰，那要帶領團隊走向連你自己都無法看清楚的未來願景，就會是一件非常困難的事。如果連自己都不明白，你又要如何激勵、培育及引領團隊走向新的前端呢？要成為真正偉大創新者，首先你需要在自己的身上進行創新。

第三十五章

成為贏家的七個法寶

◇◆◇

別害怕失敗；只要做對一次就夠本了。

——德魯．豪斯頓（Drew Houston），Dropbox共同創辦人

我們都知道這是贏者通吃的世界，而且所有人都想要成為贏家。因此，我們需要詢問自己這麼一個問題：是什麼因素讓贏家從失敗者中脫穎而出？我們已經在前面談論很多關於如何進行創新的話題，但是如果你無法獲得成果，創新就是一件無關緊要的事。本書中涉及的主要還是關於突破性創新，想要建立一家數十億美元的新企業，目標是成為下一個推特、Google或阿里巴巴。但是，你又要如何來判斷自己的小創意是否能成長為巨人呢？

讓我們從賺錢開始談起。事實上，只有兩種真正意義上的商業模式：不是顧客付錢給你，就是某個廣告商付錢給你。就是這樣，除此之外，不再有其他的

賺錢方式。如果顧客付錢給你，你在每個顧客的生命週期內，不是要與該顧客產生多筆小額交易，就是要做幾筆大買賣。那些頂尖的行動遊戲商在顧客的生命週期內，會誘惑玩家不斷重複支付小額現金；而飛機和汽車製造商則會讓顧客支付一大筆現金，但是支付頻率就會低上很多。無論採用哪一種方式，這些企業在顧客的生命週期內，從顧客手中獲得的金錢，必須大於獲取這些顧客的成本與公司的經營成本，否則從長期來看，企業是不會成功的。事情就是這麼簡單。

第二個模式是廣告。確實還有其他的方式來獲取營業收入，包括線上營業收入共享、贊助、聯盟行銷等。但是實際上，這些只是另一種形式的廣告罷了。你無法透過改名來繞過相關的規則。要讓廣告發揮作用，通常就需要有大量使用者來使用你的產品——顧客使用你的產品頻率越高、時間越長，效果也就越好。如果你的網路只有很少的使用者，或是使用者無法經常使用你的產品，你就無法透過銷售夠多的廣告來獲利。大多數以廣告為基礎的服務專案只有在有夠多的觀眾或活躍使用者（通常這個數字是一百萬以上）時才會開始賺錢。如果你的產品無法做到這一點，廣告模式就出局了。

這對於任何新事業都是立竿見影的測試，每個人都認為商業模式是很複雜的，但是實際上並非如此。我不知道還有什麼公司是利用第三種方式來賺錢的，但是只要你無法賺取足夠的錢，就無法建立價值十億美元的企業，這樣一來，只能回到原點。

接下來你需要考慮的是可防禦性。一家新的企業如果想要獲得指數成長，就需要一種能避開競爭對手的方法。換句話說，需要設立市場進入障礙，讓自己成為市場的主導者。所有偉大的企業都擁有不公平的競爭優勢，可以讓它們在吸引、維護和貨幣化顧客這些事情上做得比任何競爭對手都要好很多。沒有一種實質性的不公平競爭優勢，你就不得不在一項低利潤的業務上展開競爭，而這通常意味著緩慢的成長與有限的獲利潛力。顯而易見地是，這不是大多數的創業者正在尋求的業務類型。

那麼你又要如何才能知道創新是否有潛力成為市場的主導者呢？這裡有「霍夫曼船長的七項不公平競爭優勢」：

一、比預期的產品好

開發出一件比競爭對手相比，還好於預期的產品。如果你的產品無法做到比競爭對手好上幾個數量級的話，顧客就會很簡單地尋找這個市場上最便宜的產品，而你也就永遠無法建立一家巨大的企業。抓住並維繫顧客需要你能為顧客提供更多的價值。先前提過的好例子就是Google。有許多搜尋引擎的誕生先於Google，但它明顯鶴立雞群，搶奪了絕大部分的市場占有率，臉書也是如此。它並非第一家社群網路，但卻將競爭對手遠遠拋在腦後。

二、創造全新市場

創造出全新的市場。如果你的產品是如此獨特和引人注目，光是產品本身就足以定義全新的產品類別，你無疑已經是贏家了。要做到這一點並不容易，但是有很多的公司一直都在這麼做。只要看一下Nest，這家推出智慧溫控器的創業公司引領了物聯網的潮流；還有Oculus Rift這家創業公司讓虛擬實境變得家喻戶曉，甚至在市場被驗證以前，公司就已經以數十億美元賣出了，原因就是它定義了全新的市場。其他的例子還包括：健身領域的CrossFit、速食領域的Chipotle、服飾領域的Lululemon，以及家具業的宜家家居。

三、成為第一家顛覆現有市場的企業

成為第一家使用新技術或商業模式創新來顛覆現有市場的企業。如果你能以遠低於競爭對手的價格，向市場提供同類產品和服務，即便競爭對手在市場上的地位已經根深柢固，你依然能從他們的手中偷走顧客，這就是對市場的最經典顛覆。其中的例子包括：電影和電視領域中的網飛、分類廣告領域的Craigslist、股票經紀領域的E*TRADE、不動產領域的Redfin，以及銀行業務領域的Simple。

四、抓住網路效應

充分利用網路效應。網路效應是指在你的網路上使用者越多，業務價值成長得也就越快。社群網路和雙邊市場就是這個效應的完美案例。Nextdoor的評價隨著更多鄰里的加入而不斷成長；Homeaway.com則隨著新租客或屋主加入，評價也在同步提升。幾乎所有的頂尖網路企業都充分利用了網路效應：Google關鍵字廣告有大量的廣告商和出版商、Amazon Marketplace則有大量的賣家與顧客、Lyft有大量的乘客和司機、Snapchat有大量的朋友圈、LinkedIn有大量的同事、eBay有大量的買家與賣家，而且這張清單還可以一直羅列下去。

五、獲得排他性的經銷權

利用各種方式和關係建立你獨有的排他性經銷權，可以使用的方式包括：專利權、獨家配銷通路、政府支持、法律壁壘等。例如，直到新技術將有線網路導入競爭之前，ABC、NBC及CBS擁有政府核可在廣播市場上的壟斷權已經很多年了；高通（Qualcomm）在使用專利權方面可以說是真正的高手；而滴滴出行在中國則是得到政府的相關支持。

六、鎖定長期顧客

鎖定你的顧客。價值十億美元的企業很少會只和顧客做一次交易，它們需要建立長期的關係，在這種關係下，顧客使用你產品的時間越長，離開你產品的難度也就越大。你只要看一看微軟和蘋果的生態系統即可得知，一旦你開始使用它們的產品後就很難放棄；Google文件與Gmail同樣也是如此；而Salesforce也已經建立這個世界上最強大的生態系統之一。那些偉大的企業都會建立強大的生態系統，在這個系統中，顧客會投入時間、資金、信賴及個人情感，也因此提升顧客轉換成本，而企業則是藉此建立巨大的不公平競爭優勢。

七、建立品牌

如果你能在其他人之前就看到一個新的趨勢、社會變化、市場移轉或某種被壓抑的需求，你就能進入這個市場，並建立品牌。品牌本身就具有區分你的產品與其他人的產品之能力。為什麼人們會願意為有品牌的藥品與食品支付更多的錢，卻看不上那些產品完全相同卻只是沒有品牌的產品呢？安舒疼（Advil）、百憂解（Prozac）、可口可樂、雀巢、卡地亞（Cartier）及Prada都因為很強大的品牌優勢，而擁有不公平的競爭優勢。建立品牌的成本很高又很困難，而最好的方式就是在市場上找到尚未獲得滿足的需求，並且成為先行者。

絕對不要欺騙自己。只是因為你註冊了一個品牌，並不能讓這個品牌擁有價值；只是因為你申請了一項專利，並不意味著這項專利就一定值得人們關注；只是因為你第一個進入這個市場，並不保證你一定會成功；只是因為你發明了某項新技術，並不意味著這項技術一定能為你賺錢。你必須以批判的眼光來分析每項創新，判斷這項創新是否確實有你相信的潛力。唯有當你手上的案例確實有很強大的潛力時，上述七個原則才真正適用。無論你做了什麼或是你在其中投入多少資源，如果你的專案本身不具潛力，永遠也不可能發展成一家大企業。當你意識到這一點時，也是你應該重新按下啟動鍵的時候。

◆現在就迎接企業的快速發展

請記住，在經歷所有那些難堪、那些失敗的實驗、那些被取消的專案後，你只需要有一個專案能夠「脫穎而出」，就能轉變整個企業。大多數偉大的新企業都是建立在某個突破性創意基礎上的：可口可樂的軟性飲料、吉列（Gillette）的安全刀片、高樂氏（Clorox）的漂白劑、貝爾（Bell）的電話、福特的生產線、英特爾的四〇〇四處理器、思科的路由器、臉書的社群網路、Google的搜尋引擎等，這個清單還可以繼續羅列下去。

如果你的創新團隊同時在數百項創新上展開工作，但是只要其中有一項沒有失敗就已經夠了。一個關鍵的洞見可以重塑整個產業，要記住的是，這並非容易的事。當你一次又一次地失敗時，舉起雙手投降當然輕而易舉，但是這時候你最需要的正是繼續堅持。只是你的心裡應該明白，世事大多是不盡如人意的。你在進行的大多數創新專案、大多數正在做的事，最終都會在垃圾桶中結束，它們不會為你帶來任何營業收入、喝采聲、媒體的宣傳，或是顯而易見的進展。到了最後，每個人都會提出疑問：這些是不是真的值得？但是絕對不要被這一連串的失敗嚇倒，你應該看得更深遠。

在這些失敗的背後，就是真正的價值所在。創新並不等同於某個特定專案的成敗，而是關係團隊學到什麼，又做了什麼。即便你的創新團隊未能向市場推出一款突破性產品，也沒有因為這些工作而產生任何實際的營業收入，但是他們依然在匯集有價值的知識和經驗，並且與公司的其他部門分享。這種分享可以幫助你改善現有的產品、顧客服務、製造、行銷及銷售，並且讓公司的所有部門更具有創造力與獲利能力。

另外，如果你能讓每個部門與每個位於不同地點的分支機構中的員工都參與這個創新過程，並且把他們組織成為密切合作的團隊，自己就能團結、建立關係及發展出新的內部網路，這些將會讓你的企業變得更加強大與理智。你的創新團隊也許只會存在幾個月的時間，但是當他們回到原來的工作崗位後，將帶回新的方法、流程及工具，還會與公司內的一些主要人員建立新的溝通管道。這就好像人的大腦一樣，你建立的這種聯繫越多，企業也就會變得越聰明。光是這種溝通橋樑的建設就已經值得先前投入的成本。

如果你嘗試的時間夠長也夠努力、如果你讓整個流程更加完善、如果你訓練了團隊如何創新，你最後必定會獲得重大的突破，這只是時間的問題。創新是一個很殘酷的過程。大多數的新創企業失敗了，而你再也不會聽到關於它們的任何消息，我們能聽到的也只是那幾個大贏家和大輸家，成千上萬的小輸家被埋葬在沒有墓碑的墳地裡。但是沒有這些失敗，今天的世界就不會有Google和臉書了。

只有無所畏懼，你才能成就偉大；只有承擔巨大的風險，你才能發明這個世界從未看過的東西；只有徹底改變企業流程，你才能可望在未來獲得成功；只有做到所有這一切，你的企業才能變得比之前更健全、更有活力及更具創造力。現在是時候走出去了，讓大象真正飛起來吧！

後記

創新的類別與領域

有很多種不同類別的創新，但是我不會給你一張很長的清單，我會在這裡簡短地總結一些最受歡迎的類別。這些類別的創新並不是相互排斥的，反而還有很多會重疊。一家像亞馬遜這樣的企業可以同時進行破壞式創新、技術型創新、突破性創新，以及商業模式創新。

漸進式創新

漸進式創新並不是那種戲劇化、能改變一切的創新，像推出一件革命性的全新產品就不是漸進式創新。漸進式創新是指，對於現有的產品和服務一點一滴地逐步改善。較好的例子有降低成本的創新、增加新的功能，以及改善品質。

大企業都很喜歡漸進式創新，因為它們知道該怎麼做，可以為此建立一個流程，充分利用龐大的人力資源與核心競爭力，逐漸改善現有的產品。目標很簡單：讓某項產品能更好、使用速度更快及更便宜。

漸進式創新並不只是局限於現有的產品，很多企業也利用這種模式來開發新的產品。例如，Google透過漸進式創新開發出Gmail。Gmail的第一個版本並不那麼令人耳目一新或是令人印象深刻，它只是一個線上郵件解決方案的骨架，和其他類似的產品沒有什麼區別。但是，那個小團隊數年如一日地不斷進行改善，直到最後終於拿下beta測試版，還成為一項深受大眾喜愛的產品。

今天，漸進式創新已經成為創新的一種主要形式，大多數大企業都依賴這種形式的創新，它們會花費幾年的時間不斷地改善流程、簡化製造、降低成本、提升品質，以及增加新的功能，只有這樣才能在競爭中一直保持領先。

突破性創新

突破性創新並不是改善現有的產品，而是創造出全新的產品類別或市場。其他較大的區別，還有突破性創新有著很高的失敗率，企業很少會在第一次嘗試中就獲得某種全新且具有開創性的東西。通常來說，這需要花費一定的時間和反覆不斷的嘗試。

這就是那些厭惡失敗的大企業在推動突破性創新時會遇到麻煩的原因，它們通常會很保守，更傾向用最小的風險來換取眾多微小的成功。一個經理人永遠不會因為漸進式創新而被解僱，但是已經有不只一個經理人因為嘗試某種突破性創新，最終失敗而丟掉飯碗。

這並不是說大企業就不能展開突破性創新，當索尼推出隨身聽時就這麼做了、惠普在推出噴墨印表機時也是這樣，以及波音（Boeing）在推出七四七寬體客機時也同樣如此，這些產品都向前跨出很大的一步。但是事實上，這些突破在大型企業中並不會經常發生。現在創新的步伐在不斷加速，這些公司不可能坐等十年的時間，讓下一個突破性創新自己冒出來。如果它們真的這麼做，到時候它們可能已經徹底退出整個市場了。

破壞式創新

我對「破壞式創新」的定義和克雷頓．克里斯汀生（Clayton Christensen）所寫的暢銷書籍《創新的兩難》（*The Innovator's Dilemma*）中的定義稍有不同。我對「破壞式創新」的定義是：在現有的市場上應用新的技術或流程，目的是徹底改變整個經濟形態，取代原有的市場領導者，並且完全顛覆原有的聯盟。大多數擁有巨大市場占有率的老企業已經發現，一些微小的新創企業透過使用新技術和新流程能夠徹底改變原有的方程式，並以低價銷售創造出新市場的立足點。

破壞式創新的一個經典例子是Pandora，它用特有的線上廣播方式破壞了整個音樂產業。其他的例子還包括：Prosper破壞了個人借貸的產業、Zenefits破壞了人力資源服務業，而Robinhood則是破壞了線上股票交易業。新創企業對於破壞式創新確實很在行，而大型企業對於重新思考商業模式卻顧慮重重，特別是當這種創新涉及重新分配現有的營業收入現金流時更是如此。

架構式創新

架構式創新涉及的是將技術、專業知識和人才，從一個產業導入另一個產業中，其中涉及的風險與成本是很低的，因為相關技術已經得到驗證，只需要開發出相應的市場就可以了。

架構式創新有一個很好的例子，一家名為Fagerdala World Foams的瑞典企業將美國太空總署原本為航太產業開發的記憶海綿應用到床墊產業。在一九九一年，它推出丹普床墊（Tempur-Pedic Swedish Mattress），並創造出丹普（Tempur World）這個品牌。這項新產品在消費者中引起轟動，隨之而來的是誕生一個關於記憶海棉床墊的全新市場。

技術型創新

想像一下某個研發實驗室開發出一種全新的尖端技術，這就是技術創新。三星就是技術創新的完美例子。隨著硬體銷售日益困難，三星出錢以確保能夠繼續保有競爭力。三星現在每年在研發上的投入已經超過一百二十億美元。大部分的資金投入智慧型手機、平板電腦、電視機、家電產品、晶片、顯示器及照相機這些新產品上。

商業模式創新

在這個領域，今天大多數的新創企業都做得相當不錯。它們並不具備像三星這樣的龐然大物所擁有的豐富資源，所以通常會使用現有的技術，並且在商業模式上進行創新。

這裡有一個很好的案例，ClassPass這家新創企業向顧客銷售會員服務計畫，顧客只需要每個月支付一筆固定費用，就能在不同的體育館和附近的健身房無限次參加各種健身課程。該公司本質上為現有的健身服務業拓展業務提供全新的方式，其中涉及瑜伽、皮拉提斯（Pilates）課程、拳擊、體能訓練等，這實際上為你所在區域內所有的健身課程提供一站式銷售服務。落實ClassPass所需的技術並不是非常特別的，它的創新在於改變了瀏覽與購買健身課程的模式。

設計創新

設計創新是指設計出能讓顧客驚訝與迷戀的產品和服務，包括從產品的外觀、觸覺，直到使用者經驗等所有方面。設計創新的目標是，開發出比當下市場上其他產品更具吸引力的產品和服務，並以此為標準來定義全新的產品類別，迫使競爭對手成為模仿者。

全食超市的市場定位就是設計創新的一個極佳案例，透過專注於有機食品和為購物者創造一種獨特、令人沉迷的體驗，它完全重新定義超市的概念。當全食超市第一次開門營業時，顧客立刻就明白他們並不是在一家普通的超市購物。為了迎合高階消費者的需求，店內的布置做出精心安排，以吸引那些願意為了滿意的食品而花更多錢的顧客。在此之後，許多大型連鎖超市都感覺到，它們為了競爭而有必要複製全食超市的模式。

同樣的做法也被用於製造特斯拉公司跑車，以及特斯拉公司的Model S系列和Model X系列車款的每個基本元素。從本質上來說，透過重塑產品的外觀、性能及顧客的感受，設計思維可以讓企業在創新上超越競爭對手。

簡約式創新

簡約式創新涉及的是如何壓低產品的價格，這樣一來，公司的產品就能銷售給那些主要在新興市場上的低收入顧客。簡約式創新關注於如何簡化產品的功能與生產流程，讓原本大多數人無力購買的產品現在也有人能買得起。從本質上來說，這就等於創造出全新的市場。

在印度，塔塔汽車（Tata Motors）用微型汽車進行這樣的創新，微型汽車的最低售價只要兩千五百美元。那些從未想過自己可以擁有汽車的印度人，現在也有能力買一輛了，這已經永遠地改變汽車業。類似的簡約式創新，在亞洲、非洲及南美洲像是雨後春筍般地冒出。有一種不用電的簡約式冰箱，價格還不到五十美元；還有為季節改變而設計的廉價兩用自行車；以及只需要三十五美元的安卓系統平板電腦。

簡約式創新的其他方面依賴於微薄的利潤與非傳統的配銷通路。小米在中國展開這種創新，小米手機的售價還不到三星的安卓手機價格的一半，而且這種手機上市時，只有在網路上才能買到。

持續性創新

這種類型的創新關注持續性發展。這種對環境友好的方式致力於不要無謂地消耗地球的自然資源。例如，星巴克的目標是採購的咖啡豆百分之百符合這項道德標準；戴爾已經承諾降低八〇%的產品能源密集度；而可口可樂則承諾減少二〇%的用水量。

另一個持續性創新的例子是Everplane，這家新創企業把自己的使命定義為，降低在服飾製作過程中使用的水和能源。它向購物者展示幾乎所有的生產細節，從原料的採購地點，直到工廠的作業條件，還有生產對於環境的所有影響，沒有任何東西會對你保密。

開放原始碼創新

這是一個使用群眾外包的人才來進行創新的想法，無論是安卓系統、GitHub、Docker、Red Hat、WordPress，還是其他任意一個開放原始碼專案，今天一些最具創意的軟體都是用這種方式開發的。但是，這種方式並不只局限於軟體業，你也可以用開放原始碼的方式來開發硬體、研發、設計，以及其他需要群眾外包人才參與的專案。

開放式創新

絕對不要把開放式創新和開放原始碼創新混淆，開放式創新是關於如何使用外部的創意、人才及技術來建立自己的業務，同時允許外部人員接觸內部的創意、人才和技術的創新。換句話說，就是在彼此合作的過程中，與合作夥伴進行不受限制的各種資源交換。

其基本概念是，任何一家企業都不可能光靠自己來完成所有的事。要在今天這種高度競爭性的世界裡獲得成功，你需要有能力充分利用第三方的能耐、思想和專業知識。第三方可以是軟體開發商、藝術家、科學家、服務供應商及其他企業。很多大企業透過向第三方軟體開發商開放應用程式介面（Application Programming Interface, API）、讓它們的軟體開放原始碼，或是允許第三方透過它們的平台來展開業務等各種方式，來達成導入第三方資源的目的。

雖然開放式創新在企業圈裡已經是非常時髦的辭彙，但是「說」總比「做」來得容易。開放式創新要求一家企業重新思考要如何展開業務，大多數的企業會傾向保密，公司的研發實驗室通常來說是和外部世界完全隔離的，因為經理人擔心競爭對手會偷走寶貴的創意和智慧財產權。要讓開放式創新能真正發揮作用，企業就需要拋棄這種思維，並且擁抱合作，他們需要明白，只有透過分享資訊和曝光其中蘊含的價值，才有可能吸引到進行重大突破所需的外來人才。

產品創新

當人們想到創新時，通常想到的是產品創新。開發出下一個像iPhone這樣的產品，你就能征服整個世界。產品創新涉及的是推出新的產品和產品線的延伸，以及改善品質、增加功能與提升現有產品的價值。

生態系統創新

你可以對一件產品的生態系統進行創新，涉及的是改善產品和相關服務如何加以連接的方式，並藉此創造出單一系統。蘋果對生態系統的創新就做得非常出色。iPhone、iPad及iPod都共用同一個生態系統，其中包括App Store、iTunes、iOS作業系統、標準的介面等。生態系統常常比產品本身更重要，當你做對時，生態系統可以為你增加產品的核心價值，並讓該產品更難以被競爭對手複製。

服務創新

你可以圍繞著某項產品在服務上進行創新，使得該產品能更容易讓人理解、使用及享受。透過向顧客提供非比尋常的現成體驗、顧客支援和追蹤，圍繞服務展開的創新可以將一項普通的產品提升到遠遠超越競爭對手的水準。企業常常用這種方法把自己和競爭對手區分開來。每一家百思買裡的技客團隊（Geek Squad）就是服務創新的良好案例。

品牌創新

品牌並不是靜態的，它們總是在不斷地變化。聰明的企業會持續地創新，以改善自己的品牌。品牌可以將一件常見的物品轉變成為具有高價值的產品，但是建立和創新一個品牌需要對顧客、大眾認知、文化及市場有著非常深刻的理解。對品牌具有影響力的因素，從價格到廣告、公共關係、顧客服務、通路夥伴、員工行為及企業的商譽。Under Armour在品牌的創新上，樹立一個令人驚訝的案例，這家公司原本只有一項絕技，就是它的T恤能增強肌肉的表現力，還能透過毛細作用吸走身體的汗水，而它最終卻成功地把自己從一家特別的T恤製造商，轉變成男性與女性運動服飾及運動鞋的主流品牌。

通路創新

你需要分析一下產品是如何到達顧客手中的，包括業務代表、網站、行動應用程式、零售店、配銷商、聯盟行銷計畫、通路夥伴等。你該如何對這些銷售和配銷通路進行創新呢？小米透過通路創新建立自己的商譽。實際上，當其他人都把注意力集中在傳統的零售通路時，小米毫不猶豫地把注意力放在透過網路對顧客進行直銷上，這讓它得以成為世界上最大的智慧型手機製造商之一。

獲利模式創新

在大多數產業裡，占據主導地位的獲利模式可以在數年，甚至數十年的時間內都不會受到任何形式的挑戰。但是，聰明的創新者常常會挑戰一個產業的基本設想，像是該對什麼收費、如何獲得營業收入，以及為顧客提供什麼樣的服務等。這些涉及的是如何才能更深入地挖掘需求、顧客參與，並且發現什麼才是顧客真正關心的價值，以及如何改變營業現金流和價格等。在過去十年裡，T-Mobile持續不斷推行的「非經營商」策略已經顯現出一些最成功的獲利模式創新，因為它迫使如威訊（Verizon）與AT&T等大企業，徹底改變它們的模式，並且不再試圖用長期合約來鎖定顧客。

結構化創新

在結構化創新下，你可以分析企業資產，並尋找新的方法，從原有的資產中創造出新的價值。這些資產可以是硬體資產（電腦、機械設備等）、人力資產（研究人員、銷售人員等），或是無形資產（專利、商標等）。你能用新的方法使用原有的設備，以增強安全性；或是重組整個部門，讓它更有效率；或是透過專利訴訟來阻擋競爭對手。很多私募資金正在尋找這樣的機會，以便能藉由收購一家企業，引進全新的管理團隊，然後對收購的企業展開結構化創新等手段，從該企業的原有資產中創造出新的價值。

流程創新

你可以藉此改善產品的生產與運送流程，可在以下這些領域中做出重大改進：生產、測試、運送方式、售後支援，以及其他主要業務的領域。如果你能真正做好這些事，它們就能成為你的「祕密武器」，而競爭對手幾乎不可能複製。特斯拉公司在內華達州建立的新巨型電池工廠就是想要做到這一點。

經驗創新

顧客會如何看待你的產品？他們對你的產品會有什麼樣的感受？你又該如何建構一種情感參與體驗，讓你能夠把顧客更深入地帶進預設的場景中？當你開始進行經驗創新時，需要先回答的就是這類問題。目標是在你的顧客和你的產品之間建立更緊密的聯繫。顧客通常會堅持他們愛上的東西，而創新者需要扮演的正是丘比特的角色。

Bonobos推出的Guideshop來為顧客提供更個人化的購物體驗。這是將線上和實體混合在一起的實驗，在每一家Guideshop內，顧客可以事先預約一個小時的時間，在一位銷售人員的協助下試穿服飾。一旦顧客下單，那款服飾就會直接快遞到顧客的家裡，但是不能在店內直接購買。

網路創新

越來越多的企業正在參與網路創新，因為在這樣的創新中，它們可以充分利用其他企業的核心優勢，包括技術、產品、品牌、通路及流程。如果另一家企業在某件事情上能做得比你更好，為什麼你還要自己做呢？正確的策略夥伴關係，無論是短期或長期的，都可以讓你在某個專案上做得更快、花更少的錢，以及風險更小。這裡的挑戰是重新思考應該如何推動你的業務、如何理解自己的優勢，以及如何充分利用第三方的資源，讓你在競爭裡獲得一定的優勢。

Vizio是一家異軍突起的消費性電子產品製造商，這家企業因為生產低價電視機而被消費者所熟知，Vizio就是企業進行網路創新的一個極佳案例，這家企業充分利用網路創新超越一些更大的企業，如三星和索尼。透過外包生產幾乎所有的東西，Vizio已經建立一家全球消費性電子產品的企業，員工人數還不到四百人，相較之下，三星的員工則超過三十萬人。

注釋

1. Viguerie, Patrick, Sven Smit, and Mehrdad Baghai. *The Granularity of Growth: How to Identify the Sources of Growth and Drive Enduring Company Performance*. Hoboken: John Wiley & Sons, 2008.
2. Rigoglioso, Marguerite. "Jeffrey Pfeffer: Untested Assumptions May Have a Big Effect," interview with Jeffrey Pfeffer, *Insights by Stanford Business*, June 1, 2005. https://www.gsb.stanford.edu/insights/jeffrey-pfeffer-untested-assumptions-may-have-big-effect (accessed May 4, 2017).
3. McKinney, Steve. "Admit and Test Your Assumptions." McKinney Consulting. April 29, 2015. http://mckinneyconsulting.com/index.php/the-mckinney-blog/34-admit-and-test-your-assumptions (accessed May 6, 2017).
4. Elliott, Seth. "Avoiding Bad Assumptions." LinkedIn. April 28, 2016. https://www.linkedin.com/pulse/avoiding-bad-assumptions-seth-elliott (accessed May 6, 2017).
5. Rao, Jay, Joseph Weintraub. "How Innovative Is Your Company's Culture?" *MIT Sloan Management Review* vol. 54 no. 3 (Spring 1993), March 19, 2013. http://sloanreview.mit.edu/article/how-innovative-is-your-companys-culture/ (accessed May 6, 2017).

新商業周刊叢書　BW0664

讓大象飛

矽谷創投教父打造激進式創新的關鍵洞察

原文書名／Make Elephants Fly: The Process of Radical Innovation
作　　者／史蒂文・霍夫曼（Steven S. Hoffman）
譯　　者／周海云、陳耿宣
企劃選書／黃鈺雯
責任編輯／黃鈺雯
編輯協力／蘇淑君
版　　權／黃淑敏、翁靜如
行銷業務／周佑潔、莊英傑、王瑜、黃崇華

總 編 輯／陳美靜
總 經 理／彭之琬
事業群總經理／黃淑貞
發 行 人／何飛鵬
法律顧問／台英國際商務法律事務所
出　　版／商周出版　臺北市中山區民生東路二段141號9樓
電話：(02)2500-7008　傳真：(02)2500-7759
E-mail：bwp.service@cite.com.tw
發　　行／英屬蓋曼群島商家庭傳媒股份有限公司　城邦分公司
台北市104民生東路二段141號2樓
電話：(02)2500-0888　傳真：(02)2500-1938
讀者服務專線：0800-020-299　24小時傳真服務：(02)2517-0999
讀者服務信箱：service@readingclub.com.tw
劃撥帳號：19833503
戶名：英屬蓋曼群島商家庭傳媒股份有限公司城邦分公司
香港發行所／城邦(香港)出版集團有限公司
香港灣仔駱克道193號東超商業中心1樓
電話：(825)2508-6231　傳真：(852)2578-9337
E-mail：hkcite@biznetvigator.com
馬新發行所／城邦(馬新)出版集團
Cite (M) Sdn Bhd
41, Jalan Radin Anum, Bandar Baru Sri Petaling,
57000 Kuala Lumpur, Malaysia.
電話：(603)9057-8822　傳真：(603)9057-6622　email: cite@cite.com.my

封面設計／廖勁智　內文設計暨排版／無私設計・洪偉傑　印　刷／韋懋實業有限公司
經 銷 商／聯合發行股份有限公司　電話：(02)2917-8022　傳真：(02) 2911-0053
地址：新北市231新店區寶橋路235巷6弄6號2樓

國家圖書館出版品預行編目(CIP)數據

讓大象飛：矽谷創投教父打造激進式創新的關鍵洞察 / 史蒂文.霍夫曼(Steven S. Hoffman)著；周海云，陳耿宣譯. -- 初版. -- 臺北市：商周出版：家庭傳媒城邦分公司發行，民107.04
面；　公分. --(新商業周刊叢書；BW0664)
譯自：Make Elephants Fly : The Process of Radical Innovation
ISBN 978-986-477-421-0（平裝）

1.創業 2.創業投資

494.1　　107002781

ISBN／978-986-477-421-0
定價／450元

城邦讀書花園
www.cite.com.tw

2018年（民107）4月初版
2021年（民110）1月初版3.3刷
MAKE ELEPHANTS FLY: The Process of Radical Innovation
By Steven S. Hoffman